数理工学ライブラリー
室田一雄・杉原正顯 [編]

離散凸解析と最適化アルゴリズム

室田一雄・塩浦昭義 [著]

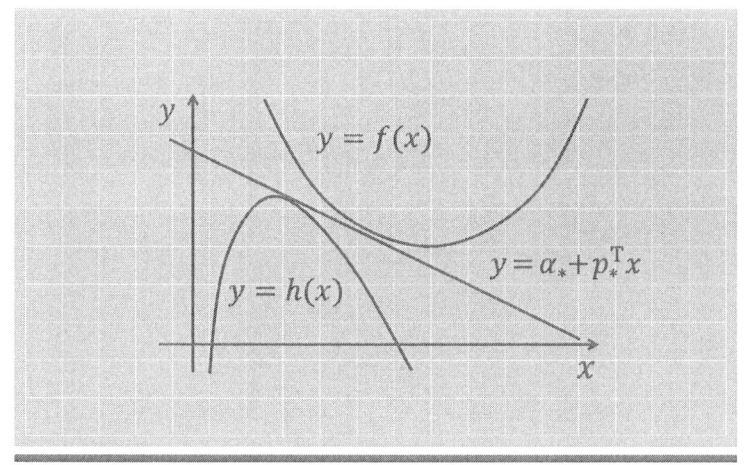

朝倉書店

はじめに

　離散最適化問題とは，ものの組合せや順列のように離散的な解集合の中からある評価尺度に基づいて最もよい解を求めるという最適化問題である．離散最適化問題の中には，最小木問題，最短路問題，マッチング問題などのように解きやすい問題もあれば，ナップサック問題や巡回セールスマン問題のように解きにくい問題も存在する．

　本書で扱う離散凸解析は，解きやすい離散最適化問題に対して統一的な枠組を与える新しい理論体系である．「離散構造」と「凸関数」が離散凸解析の2つの柱であるが，そのような性質を兼ね備えたシステムの典型例に電気回路がある．素子の接続関係を表すグラフが「離散構造」であり，素子の特性を表すエネルギーなどが「凸関数」にあたる．離散凸解析では，「離散」と「凸」の2つの視点から最適化問題を捉え，最適化アルゴリズムを設計する．

　本書の目的は次の2つである．
(1) 離散最適化問題の具体例について基礎的な事柄を平易に解説し，それを通じて離散凸解析の全体像を説明する．
(2) 離散凸解析の視点から離散最適化問題を眺めることにより，既知の結果に対する理解を深めるとともに，新たな発見を導く．

　本書は3部構成となっている．第I部では，様々な離散最適化問題と，それらを解くためのアルゴリズムを説明する．とくに，各々の離散最適化問題が数学的によい性質をもっていて，それが効率的なアルゴリズムに結びついていることを示す．このことと離散凸解析との関係については第II部以降で説明するが，各章の最後に「離散凸解析への展望」という節を設けて，見通しが得られるようにしてある．

　第II部では，離散凸解析の概要について説明する．離散凸解析における基本的な概念である2つの離散凸性（M凸性，L凸性）を説明し，第I部で扱った離散最適化問題から離散凸性の具体例が得られることを示すとともに，離散凸解析の根幹をなす諸定理を述べる．初学者の便を考えて，最初の章で「凸解析」の基本

的な事柄を記述し，次の章で「一変数の離散凸関数」を考察して，その後の一般論への導入とした．

　第III部では，離散凸関数（M凸関数，L凸関数）に関する最適化問題の枠組とアルゴリズムを説明する．これらの問題は第I部で扱った離散最適化問題の共通の一般化となっている．離散凸関数という枠組で具体的な問題を捉え直すことにより，連続変数に関する最適化問題との類似性が見えるようになる．離散凸関数に対しては，連続最適化との類似性を手掛かりとしながら，離散凸関数のもつ数学的な性質を利用して，いろいろなタイプのアルゴリズムを設計することができる．さらに，このようにして得られるアルゴリズムは，第I部で説明したアルゴリズムの一般化になっている．

　すでに述べたように，電気回路は「離散」と「凸」を兼ね備えたシステムの典型例であるが，わが国の数理工学の歴史を振り返ってみると，すでに1960年代の後半に，伊理正夫によるネットワークフローの研究[16]において，電気回路における凸性の意義と役割に関する深い考察が行われている．さらに，1980年代初めには，藤重 悟によって，劣モジュラ関数で記述される離散構造に関する諸定理と連続変数の凸解析における諸定理の類似性が指摘された[9]．離散凸解析が，このような数理工学の伝統を発展させるものとなれば，望外の喜びである．

　本書の執筆にあたって，多くの方々のご支援を得た．池辺淑子氏，小林佑輔氏，齊藤廣大氏，繁野麻衣子氏，田村明久氏，土村展之氏，徳山　豪氏，藤重　悟氏，宮代隆平氏，および東京大学大学院数理情報学専攻の大学院生諸君からは原稿に対する貴重なコメントをいただいた．また，朝倉書店編集部にはいろいろとお世話になった．この場を借りて，皆様に感謝の意を表したい．

2013年4月

室田一雄
塩浦昭義

目　　次

第Ⅰ部　離散最適化問題とアルゴリズム　　1

1. 最小木問題　　2
  1.1　最小木問題の定義　　2
  1.2　全域木の性質　　5
  1.3　最小木の最適性条件　　10
  1.4　最小木のアルゴリズム　　12
    1.4.1　全域木を求めるアルゴリズム　　13
    1.4.2　クラスカルのアルゴリズム　　13
    1.4.3　カラバのアルゴリズム　　14
  1.5　章末ノート：離散凸解析への展望　　16

2. 最短路問題　　17
  2.1　最短路問題の定義　　17
  2.2　最短路の性質　　19
  2.3　最短路のアルゴリズム　　26
    2.3.1　距離ラベルを用いたアルゴリズムの一般形　　26
    2.3.2　ダイクストラのアルゴリズム　　27
    2.3.3　ベルマン・フォードのアルゴリズム　　29
  2.4　章末ノート：離散凸解析への展望　　31

3. マッチング問題　　32
  3.1　マッチング問題の定義　　32
    3.1.1　2部グラフの最大マッチング問題　　32
    3.1.2　2部グラフの最大重みマッチング問題　　33
    3.1.3　一般グラフのマッチング問題　　34
  3.2　マッチングと交互路　　35

目次

- 3.3 2部グラフのマッチングの性質 ………………………… 39
  - 3.3.1 補助グラフを用いた最適性条件 ………………… 39
  - 3.3.2 最大マッチング最小被覆定理 …………………… 41
- 3.4 アルゴリズム ……………………………………………… 43
  - 3.4.1 最大マッチング問題のアルゴリズム …………… 43
  - 3.4.2 最大重みkマッチング問題のアルゴリズム …… 43
- 3.5 章末ノート：離散凸解析への展望 ……………………… 45

4. 最大流問題 …………………………………………………… 47
- 4.1 最大流問題の定義 ………………………………………… 47
- 4.2 最大フローの性質 ………………………………………… 50
  - 4.2.1 フローの分解 ……………………………………… 50
  - 4.2.2 カット容量 ………………………………………… 52
  - 4.2.3 残余ネットワーク ………………………………… 54
  - 4.2.4 最大フロー最小カット定理 ……………………… 57
- 4.3 最大流問題のアルゴリズム ……………………………… 58
- 4.4 需要供給制約を満たすフロー …………………………… 60
- 4.5 章末ノート：離散凸解析への展望 ……………………… 62

5. 最小費用流問題 ……………………………………………… 63
- 5.1 最小費用流問題の定義 …………………………………… 63
  - 5.1.1 最小費用流問題の基本形 ………………………… 63
  - 5.1.2 最小費用流問題の変種 …………………………… 65
  - 5.1.3 他の離散最適化問題との関係 …………………… 66
- 5.2 最小費用フローの性質 …………………………………… 67
  - 5.2.1 残余ネットワーク ………………………………… 67
  - 5.2.2 ポテンシャル ……………………………………… 69
- 5.3 最小費用流問題のアルゴリズム ………………………… 71
  - 5.3.1 負閉路消去アルゴリズム ………………………… 71
  - 5.3.2 逐次最短路アルゴリズム ………………………… 73
- 5.4 最小費用流問題の双対問題 ……………………………… 75

5.4.1	定式化	76
5.4.2	最適性条件	76
5.4.3	最適性定理の証明	77
5.4.4	ハッシンのアルゴリズム	79
5.4.5	最適ポテンシャルの整数性	80
5.5	最小費用流問題の一般化	81
5.5.1	定式化	81
5.5.2	最適性条件とアルゴリズム	82
5.6	最小費用流問題の双対問題の一般化	83
5.6.1	定式化	83
5.6.2	最適性条件とアルゴリズム	84
5.7	章末ノート：離散凸解析への展望	84

6. 資源配分問題　86

6.1	資源配分問題の定義	86
6.2	単純な資源配分問題のアルゴリズム	88
6.2.1	貪欲アルゴリズム	88
6.2.2	貪欲アルゴリズムの高速化	90
6.3	劣モジュラ制約付き資源配分問題	91
6.3.1	様々な制約	91
6.3.2	貪欲アルゴリズム	93
6.4	章末ノート：離散凸解析への展望	95

第 II 部　離散凸解析の概要　97

7. 凸解析　98

7.1	凸集合と凸関数	98
7.2	最小解	99
7.3	ルジャンドル変換	100
7.4	分離定理	102
7.5	フェンシェル双対性	103

7.6	章末ノート	105

8. 一変数の離散凸関数 106
   8.1 定 義 106
   8.2 最 小 解 107
   8.3 離散ルジャンドル変換 107
   8.4 離散分離定理 108
   8.5 離散フェンシェル双対性 109
   8.6 章末ノート 110

9. 離散凸解析の基本概念 111
   9.1 M凸関数 111
      9.1.1 M凸関数の定義 111
      9.1.2 M凸関数の例 115
   9.2 L凸関数 121
      9.2.1 L凸関数の定義 121
      9.2.2 L凸関数の例 125
   9.3 離散凸関数のクラス 129
   9.4 章末ノート：離散凸解析の歴史 129

10. 離散凸解析の基本定理 131
   10.1 離散関数の凸拡張 131
   10.2 最 小 解 131
   10.3 離散ルジャンドル変換と共役性定理 132
   10.4 離散分離定理 134
   10.5 離散フェンシェル双対性 135
      10.5.1 基 本 形 135
      10.5.2 和の最小化 136
   10.6 章末ノート 137

- 11. 連続変数の離散凸関数 139
  - 11.1 M凸関数 139
  - 11.2 L凸関数 140
  - 11.3 章末ノート 143

第III部　離散凸最適化のアルゴリズム　145

- 12. 離散凸関数最小化の手法 146
  - 12.1 貪欲アプローチ 146
    - 12.1.1 一変数離散凸関数の場合 147
    - 12.1.2 多変数離散凸関数の場合 147
    - 12.1.3 逐次追加型の貪欲アプローチ 148
  - 12.2 領域縮小アプローチ 149
    - 12.2.1 一変数離散凸関数の場合 149
    - 12.2.2 多変数離散凸関数の場合 150
  - 12.3 スケーリングアプローチ 151
    - 12.3.1 一変数離散凸関数の場合 152
    - 12.3.2 多変数離散凸関数の場合 152
  - 12.4 連続緩和アプローチ 153
    - 12.4.1 一変数離散凸関数の場合 153
    - 12.4.2 多変数離散凸関数の場合 154
  - 12.5 章末ノート 154

- 13. L凸関数最小化 155
  - 13.1 扱う問題 155
  - 13.2 貪欲アルゴリズム 155
  - 13.3 スケーリングアルゴリズム 158
  - 13.4 連続緩和アルゴリズム 159
  - 13.5 章末ノート 160

14. M凸関数最小化 ... 161
14.1 扱う問題 ... 161
14.1.1 M凸関数とM♮凸関数の制約なし最小化 ... 161
14.1.2 M♮凸関数の成分和制約付き最小化 ... 161
14.1.3 離散最適化問題との関係 ... 162
14.2 貪欲アルゴリズム ... 163
14.2.1 M凸関数の制約なし最小化 ... 163
14.2.2 M♮凸関数の制約なし最小化 ... 167
14.2.3 M♮凸関数の成分和制約付き最小化 ... 168
14.3 領域縮小アルゴリズム ... 170
14.3.1 M凸関数の制約なし最小化 ... 170
14.3.2 M♮凸関数の制約なし最小化 ... 172
14.4 スケーリングアルゴリズム ... 173
14.4.1 M凸関数の制約なし最小化 ... 173
14.4.2 M♮凸関数の成分和制約付き最小化 ... 176
14.5 連続緩和アルゴリズム ... 177
14.5.1 M凸関数の制約なし最小化 ... 177
14.5.2 M♮凸関数の成分和制約付き最小化 ... 178
14.5.3 単純な資源配分問題への適用 ... 179
14.6 章末ノート ... 182

15. M凸関数の和の最小化 ... 183
15.1 扱う問題 ... 183
15.2 許容解の求め方 ... 184
15.2.1 M凸集合の共通部分の要素を求める問題 ... 184
15.2.2 M凸集合の性質 ... 185
15.2.3 補助問題の性質 ... 188
15.2.4 アルゴリズム ... 190
15.3 最適解の求め方 ... 190
15.3.1 M凸関数の性質 ... 190
15.3.2 最適性条件 ... 194

- 15.3.3 アルゴリズム 197
- 15.4 章末ノート 199

文　　献 201

索　　引 205

第 I 部
離散最適化問題とアルゴリズム

1

最小木問題

1.1 最小木問題の定義

　最小木問題は，ネットワーク設計において最も基本的な問題の1つである．通信ネットワーク設計の例を使って，この問題を説明しよう．

　とある大学において，通信用ネットワークを構築することを考える．大学内のすべての建物を通信用ケーブルでつなぎ，すべての建物間で通信できるようにしたい．ただし，2つの建物間で通信する際には，必ずしもケーブルで直接つながっている必要はなく，複数の建物を経由して通信することも可能とする．

　図1.1は，通信用ネットワーク構築の計画図を示している．大学内の建物の数を9とし，名前をA, B, C, ..., H, Iとする．図の中で，丸は建物の位置を表し，直線はケーブルで直接つなぐことのできる建物の対を表している．たとえば，建物AとBや，建物BとCは，ケーブルで直接つなぐことができるので線で結ばれているが，BとEや，DとFは，物理的な要因により直接つなぐことができないので，線で結ばれていない．

　ネットワークの信頼性や頑健性の観点からは，ケーブルでつなぐことのできる建物対をすべてつないだ方が望ましいが，今回は予算の都合上，費用の最小化を狙い，必要最小限のケーブルを設置する．ネットワーク構築の費用は，設置した

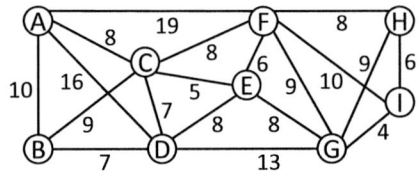

図 1.1　通信用ネットワーク構築の計画図

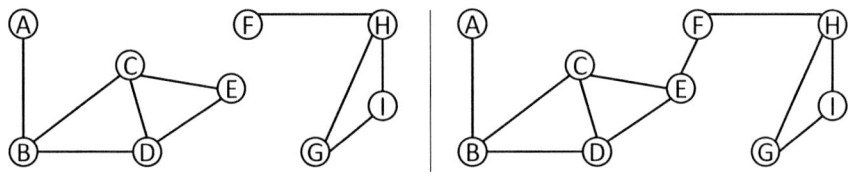

図 **1.2** ネットワークの例

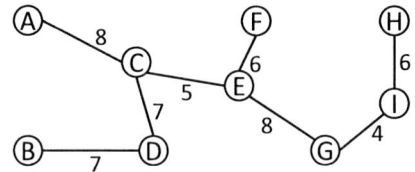

図 **1.3** 総延長が最小なネットワーク

ケーブルの総延長に比例するものとする．各建物間のケーブルの長さが図 1.1 のように与えられるとき，どの建物間にケーブルを設置すれば，全建物間の通信が可能であり，かつケーブルの総延長が最小なネットワークが構築できるだろうか？

たとえば，図 1.2 左側のネットワークを見ると，建物 A, B, C, D, E と建物 F, G, H, I の間にはケーブルがまったく設置されていないので，これらの建物群の間では通信が不可能である．一方，図 1.2 右側のネットワークでは，全建物間で通信が可能である．たとえば，D と H は他の建物 E と F を経由してケーブルでつながっているので，互いに通信ができる．ただし，図 1.2 右側のネットワークでは，建物 C, D, E や G, H, I の間には環状にケーブルが設置されている．環状に設置されたケーブルのいずれか 1 つを除去してもまだ通信可能であるので，図 1.2 右側のネットワークは，ケーブルの総延長最小化という観点からは最適ではない．この例題の場合，最適なネットワークの 1 つは図 1.3 のようになり，その総延長は 51 となる．このネットワークでは，すべての建物がケーブルによってつながっており，かつ環状に設置されたケーブルは存在しない．最適なネットワークは，このようなネットワークの中で，ケーブルの総延長が最小なものということになる．

以上で述べた通信ネットワーク設計問題は，グラフという数学的な概念を使って記述できる．本章で扱うグラフというのは，頂点の集合と枝の集合の対からなる構造のことである[*1]．図 1.1 においては，建物を表す丸が頂点に対応し，建物対を表

[*1] 頂点は点あるいは節点，枝は辺と呼ばれることもある．なお本書では，同じ頂点を結ぶ枝 $((v, v)$

す直線が枝に対応する．グラフ G の頂点の全体から成る集合 V を G の頂点集合，枝の全体からなる集合 E を G の枝集合と呼び，$G = (V, E)$ と表すことが多い．すなわち，図 1.1 のグラフにおいては，頂点集合が $V = \{A, B, C, \ldots, H, I\}$，枝集合が $E = \{(A,B), (A,C), (A,D), (A,F), (B,C), (B,D), (C,D), \ldots\}$ となる．枝に向きがないことをはっきりさせたいときには，G は無向グラフであるという．なお，グラフは図 1.1 のように図によって表現することが可能であるが，どの枝がどの頂点とどの頂点を結ぶかだけに着目するので，図の描き方は問題とならない．

ネットワークにおいて 2 つの建物が互いに通信できるということは，2 つの建物が直接ケーブルでつながっている，もしくは他の建物を経由してケーブルでつながっている，ということである．このように 1 つにつながっているケーブルの集まりのことを，グラフの言葉では路（みち）と呼ぶ．つまり，グラフの路とは，ある頂点 $v_0, v_1, v_2, \ldots, v_k$ と枝 $(v_0, v_1), (v_1, v_2), \cdots, (v_{k-1}, v_k)$ $(k \geq 0)$ が交互に現れる列

$$v_0, (v_0, v_1), v_1, (v_1, v_2), v_2, \cdots, v_{k-1}, (v_{k-1}, v_k), v_k$$

のことである[*2]．図 1.2 右側のグラフにおいて，D, (D, E), E, (E, F), F, (F, H), H は頂点 D と頂点 H を結ぶ路である．路を表現するとき，とくに問題のない場合には，単に枝の集合や枝の列として表すこともある．

すべての建物がいくつかのケーブルによってつながっていることを，グラフの言葉では連結であるという．つまり，グラフが連結であるとは，任意の頂点対の間に路が存在することをいう．たとえば，図 1.2 右側のグラフは連結であるが，図 1.2 左側のグラフは連結でない．

また，環状に設置されたケーブルの集まりのことを，グラフの言葉では閉路と呼ぶ．つまり，グラフの閉路とは，1 つの輪を構成するようにつながっている枝の集合のことである．より正確には，閉路とは始点と終点が等しい路である．図 1.2 右側のグラフにおいては，枝集合 $\{(B,D), (D,E), (E,C), (C,B)\}$ や $\{(G,H), (H,I), (I,G)\}$ は閉路である．

我々が求めたかった通信ネットワークは木の形をしていることを先ほど確認し

という形の枝のこと．自己閉路と呼ばれる）は考えない．グラフに関しては，文献[10] を参照されたい．

[*2] 本書では，路には同じ枝が複数回現れることを許さない．文献によっては定義が多少異なる場合があるので注意を要する．

たが，このようなネットワークのことを，グラフの言葉では**全域木**と呼ぶ．グラフの枝集合 T が全域木であるというのは，T が閉路を含まず，かつグラフ (V,T) (頂点集合が V で枝集合が T であるグラフ) が連結であることと定義される．元のグラフ G が連結のとき，G には必ず全域木が存在する (命題 1.2 参照)．1 つの連結なグラフには，全域木が一般に複数存在するが，全域木の枝数は，全域木の選び方によらずに一定で，頂点の総数より 1 だけ少ない (命題 1.7 参照)．たとえば，図 1.3 に示したものは図 1.1 のグラフの全域木であり，全域木の枝数は 8 であり，頂点の総数は 9 である．

先に述べたように，1 つの (連結な) グラフには全域木が一般に複数存在するが，グラフの枝に長さというデータを与えて，枝の長さの総和が最も短い全域木を求める問題を考えよう．グラフの各枝 $e \in E$ に長さ $d(e)$ が与えられたとする．このとき，枝の部分集合 T の総長を $d(T) = \sum_{e \in T} d(e)$ と表す．枝の長さの総和 $d(T)$ を最小にする全域木 T のことを**最小木**と呼び，最小木を求める問題のことを**最小木問題**と呼ぶ．先に述べた通信ネットワーク構築問題は，図 1.1 で与えられるグラフの最小木を求める問題とみることができるので，最小木問題の一例である．

注意 1.1 図 1.2 右側のグラフにおいて $\{(B,C),(C,D),(D,E),(E,C)\}$ は頂点 B と頂点 C を結ぶ路であるが，このように路や閉路は同じ頂点を 2 回以上通ってもよい．同じ頂点を 2 度通らない路 (ただし始点と終点は同一でもよい) のことをとくに**単純路**と呼ぶ．また，始点と終点が同じである単純路のことを**単純閉路**と呼ぶ．図 1.2 右側のグラフにおいては，$\{(D,E),(E,F),(F,H)\}$ は単純路であるが，$\{(B,C),(C,D),(D,E),(E,C)\}$ は頂点 C を 2 回通過するので単純路ではない．また，枝集合 $\{(B,D),(D,E),(E,C),(C,B)\}$ は単純閉路である． ∎

1.2 全域木の性質

まず，グラフに全域木が存在するための必要十分条件を述べる．先に述べたように，グラフの枝集合 T が全域木であるというのは，T が閉路を含まず，かつグラフ (V,T) が連結であることと定義される．

命題 1.2 グラフ $G = (V, E)$ に全域木が存在するための必要十分条件は，G が連結であることである．

（証明）グラフ G に全域木 T が存在すれば，T はその定義により連結なので，G 自身も連結である．次に，G が連結であると仮定して，G が全域木をもつことを示す．連結なグラフ G に閉路 C が存在する場合，C の枝を 1 つ取り除いて得られるグラフもまた連結である．このように，G に閉路が存在する限り，その閉路の枝 1 つを取り除くことを繰り返して得られたグラフを $G' = (V, E')$ とすると，これは G の部分グラフであるが，連結であって閉路を含まないので，G の全域木である． ■

全域木は，様々な良い性質を有することが知られている．本節では，全域木の枝を入れ替えることによって新たな全域木が得られることを述べる．そこで重要となるのが，グラフの閉路とカットの概念である．グラフの閉路とは，すでに述べたように，1 つの輪を構成するようにつながっている枝の集合のことである．グラフのカットとは，頂点集合 V の分割 (V', V'')（すなわち，V' と V'' はともに非空で $V' \cap V'' = \emptyset$, $V' \cup V'' = V$ を満たす）のことである．カット (V', V'') に対し，V' と V'' を結ぶ枝全体の集合をカットセットと呼び，$E(V', V'')$ と表す．図 1.1 において，カット $(V', V'') = (\{A, B, C, D, E\}, \{F, G, H, I\})$ に対応するカットセットは枝集合 $\{(A, F), (C, F), (E, F), (E, G), (D, G)\}$ である．

全域木 T の定義より，任意の閉路 C に対して，T に含まれない C の枝が 1 つ以上存在することは明らかである．一方，次の性質は，任意のカットセット D に対して，全域木 T に含まれる D の枝が 1 つ以上存在することを述べている．

命題 1.3 $G = (V, E)$ をグラフとする．

(i) G が連結であるための必要十分条件は，任意のカットセット $E(V', V'')$ が非空であることである．

(ii) G の任意の枝集合 T に対し，T が全域木であるための必要十分条件は，T が閉路を含まず，かつ G の任意のカットセット $E(V', V'')$ に対して，$T \cap E(V', V'') \neq \emptyset$ が成り立つことである．

（証明）まず (i) を証明する．カットセット $E(V', V'')$ が空のとき，頂点集合 V' と V'' は枝でつながっていないことになるので，グラフ $G = (V, E)$ は連結ではない．逆に，$G = (V, E)$ が連結でないならば，その定義により，ある 2 つの異な

る頂点uとvが存在して，uとvを結ぶ路が存在しない．ここで，頂点uとの間に路が存在する頂点の集合をV'（uも含む），それ以外の頂点の集合をV''とすると，$v \in V''$なので，(V', V'')はカットとなる．また，V'の定義により，V'の頂点とV''の頂点を結ぶ枝は存在しない．すなわち，カットセット$E(V', V'')$は空集合である．

次に(ii)を証明する．定義により，枝集合Tが全域木であることの必要十分条件は，Tが閉路を含まず，かつグラフ(V, T)が連結であることである．ここでグラフ(V, T)の連結性の条件は，(i)の結果を使うと，任意のカットセット$E(V', V'')$に対して，$T \cap E(V', V'') \neq \emptyset$が成り立つことと書き換えられる．■

閉路とカットセットの共通部分に関して次の性質が成り立つ．

命題 1.4 グラフGの任意の閉路CとカットセットDに対して，共通部分$C \cap D$が非空の場合，その要素数は偶数である．とくに，その要素数は2以上である．

(証明) 証明の概略を述べる．カットセットDがカット(V', V'')に対応するとする（つまり$D = E(V', V'')$）．閉路Cはある頂点uから始まり，頂点集合V'とV''の間を行ったり来たりした後で，頂点uに戻ってくる．このとき，頂点集合V'とV''の間を行ったり来たりする回数は偶数であることは簡単にわかるが，この回数が共通部分$C \cap D$の要素数に一致する．■

たとえば，図1.1のグラフの閉路$C = \{(\mathsf{A},\mathsf{C}),(\mathsf{C},\mathsf{D}),(\mathsf{D},\mathsf{G}),(\mathsf{G},\mathsf{H}),(\mathsf{H},\mathsf{F}),(\mathsf{F},\mathsf{A})\}$とカットセット$D = \{(\mathsf{A},\mathsf{F}),(\mathsf{C},\mathsf{F}),(\mathsf{E},\mathsf{F}),(\mathsf{E},\mathsf{G}),(\mathsf{D},\mathsf{G})\}$に対し，その共通部分は$\{(\mathsf{D},\mathsf{G}),(\mathsf{A},\mathsf{F})\}$であり，要素数は2である．

全域木Tに対し，Tに含まれない枝fを加えると，枝fを含む閉路がちょうど1つできる．この閉路を，全域木Tと枝$f \in E \setminus T$に関する**基本閉路**と呼び[*3]，$C(T, f)$と表す．図1.4において実線で表される枝集合は全域木であるが，この全域木と枝$f = (\mathsf{C}, \mathsf{F})$に関する基本閉路は$\{(\mathsf{C},\mathsf{F}),(\mathsf{F},\mathsf{E}),(\mathsf{E},\mathsf{D}),(\mathsf{D},\mathsf{C})\}$となる．

全域木TからTに含まれる1本の枝eを取り去ると，ちょうど2つの部分T'，T''に分かれるが，それらに含まれる頂点集合をそれぞれV'，V''とする．このとき，(V', V'')は頂点集合Vの分割となっているが，カットセット$E(V', V'')$を，

[*3] 一般に，2つの集合A, Bに対して，Aの要素から$A \cap B$の要素を取り除いて得られる集合を$A \setminus B$と表す．すなわち，$A \setminus B = \{e \mid e \in A, e \notin B\}$である．

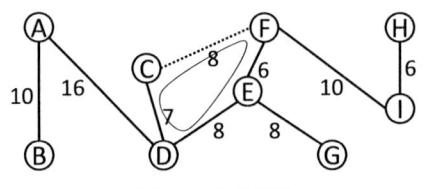

図 1.4　基本閉路

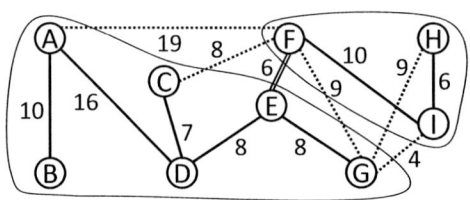

図 1.5　基本カットセット

全域木 T と枝 $e \in T$ に関する基本カットセットと呼び，$D(T,e)$ と表す．図 1.5 において実線 (および二重線) で表される枝集合は全域木であるが，この全域木と枝 $e = (E,F)$ に関する基本カットセットは点線で表される枝および (E,F) から成る．すなわち，$D(T,e) = \{(A,F), (C,F), (E,F), (G,F), (G,H), (G,I)\}$ である．

次の定理は，基本閉路や基本カットセットを使って全域木の枝を入れ替えることによって，新たな全域木が得られることを述べている．

定理 1.5　$T \subseteq E$ をグラフ $G = (V,E)$ の任意の全域木とする.

(i)　任意の枝 $e \in T$ および枝 $f \in D(T,e)$ に対し，枝集合 $T - e + f$ は全域木である[*4)].

(ii)　任意の枝 $f \in E \setminus T$ および枝 $e \in C(T,f)$ に対し，枝集合 $T + f - e$ は全域木である.

(証明)　まず (i) を証明する．枝集合 $T - e$ はちょうど 2 つの部分 T', T'' に分かれるが，T' および T'' の内部の頂点はそれぞれ互いにつながっている．したがって，$f \in D(T,e)$ を加えることによってすべての頂点がつながることになり，$(V, T - e + f)$ は連結となる．また，枝集合 $T - e$ は閉路をもたず，枝 f を加え

[*4)] 記号 $T - e + f$ は，集合 T より要素 e を取り去って要素 f を加えることにより得られる集合 $(T \setminus \{e\}) \cup \{f\}$ を表す．ここで $e \in T$ および $f \in (E \setminus T) \cup \{e\}$ は前提とする．同様に，記号 $T + f - e$ は集合 $(T \cup \{f\}) \setminus \{e\}$ を表す．ここで $f \in E \setminus T$ および $e \in T \cup \{f\}$ は前提とする．

ても閉路は新たに生成されない．以上のことから，$T-e+f$ は全域木である．

次に (ii) を証明する．枝集合 $T+f$ はちょうど 1 つの閉路 $C(T,f)$ をもち，連結である．閉路 $C(T,f)$ の枝 e を除去するとき，連結性は保たれ，また閉路はなくなる．したがって，$T+f-e$ は全域木である． ∎

たとえば，図 1.4 の全域木 T に枝 $f=(\mathsf{C},\mathsf{F})$ を加え，基本閉路 $C(T,f)$ に含まれる枝 $e=(\mathsf{E},\mathsf{F})$ を除去して得られる枝集合 $T+f-e$ は全域木である．また，図 1.5 の全域木 T から枝 $e=(\mathsf{E},\mathsf{F})$ を除去し，基本カットセット $D(T,e)$ に含まれる枝 $f=(\mathsf{C},\mathsf{F})$ を加えて得られる枝集合 $T-e+f$ は全域木である．

次の定理は，2 つの全域木 T と S が与えられたとき，それらに含まれる枝をうまく入れ替えて，T と S の「中間」に位置する新たな全域木の対を作ることができることを述べている．

定理 1.6 $T,S \subseteq E$ をグラフ $G=(V,E)$ の相異なる 2 つの全域木とし，e を $T \setminus S$ に含まれる任意の枝とする．

(i) ある枝 $f' \in S \setminus T$ が存在して，枝集合 $T-e+f'$ は全域木である．

(ii) ある枝 $f'' \in S \setminus T$ が存在して，枝集合 $S+e-f''$ は全域木である．

(iii) ある枝 $f \in S \setminus T$ が存在して，枝集合 $T-e+f$ および $S+e-f$ はともに全域木である．

(証明) まず (i) を証明する．S は全域木なので，命題 1.3(ii) より $D(T,e) \cap S \neq \emptyset$ が成り立つ．$D(T,e) \cap S$ の任意の枝を f' とすると，定理 1.5(i) より，枝集合 $T-e+f'$ は全域木である．あとは，$f' \notin T$ を示せばよい．基本カットセットの定義より，$D(T,e) \cap T = \{e\}$ であるが，e の選び方より $e \notin S$ なので，$D(T,e) \cap S \cap T = \emptyset$ が導かれる．ゆえに，$f' \notin T$ が成り立つ．

(ii) についても (i) と同様に証明できる．T は全域木なので，閉路 $C(S,e)$ は T に含まれない．つまり，$C(S,e) \setminus T \neq \emptyset$ が成り立つ．$C(S,e) \setminus T$ の任意の枝を f'' とすると，定理 1.5(ii) より，$S+e-f''$ は全域木になる．あとは $f'' \in S$ を示せばよいが，(i) と同様の議論で証明できる．

最後に (iii) を示す．まず，基本カットセットと基本閉路の共通部分 $D(T,e) \cap C(S,e)$ は要素 e を含むので，命題 1.4 より要素数は 2 以上である．したがって，$D(T,e) \cap C(S,e)$ は e と異なる枝 f を含む．この f に対して $f \in S \setminus T$ が成り立つため，定理 1.5 より (iii) が導かれる． ∎

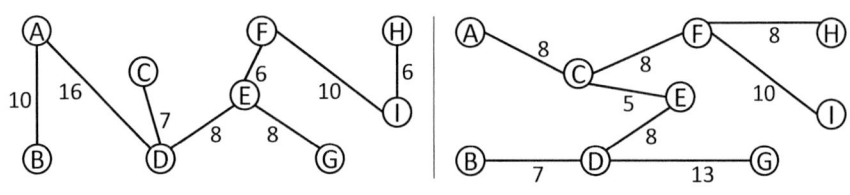

図 1.6 2つの全域木

たとえば,図 1.6 の 2 つの全域木に注目する.左の全域木を T,右の全域木を S とする.T に含まれて S に含まれない枝 $e = (\mathsf{E}, \mathsf{F})$ に対して,$f = (\mathsf{C}, \mathsf{F})$ とすると,$f \in S \setminus T$ であり,枝集合 $T - e + f$ および $S + e - f$ はいずれも全域木となる.なお,全域木 $T - e + f$ と S の共通部分の大きさは,T と S の共通部分の大きさより 1 だけ大きくなっていることに注意されたい.これは,枝の入れ替えによって,全域木 T が全域木 $T' = T - e + f$ に変わって S との「距離」が小さくなったことを意味する.全域木 $S + e - f$ と T の共通部分についても同様である.

なお,定理 1.6 より,全域木の枝数は,全域木の選び方によらず一定であることがわかるが,その数は頂点の総数より 1 だけ少ない.

命題 1.7 グラフ $G = (V, E)$ の任意の全域木 $T \subseteq E$ に対し,$|T| = |V| - 1$ が成り立つ.

1.3 最小木の最適性条件

最小木問題には,よく知られた最適性条件がある.全域木 T に含まれる枝 e と,含まれない枝 f を考える.定理 1.5 で述べたように,枝 e が基本閉路 $C(T, f)$ に含まれるとき,枝集合 $T - e + f$ は全域木になる.同様に,枝 f が基本カットセット $D(T, e)$ に含まれるとき,枝集合 $T - e + f$ は全域木になる.このとき

$$d(T) \leq d(T - e + f) \iff d(e) \leq d(f)$$

の関係があるから,$d(e) \leq d(f)$ は,T が最小木であるための必要条件である.実は,これは十分条件にもなっている.

定理 1.8 グラフ $G = (V, E)$ の任意の全域木 T に対し,以下の 3 条件は等価で

ある.
 (i) T は G の最小木である.
 (ii) 任意の $f \in E \setminus T$ と $e \in C(T, f)$ に対して $d(e) \leq d(f)$ が成り立つ.
 (iii) 任意の $e \in T$ と $f \in D(T, e)$ に対して $d(e) \leq d(f)$ が成り立つ.

(証明) 「(i)$\Longrightarrow$(ii)」および「(i)$\Longrightarrow$(iii)」が成り立つことは先に説明した.以下では「(iii)$\Longrightarrow$(i)」を証明する.なお,「(ii)$\Longrightarrow$(i)」は同様にして証明できるので省略する.

T を全域木とし,条件 (iii) が成り立つと仮定する.このとき,任意の全域木 S に対して $d(S) \geq d(T)$ が成り立つことを,$S \setminus T$ の要素数に関する帰納法で証明する.なお,全域木の枝数は等しいので,$|S \setminus T| = |T \setminus S|$ が成り立つことに注意する.

$|S \setminus T| = 0$ のときは $S = T$ となり,明らかに $d(S) \geq d(T)$ が成り立つ.

次に,$|S \setminus T| > 0$ の場合について考える.$T \setminus S$ の任意の枝を選び,e とする.このとき,定理 1.6(およびその証明)により,ある枝 $f \in D(T, e) \cap (S \setminus T)$ が存在して,$S' = S + e - f$ は全域木となる.$f \in D(T, e)$ なので,仮定より $d(e) \leq d(f)$ が成り立つ.よって,$d(S') = d(S) + d(e) - d(f) \leq d(S)$ が導かれる.また,全域木 S' と S に対して $|S' \setminus T| = |S \setminus T| - 1$ が成り立つので,帰納法の仮定により $d(S') \geq d(T)$ が成り立つ.この不等式とすでに示した $d(S) \geq d(S')$ より,$d(S) \geq d(T)$ が成立する. ■

図 1.7 において,最小木 T の枝は実線で,それ以外の枝は点線で表されている.枝 $e = $ (C, E) に関する基本カットセット $D(T, e)$ はカットセット $E(\{A, B, C, D\}, \{E, F, G, H, I\})$ に一致するが,定理 1.5 より,このカットセットに含まれる任意の枝 f に対して,$T - e + f$ は全域木である.ゆえに,定理 1.8 より,$d(e) \leq d(f)$ が成り立つ.実際,このカットセットに含まれる他の枝 (A, F), (C, F), (D, E), (D, G) の枝に比べて,枝 $e = $ (C, E) の長さの方が小さいこ

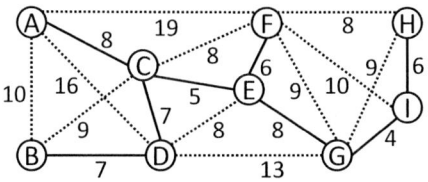

図 1.7 最小木問題の最適性条件

とがわかる．

次の定理は，グラフの閉路やカットセットを調べることにより，最小木に含まれない (もしくは含まれる) 枝を少なくとも 1 本見つけられることを述べている．

定理 1.9 $G = (V, E)$ をグラフとする．

(i) $C (\subseteq E)$ をグラフ G の任意の閉路とする．C の中で最も長い枝を e とすると，e を含まない最小木が存在する．

(ii) (V', V'') をグラフ G の任意のカットとする．カットセット $E(V', V'')$ の中で最も短い枝を f とすると，f を含む最小木が存在する．

(証明) まず，(i) を証明する．任意に最小木を選んで T とする．これが e を含まなければ証明は終わりである．一方，T が e を含む場合，基本カットセット $D(T, e)$ と閉路 C の共通部分は e を含むので，命題 1.4 より $D(T, e) \cap C$ は e 以外の枝を 1 つ以上含む．その 1 つを f とおく．このとき，定理 1.5(i) により $T' = T - e + f$ は全域木である．さらに，定理の仮定より $d(f) \leq d(e)$ が成り立つので，$d(T') = d(T) - d(e) + d(f) \leq d(T)$ となる．この不等式より，T' もまた最小木であることがわかり，かつ枝 e を含まない．

(ii) の証明は (i) と同様なので省略する．基本カットセット $D(T, e)$ を基本閉路 $C(T, f)$ に置き換え，閉路 C をカットセット $E(V', V'')$ に置き換えればよい．■

図 1.7 のグラフとその最小木 T について考える．閉路 $\{(A, C), (C, E), (E, F), (F, A)\}$ において枝 (F, A) の長さは最長であり，この枝は最小木 T に含まれない．一方，カットセット $E(\{A, B, C, D, E, F\}, \{G, H, I\})$ において枝 $f = (F, H)$ の長さは最小であるが，この枝は最小木 T には含まれていない．しかし，T に含まれる枝 $e = (E, G)$ に対して，枝集合 $T' = T - e + f$ を考えると，T' は全域木であって，$d(e) = d(f)$ なので T' も最小木となる．したがって，枝 f は最小木 T' に含まれることがわかる．

1.4 最小木のアルゴリズム

本節では，最小木を求める 2 つのアルゴリズムを紹介する．以下の議論では，与えられたグラフは連結と仮定し，グラフの枝数を m，頂点数を n とおく．

1.4 最小木のアルゴリズム

1.4.1 全域木を求めるアルゴリズム

まずは長さのことは考えないで,全域木を 1 つ求めるアルゴリズムを示す.全域木を求めるのは簡単で,閉路ができないように任意の順番に枝を加えていけばよい.より正確には,次のように記述される.

ステップ 0: 枝を(任意の)順番に並べて,$E = \{e_1, e_2, \ldots, e_m\}$ とする.
$T := \emptyset$, $k := 1$ とおく.
ステップ 1: $T \cup \{e_k\}$ が閉路を含まないならば $T := T \cup \{e_k\}$ とおく.
ステップ 2: $k = m$ ならば枝集合 T を出力して終了する.
そうでなければ,$k := k + 1$ とおき,ステップ 1 に戻る.

定理 1.10 上記のアルゴリズムは全域木を求める.

(証明) 全域木の定義より,アルゴリズムの出力 T が閉路をもたず,かつ連結であることを示せばよい.ステップ 1 での枝の追加のルールより,T に閉路が含まれないのは明らかである.次に連結性を示すために,任意のカット (V', V'') に対して,カットセット $E(V', V'')$ の枝のうち添え字 j が最小の枝 e_j を考える.第 j 回目の反復のステップ 1 の時点では,カットセット $E(V', V'')$ の枝はいずれも T に含まれていないので,枝 e_j を加えても閉路はできない.したがって,枝 e_j は必ず T に追加される.ゆえに,任意のカットセット $E(V', V'')$ と枝集合 T との共通部分は非空である.この事実と命題 1.3(i) より,T は連結である.∎

なお,アルゴリズムのステップ 0 における枝の順序は任意に選んでよいこと,および枝の順序を変更すると(一般には)得られる全域木が変わることに注意されたい.

1.4.2 クラスカルのアルゴリズム

最小木を求める有名なアルゴリズムの 1 つに,クラスカル (Kruskal) のアルゴリズムがある.これは,枝を短い順に追加していき,追加したことにより閉路ができてしまう場合にはその枝を除外するというアルゴリズムである.すなわち,1.4.1 項の全域木を求めるアルゴリズムにおいて,枝の順番を長さの短い順 $d(e_1) \le d(e_2) \le \cdots \le d(e_m)$ にしたものが,クラスカルのアルゴリズムである.

このアルゴリズムのように,良さそうな要素から順番に選んで解に加えていく

アルゴリズムのことを，貪欲アルゴリズムと総称する．貪欲アルゴリズムは，離散最適化においてよく使われる手法である．一般には，貪欲アルゴリズムで最適解を求められるとは限らないが，最小木問題においては必ず最適解が得られることを次の定理は述べている．

定理 1.11 クラスカルのアルゴリズムは最小木を求める．

(証明) 与えられたグラフ G を G_0 として，グラフの列 $G_1, G_2, \ldots, G_m$ を次のように定める：アルゴリズムの第 k 反復のステップ 1 において枝 e_k が T に追加されたときは $G_k = G_{k-1}$ とし，そうでない場合は G_{k-1} から枝 e_k を除去したグラフを G_k とする．以下では，各 $k = 1, 2, \ldots, m$ に対し，G_k の任意の最小木が G_{k-1} においても最小木であることを示す．アルゴリズムの出力 T^* は G_m の最小木（G_m の唯一の全域木）であるから，このことを $k = m, m-1, \ldots, 2, 1$ の順に用いると，T^* が G の最小木であることがわかる．

第 k 反復のステップ 1 において枝 e_k が T に追加されない場合（すなわち $T \cup \{e_k\}$ が閉路 C を含む場合）を考えればよい．このとき，C の枝の中で e_k は最後に追加された枝なので，枝の順番のつけ方から，e_k が C において最長の枝である．閉路 C はグラフ G_{k-1} に含まれるので，定理 1.9 (i) より，e_k を含まない最小木がグラフ G_{k-1} に存在する．G_{k-1} から枝 e_k を除去したものが G_k であるから，G_k の任意の最小木は，G_{k-1} においても最小木である． ■

1.4.3 カラバのアルゴリズム

カラバ (Kalaba) のアルゴリズムは，最小木を求めるアルゴリズムとしてはあまり有名ではないが，最小木の最適性条件（定理 1.8）から自然に思いつく解法であり，離散凸解析の観点からは重要なので，ここで紹介する．

ある全域木 T が定理 1.8 (ii) の最適性条件を満たす場合には最小木であることがわかるが，条件が満たされない場合には T の枝を 1 つ入れ替えることにより，枝長がより短い全域木を得ることができる．1 つのグラフには全域木が有限個しかないので，この方針に基づいて枝の入れ替えを繰り返して全域木を改善していくと，有限時間で最小木が得られるが，反復回数が非常に大きくなる可能性がある．この点を考慮して入れ替える枝の選び方を工夫したのが，下記のアルゴリズムであり，本書ではこれをカラバのアルゴリズムとよぶ．

1.4 最小木のアルゴリズム

ステップ 0： 適当に見つけた全域木を T とおく．残りの枝 $E \setminus T$ に適当な順番で番号 $f_1, f_2, \ldots, f_{m-n+1}$ を付ける．$k := 1$ とおく．

ステップ 1： 基本閉路 $C(T, f_k)$ において最も長い枝 e_k に対し，
$$T := T - e_k + f_k$$ とおく．

ステップ 2： $k = m - n + 1$ ならば枝集合 T を出力し，終了する．
そうでなければ，$k := k + 1$ とおき，ステップ 1 に戻る．

このアルゴリズムのように，要素を少しずつ入れ替えてより良い解を生成していくアルゴリズムのことを，局所探索法と総称する．局所探索法も，離散最適化においてよく使われる手法である．一般には，局所探索法で最適解が求められるとは限らないが，最小木問題においては必ず最適解が得られることを次の定理は述べている．

定理 1.12 カラバのアルゴリズムは最小木を求める．

(証明) 定理 1.5(ii) により，各反復での枝集合 T は全域木であることがわかるので，以下ではアルゴリズムの出力が最小木であることを示す．

与えられたグラフ G を G_0 とする．各 $k = 1, 2, \ldots, m - n + 1$ に対し，アルゴリズムの第 k 反復のステップ 1 で求めた枝 e_k を G_{k-1} から除去したグラフを G_k とする．第 k 反復のステップ 1 の基本閉路 $C(T, f_k)$ はグラフ G_{k-1} に含まれることに注意する．グラフ G_{k-1} から除去される枝 e_k は，この基本閉路 $C(T, f_k)$ において最長の枝である．すると，定理 1.9 (i) より，e_k を含まない最小木がグラフ G_{k-1} に存在する．G_{k-1} から枝 e_k を除去したものが G_k であるから，G_k の任意の最小木は，G_{k-1} においても最小木である．アルゴリズムの出力 T^* は G_{m-n+1} の最小木（G_{m-n+1} の唯一の全域木）であるから，上に示したことを $k = m - n + 1, m - n, \ldots, 2, 1$ の順に適用すると，T^* が G の最小木であることがわかる． ∎

注意 1.13 最小木問題の最適性条件（定理 1.8）より，与えられた全域木が最適か否かの判定が効率的にできることがわかるが，アルゴリズムの効率化を図る上では，定理 1.8 のような最適性条件だけでは十分でない．実際，カラバのアルゴリズムでは定理 1.9 の性質を使うことにより効率化を図っている． ∎

1.5 章末ノート：離散凸解析への展望

定理 1.6 に示した全域木の性質はマトロイドという概念に抽象化される．マトロイドとは，ある集合 N と，その部分集合から成る集合族 $\mathcal{F}$ の組 $(N, \mathcal{F})$ であって，次の条件を満たすものである[*5]：

任意の $T, S \in \mathcal{F}$ および任意の $e \in T \setminus S$ に対し，ある $f \in S \setminus T$ が存在して，$T - e + f \in \mathcal{F}$ および $S + e - f \in \mathcal{F}$ が成り立つ．

上の条件を**交換公理**と呼び，$\mathcal{F}$ を**基族**という．定理 1.6 (iii) より，全域木の枝集合から成る集合族はマトロイドを成すことになる．マトロイドの概念の拡張として，第 9 章の M 凸集合の概念が得られる．最小木問題は M 凸集合上での線形関数最小化，さらには第 9 章に述べる M 凸関数の最小化と見ることができる．第 14 章で説明するように，M 凸関数の最小化問題はいくつかの貪欲アルゴリズムによって効率よく解くことが可能であるが，1.4 節で説明した最小木の 2 つのアルゴリズムは，M 凸関数最小化の貪欲アルゴリズムと見ることができる．

最小木についてより詳しくは文献[1, 10, 23, 48, 49] などを，またマトロイドについては文献[17, 23, 33, 48, 55] などを参照されたい．

[*5] N の部分集合から成る集合族とは，集合 N の部分集合を集めたものである．

2

最短路問題

2.1 最短路問題の定義

　最短路問題は，文字どおり最短の経路を求める問題のことであり，カーナビゲーションシステムや鉄道の乗換案内など，多数の応用をもつ．以下では簡単な例を使って，この問題を説明しよう．

　とある大学のキャンパス内を徒歩で移動することを考える．この大学のキャンパスは広いので，ある地点から別の地点に移動する際に利用可能なルートがたくさん存在する．図 2.1 は大学内の道路網を表している．図の中で，直線は道路を表し，丸は道路の交差点や分岐点を表している．たとえば，A 地点と B 地点は，長さ 8（単位は 100 メートル）の道路で結ばれている．

　このとき，A 地点から H 地点までの最短のルートはどれになるだろうか？　ただし，移動の際には，必ず道路に沿って歩くこととする（建物の間の抜け道を通ったり，建物の中を通過することは認めない）．たとえば，A 地点から F, G を経由して H 地点に行くと，そのルートの総距離は $9+8+9=26$ となるが，A 地点から F, E を経由して H 地点に行くと総距離は短くなり，$9+6+5=20$ となる．実は，A 地点から D, C を経由して H 地点に行くのが最短ルートであり，総距離は $5+7+6=18$ となる．

　この最短ルートを求める問題は，図 2.1 をグラフ $G=(V,E)$ とみなすと，グラフ G 上の問題として記述できる（グラフおよびその用語については第 1 章を参照）．この問題の場合，地点の集合がグラフ G の頂点集合 V に対応し，地点間の道路を表す直線の集合が枝集合 E に対応する．各枝 $e \in E$ に枝の長さ $\ell(e)$ という実数値データが与えられ，出発地を表す頂点 s と目的地を表す頂点 t が与えられたとき，s と t を結ぶ路 P の中で枝の長さの総和 $\sum_{e \in P} \ell(e)$ が最も小さいもの

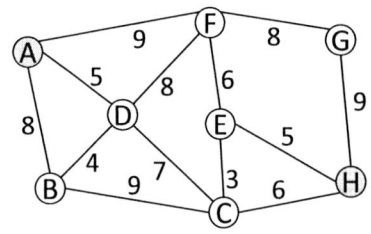
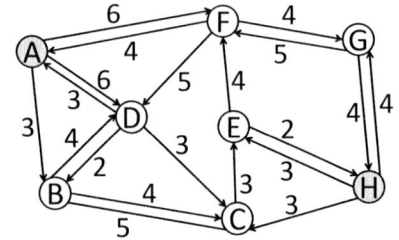

図 2.1 キャンパス内の道路と距離

図 2.2 キャンパス内の道路の移動可能方向と移動時間

（頂点 s から頂点 t への最短路）を求める問題が**最短路問題**である．

なお，上記では，枝に向きのついていない無向グラフを使って最短路問題を定義したが，一般的には枝に向きのついたグラフを用いた方が便利なことが多い．そのような例を以下で説明しよう．

先ほどのキャンパス内の最短ルートの問題では，徒歩の移動を想定して最短距離のルートを求めたが，ここでは自動車での移動を念頭に置いて，移動時間が最短のルートを求めることを考える．自動車の場合，一方通行の道路では特定の方向にしか移動できない．また，坂道のような地理的な条件により，移動時間と距離は必ずしも比例せず，また同じ区間でも行きと帰りで移動時間が異なることもある．そのため，道路を直線で表す代わりに，移動可能な方向を表す矢印を使った方が都合がよい．図 2.2 はキャンパス内の道路の移動可能な方向と，移動時間（単位は分）を表している．たとえば，A から B へは行けるが，逆の方向には移動できない．また，A から D に行く場合の移動時間は 6 分であるが，逆向きに D から A に行く際の移動時間は 3 分と異なる値になっている．

出発地を A，目的地を H としたとき，移動時間が最短のルートを考える．たとえば，A から F, G を経由して H に行くと，総移動時間は $6+4+4=14$ 分となる．最短のルートは，A 地点から B, C, E を経由して H 地点に行くルートであり，総移動時間は $3+4+3+2=12$ 分となる．

図 2.2 では，キャンパス内の道路網を表現するために向きのついた枝を用いたが，このようなグラフを**有向グラフ**と呼ぶ．枝に向きがついていることが明らかな場合，有向グラフのことを単にグラフと呼ぶこともある．これまで用いてきた無向グラフと同様に，有向グラフは頂点集合 V と枝集合 E の対 $G = (V, E)$ として与えられ，有向グラフの枝をとくに**有向枝**と呼ぶこともある．無向グラフでは (u, v) と

(v, u) を同一視して同じ枝を表すと考えるのに対し，有向グラフでは (u, v) と (v, u) は異なる枝を表すことに注意されたい．ある地点からある地点へのルートのことは，グラフの言葉では有向路と呼ぶ．つまり，有向路とは，有向グラフにおいて，ある頂点 $v_0, v_1, v_2, \ldots, v_k$ とそれらをつなぐ枝 $(v_0, v_1), (v_1, v_2), \cdots, (v_{k-1}, v_k)$ $(k \geq 0)$ が交互に現れる列

$$v_0, (v_0, v_1), v_1, (v_1, v_2), v_2, \cdots, v_{k-1}, (v_{k-1}, v_k), v_k$$

のことである．最初の頂点 v_0 および最後の頂点 v_k を，この有向路の始点と終点と呼ぶ．有向路を表現する際，とくに問題のない場合には，単に枝の集合や枝の列として表すこともある．たとえば，図 2.2 において枝集合 $\{(\mathsf{A},\mathsf{D}),(\mathsf{D},\mathsf{C}),(\mathsf{C},\mathsf{E}),(\mathsf{E},\mathsf{H})\}$ は始点を A，終点を H とする有向路である．

有向グラフ $G = (V, E)$ の各枝に長さ $\ell(e)$ $(e \in E)$ が与えられたとき，G の有向路 P の長さ $\ell(P)$ を，P に含まれる枝の長さの和 $\sum_{e \in P} \ell(e)$ と定義する．始点 $s \in V$ と終点 $t \in V$ が指定されたとき，s から t への最短路とは，s から t への長さ最小の有向路のことである．始点と終点の（複数の）対が与えられたとき，始点から終点への最短路を求める問題が最短路問題である．本章では，与えられた始点 s に対し，s からすべての頂点への最短路を同時に求める最短路問題（単一始点全終点最短路問題と呼ばれる）を主に扱う．

先に述べたように，最短路問題の典型的な応用例は，道路網，鉄道網，通信網などのネットワークにおける最短経路を求める問題であり，これらの応用においては枝の長さは非負である．一方，最短路問題は最短路とは一見関係なさそうに見える問題にもしばしば応用され，さらには，より複雑な離散最適化問題の一部分としても頻繁に現れる（第 3 章「マッチング問題」，第 4 章「最大流問題」，第 5 章「最小費用流問題」を参照）．これらの応用においては，枝の長さは非負とは限らず，負の値をとることも少なくない．以下，とくに断わりのない限り，グラフの枝の長さは任意の実数値をとるものとする．

2.2 最短路の性質

最短路の基本的な性質について述べる．有向グラフ $G = (V, E)$ および各枝の長さ $\ell(e)$ $(e \in E)$ が与えられているとする．枝 $e = (u, v)$ の長さ $\ell(e)$ を $\ell(u, v)$

と表すこともある．また，グラフ G の頂点の個数を n，枝の本数を m とおく．

有向路の一部分として含まれる有向路のことを部分路と呼ぶ．つまり，有向路
$$v_0, (v_0, v_1), v_1, (v_1, v_2), v_2, \cdots, v_{k-1}, (v_{k-1}, v_k), v_k$$
に対して，その部分路とは，ある i, j $(0 \leq i \leq j \leq k)$ に対して，
$$v_i, (v_i, v_{i+1}), v_{i+1}, (v_{i+1}, v_{i+2}), v_{i+2}, \cdots, v_{j-1}, (v_{j-1}, v_j), v_j$$
と表される有向路のことである．たとえば，図 2.2 において，D から E への有向路 {(D, C), (C, E)} は A から H への有向路 {(A, D), (D, C), (C, E), (E, H)} の部分路である．次の命題は，最短路の部分路は最短路であることを述べている．

命題 2.1 始点 s から終点 t への最短路 P が頂点 v を通るとし，s から v への部分路を P' とする．このとき，P' は s から v への最短路である．
（証明）P' が s から v への最短路でないと仮定し，矛盾を導く．P' が最短路でないならば，s から v への有向路 P'' で，長さが P' より真に短いものが存在する．ここで，有向路 P において部分路 P' を P'' に置き換えて得られる新たな有向路 $\tilde{P}$ を考えると，$\tilde{P}$ は s から v を経由して t に至る有向路であり，$\tilde{P}$ の長さは P より真に短い．これは P が s から t への最短路であることに矛盾する． ■

次に，最短路が存在するための条件について議論する．ある頂点 s からある頂点 t への最短路が存在するためには，まず，s から t への有向路が存在する必要がある．さらに，有向路は同じ頂点を 2 回以上通ってもよいので，s から t への有向路は無限個存在する可能性があり，無限個の有向路があるときは，その中に長さが最小のもの（最短路）が存在するかどうかが問題となる．

まず，すべての枝の長さが非負の場合を考える．最短路を求める際には，ある頂点を 2 回以上通るのは無駄があり，各頂点を高々 1 回しか通らない有向路の方が望ましいことは明らかであろう．一般に，同じ頂点を 2 度通らない有向路のことを単純有向路と呼ぶが，単純有向路に含まれる枝の数は高々 $n-1$ なので，単純有向路は有限個であることがわかる．したがって，最短路は必ず存在する．

負の長さの枝がある場合には，最短路が存在しないことがある．たとえば，図 2.3 右側の有向グラフにおいて，頂点 A から頂点 C への有向路を考える．このグラフには，頂点 C を含む，長さが -1 の有向閉路 {(C, B), (B, D), (D, C)} が存在

2.2 最短路の性質

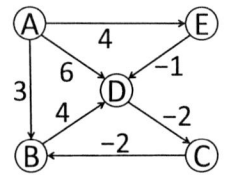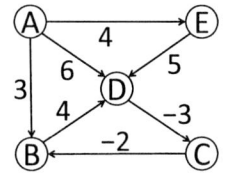

図 2.3 負閉路をもたない有向グラフ（左）と負閉路をもつ有向グラフ（右）

する．ここで，有向閉路とは，始点と終点が等しく枝を 1 つ以上含む有向路のことである．頂点 A から C に向かう際に，この有向閉路を

$$(A, D), \quad (D, C), (C, B), (B, D), \quad (D, C), (C, B), (B, D), \quad (D, C), \ldots$$

のように何回も回ることによって，有向路の長さが $-\infty$ に発散するようにいくらでも小さくすることが可能である．したがって，A から C への長さ最小の有向路は存在しない．一般に，長さが負の有向閉路のことを**負閉路**と呼ぶ．

逆に，グラフに負閉路が存在しなければ最短路が存在する．

命題 2.2 始点 s から各頂点へ有向路が存在すると仮定する．負閉路が存在しないならば，s から各頂点へ最短路が存在する．とくに，単純有向路であるような最短路が存在する．

（証明）t を任意の頂点とする．s から t への単純有向路の枝数は $n-1$ 以下であるため，単純有向路の個数は有限である．したがって，s から t への最短な単純有向路は存在し，それを P_* とおく．P_* が s から t への最短路であることを示すために，以下では，s から t への（単純とは限らない）任意の有向路 P に対し，$\ell(P_*) \leq \ell(P)$ が成り立つことを証明する．

P が単純有向路でないとき，P はある頂点 v を 2 回通過する．つまり，P は v を通過する有向閉路を含む．有向路 P からこの有向閉路を除去したものを P' とおくと，これは s から t への有向路であり，枝数は P より真に少ない．さらに，仮定より有向閉路の長さは非負なので，P' の長さは P の長さ以下である．こうして得られた P' が単純有向路でなければ，単純有向路になるまで同様の操作を繰り返す．このようにして得られた単純有向路 $\tilde{P}$ は $\ell(\tilde{P}) \leq \ell(P)$ を満たす．また，P_* の定義より，$\ell(P_*) \leq \ell(\tilde{P})$ が成り立つので，$\ell(P_*) \leq \ell(P)$ が得られる． ∎

以上のことから，最短路が存在するための必要十分条件が得られる．

定理 2.3 有向グラフ上の最短路問題において，始点 s から各頂点へ有向路が存在すると仮定する．このとき，s から各頂点へ最短路が存在するための必要十分条件は，負閉路が存在しないことである．

始点 s から各頂点への最短路全体を簡潔な形で表現できる．有向グラフ $G = (V, E)$ とその頂点 s が与えられたとき，s を根とする**有向全域木**とは，要素数 $n-1$ の枝の集合 T であって，s から各頂点への有向路を含むものをいう．たとえば，図 2.3 左側の有向グラフにおいて，枝集合 $\{(A,E), (E,D), (D,C), (A,B)\}$ は A を根とする有向全域木である．なお，有向全域木においては，s から各頂点への有向路は一意に定まる．また，有向全域木において枝の向きを無視すると（無向グラフの意味での）全域木となる．

命題 2.4 始点 s から各頂点へ最短路が存在すると仮定する．このとき，s を根とする有向全域木 T が存在して，T における s から頂点 v への有向路は，s から頂点 v への最短路となっている．

（証明）始点 s から各頂点 v への最短路（の枝集合）を P_v とし，$T = \bigcup_{v \in V} P_v$ とおく．定理 2.3 と命題 2.2 より，P_v は単純有向路としてよい．T の要素数がちょうど $n-1$ であれば，これは有向全域木であり，各頂点への最短路を含む．一方，T の要素数が n 以上の場合は，以下の手順で最短路を繰り返し修正することにより，所望の有向全域木を求めることができる．

T の要素数が n 以上と仮定する．このとき，ある頂点 $v_* \in V \setminus \{s\}$ が存在して，T の中には v_* に向かう枝が 2 つ以上ある．そのような枝で P_{v_*} に含まれないものを e とすると，e は別のある頂点 u への最短路 P_u に含まれる．この最短路 P_u の s から v_* までの部分を P'_u とすると，命題 2.1 により P'_u もまた s から v_* への最短路であり，P'_u の長さは P_{v_*} の長さに等しい．したがって，P_u の部分路 P'_u を P_{v_*} に置き換えて得られる有向路もまた，s から u への最短路である．この有向路を新たに P_u とおき，それに応じて T を修正する．頂点 v_* に向かう T の枝が 2 本以上ある限り上記の操作を繰り返せば，v_* に向かう T の枝の数はちょうど 1 つになる．この操作を s 以外のすべての頂点に対して行えば，所望の有向全域木が得られる．■

最短路問題を解く際に有用な性質をいくつか述べる．各頂点 $v \in V$ に割り当て

2.2 最短路の性質

られた値 $p(v) \in \mathbb{R}$ を成分とする $|V|$ 次元ベクトル $p = (p(v) \mid v \in V)$ で,グラフの枝の長さ $\ell(e)$ $(e \in E)$ に対して条件

$$p(v) - p(u) \leq \ell(u,v) \quad (\forall (u,v) \in E) \tag{2.1}$$

を満たすものをポテンシャルと呼ぶ.

命題 2.5 ポテンシャル $(p(v) \mid v \in V)$ が与えられたとする.頂点 $s, t \in V$ に対し,s から t への任意の有向路 P の長さ $\ell(P)$ は値 $p(t) - p(s)$ 以上である.とくに,$\ell(P) = p(t) - p(s)$ が成り立つならば,P は s から t への最短路である.

(証明) P の枝集合を $\{(v_0, v_1), (v_1, v_2), \ldots, (v_{k-1}, v_k)\}$ とおく.ただし,$v_0 = s$,$v_k = t$ である.ポテンシャルの定義により,各枝 (v_{i-1}, v_i) $(i = 1, 2, \ldots, k)$ に対して $p(v_i) - p(v_{i-1}) \leq \ell(v_{i-1}, v_i)$ が成り立つ.ゆえに,$\ell(P) = \sum_{i=1}^{k} \ell(v_{i-1}, v_i) \geq p(t) - p(s)$ が成り立つ.さらに,この事実より,$\ell(P) = p(t) - p(s)$ が成り立つならば,P が s から t への最短路であることは明らかである. ■

たとえば,図 2.3 左側の有向グラフにおいて,

$$p(\mathsf{A}) = 0,\ p(\mathsf{B}) = -1,\ p(\mathsf{C}) = 1,\ p(\mathsf{D}) = 3,\ p(\mathsf{E}) = 4$$

はポテンシャルである.実際,

$$p(\mathsf{B}) - p(\mathsf{A}) = -1 \leq 3 = \ell(\mathsf{A}, \mathsf{B}),$$
$$p(\mathsf{C}) - p(\mathsf{D}) = -2 \leq -2 = \ell(\mathsf{D}, \mathsf{C})$$

などのようにポテンシャルの条件 (2.1) を満たしている.この有向グラフ上の A から C への有向路 $P_1 = \{(\mathsf{A}, \mathsf{B}), (\mathsf{B}, \mathsf{D}), (\mathsf{D}, \mathsf{C})\}$ の長さは $\ell(P_1) = 3 + 4 + (-2) = 5$ であるが,

$$p(\mathsf{C}) - p(\mathsf{A}) = [p(\mathsf{B}) - p(\mathsf{A})] + [p(\mathsf{D}) - p(\mathsf{B})] + [p(\mathsf{C}) - p(\mathsf{D})]$$
$$= (-1) + 4 + (-2) \leq 3 + 4 + (-2) = \ell(P_1)$$

が成り立つ.また,別の有向路 $P_2 = \{(\mathsf{A}, \mathsf{E}), (\mathsf{E}, \mathsf{D}), (\mathsf{D}, \mathsf{C})\}$ を考えると,この長さは $\ell(P_2) = 4 + (-1) + (-2) = 1$ であって,

$$p(\mathsf{C}) - p(\mathsf{A}) = [p(\mathsf{E}) - p(\mathsf{A})] + [p(\mathsf{D}) - p(\mathsf{E})] + [p(\mathsf{C}) - p(\mathsf{D})]$$
$$= 4 + (-1) + (-2) = \ell(P_2)$$

が成り立つ．よって，命題 2.5 より P_2 は A から C への最短路である．

上記の例において，各頂点のポテンシャルの値は，始点を A としたときのその頂点への最短路長に一致している．このように，1 つの始点から各頂点への最短路長を成分にもつベクトルはポテンシャルとなっている．

命題 2.6　始点 s から各頂点へ最短路が存在すると仮定する．このとき，s から各頂点 v への最短路長を $p(v)$ とおくと，$(p(v) \mid v \in V)$ はポテンシャルである（不等式条件 (2.1) を満たす）．

（証明）　各枝 $(u,v) \in E$ に対し，s から u への最短路 P_u に枝 (u,v) を追加して得られる有向路は，s から v への有向路であるので，その長さは $p(v)$ 以上であって，$p(u) + \ell(u,v) \geq p(v)$ が成り立つ．したがって，不等式 (2.1) が成り立つ．■

命題 2.5 と命題 2.6 より，最短路長とポテンシャルの間の重要な関係が得られる．

定理 2.7　頂点 s から各頂点へ最短路が存在すると仮定する．このとき，各頂点 $t \in V$ に対して次の等式が成り立つ：

$$\min\{\ell(P) \mid P \text{ は } s \text{ から頂点 } t \text{ への有向路}\}$$
$$= \max\{p(t) - p(s) \mid (p(v) \mid v \in V) \text{ はポテンシャル}\}. \qquad (2.2)$$

（証明）　命題 2.5 より，式 (2.2) の左辺は右辺以上である．一方，命題 2.6 より，式 (2.2) の左辺と右辺が等しいことがわかる．■

このような定理は，一般に双対定理（または最大最小定理）と呼ばれる．この定理により，等式 (2.2) の右辺を最大化するポテンシャルは，命題 2.5 に述べたように，頂点 s から頂点 t への最短路の最適性の証拠としての役割を担う．

定理 2.3 では，最短路が存在するための必要十分条件を負閉路に着目して述べた．ここでは，ポテンシャルを用いた必要十分条件を示す．

定理 2.8　有向グラフ上の最短路問題において，始点 s から各頂点へ有向路が存在すると仮定する．このとき，s から各頂点へ最短路が存在するための必要十分条件は，ポテンシャル $(p(v) \mid v \in V)$ が存在することである．

（証明）　命題 2.6 より，各頂点への最短路が存在するならば，その最短路長を使ってポテンシャルを得ることができる．

逆に，ポテンシャル $(p(v) \mid v \in V)$ が存在するとして，$C = \{(v_0, v_1), (v_1, v_2),$

..., $(v_{k-1}, v_k)\}$ を任意の有向閉路とする．ここで，$v_0 = v_k$ である．ポテンシャルの定義より，各枝 (v_{i-1}, v_i) $(i = 1, 2, \ldots, k)$ に対して $p(v_i) - p(v_{i-1}) \leq \ell(v_{i-1}, v_i)$ が成り立つ．よって，有向閉路の長さ $\ell(C)$ は

$$\ell(C) = \sum_{i=1}^{k} \ell(v_{i-1}, v_i) \geq p(v_k) - p(v_0) = 0$$

を満たす．つまり，負閉路は存在しない．よって，定理 2.3 より，始点 s から各頂点への最短路が存在する． ■

最後に，最短路を計算するアルゴリズムで使う距離ラベルを定義しておく．距離ラベルとは，各頂点 $v \in V$ に割り当てられた値 $d(v) \in \mathbb{R} \cup \{+\infty\}$ から成るベクトル $d = (d(v) \mid v \in V)$ で，各成分の値 $d(v)$ が始点 s から v へのある有向路の長さ（もしくは $+\infty$）に等しいものを指す[*1]．

命題 2.9 始点 s から各頂点へ有向路が存在すると仮定する．距離ラベル $(d(v) \mid v \in V)$ の各成分の値 $d(v)$ が始点 s から v への最短路長に等しいための必要十分条件は，$d(s) = 0$ かつ $(d(v) \mid v \in V)$ がポテンシャルである（不等式条件 (2.1) を満たす）ことである．

（証明）各頂点 $v \in V$ に対し，$d(v)$ が s から v への最短路長に等しいならば，命題 2.6 より，$(d(v) \mid v \in V)$ はポテンシャルである．また，s から s 自身への最短路が存在することから，s を含む負閉路は存在しないので，最短路長 $d(s)$ は 0 に等しい．

逆に，$d(s) = 0$ で $(d(v) \mid v \in V)$ がポテンシャルであるとすると，命題 2.5 より，任意の頂点 $v \in V$ に対して，値 $d(v) - d(s) = d(v)$ は，s から v への任意の有向路の長さ以下である．したがって，$d(v)$ は s から v への最短路長に等しい． ■

注意 2.10 枝の長さが整数のときは，負閉路が存在しないという条件の下で整数値ポテンシャルの存在を示すことができる．実際，負閉路が存在しない場合には，定理 2.3 より始点 s からすべての頂点 v への最短路が存在する．その長さを $d(v)$ とおくと，枝の長さが整数なので d は整数値ベクトルとなる．一方，命題 2.9 によりベクトル d はポテンシャルである．このことと定理 2.3 と定理 2.8 より，枝

[*1] 文献によっては距離ラベルとポテンシャルを同じ意味に用いることもあるが，本書では区別する．

の長さが整数のとき，整数値ポテンシャルの存在と負閉路の非存在が同値であることもわかる． ∎

2.3 最短路のアルゴリズム

本節では，(単一始点全終点) 最短路問題を解くアルゴリズムをいくつか説明する．与えられた有向グラフにおいて始点 s から各頂点へ有向路が存在すると仮定する．

2.3.1 距離ラベルを用いたアルゴリズムの一般形

最短路問題は次のアルゴリズムにより解くことができる．変数 $d(v)$ は距離ラベルを表し，$P(v)$ は長さ $d(v)$ の s から v への有向路に現れる枝の列を表す．

ステップ 0： 距離ラベルの初期値を $d(s) := 0, d(v) := +\infty\ (v \in V \setminus \{s\})$ とおく．各 $v \in V$ に対し，$P(v) := \emptyset$ とする．

ステップ 1： すべての枝 $(u, v) \in E$ に対して $d(v) \leq d(u) + \ell(u, v)$ が成り立つならば距離ラベル $(d(v) \mid v \in V)$ を出力し，終了する．

ステップ 2： $d(v) > d(u) + \ell(u, v)$ を満たす枝 $(u, v) \in E$ を 1 つ選び，$d(v) := d(u) + \ell(u, v)$ とおくとともに，$P(u)$ の最後に (u, v) を追加した枝の列を $P(v)$ とおく．ステップ 1 に戻る．

各反復の終了時において，枝集合 $P(v)$ は（空でなければ）s から v へのある有向路に対応し，その有向路の長さは $d(v)$ に等しいことがわかる．つまり，各反復において $(d(v) \mid v \in V)$ は距離ラベルである．値 $d(v)$ は反復回数に関して単調非増加であり，いったん最短路長に一致すると，$d(v)$ の値はそれ以降の反復で不変となる．また，アルゴリズムが有限回の反復で終了したとき，始点 s を含む負閉路は存在せず，$d(s)$ の値は 0 である．よって，命題 2.9 より，上記のアルゴリズムの終了時に得られた距離ラベルは各頂点への最短路長に等しい．

毎回の反復において，ある頂点 $v \in V$ の距離ラベルの値は真に減少する．したがって，グラフに負閉路が存在せず，かつ各枝の長さが有理数の場合，上記のア

ルゴリズムは有限回の反復で終了する[*2]．次項では，ステップ 2 における枝の選択を系統立てて行うことによって効率を高めたアルゴリズムを紹介する．

2.3.2 ダイクストラのアルゴリズム

本項では，グラフの枝長が非負の場合に適用可能なダイクストラ (Dijkstra) のアルゴリズムを述べる．このアルゴリズムでは，距離ラベルの値 $d(v)$ が最短路長に一致する頂点 v の数が，反復ごとに 1 つずつ増えていく．そのため，ちょうど n 回の反復でアルゴリズムは終了する．

ステップ 0： 距離ラベルの初期値を $d(s) := 0$, $d(v) := +\infty$ $(v \in V \setminus \{s\})$ とおく．各 $v \in V$ に対し，$P(v) := \emptyset$ とする．$S := V$ とおく．
ステップ 1： S の要素 u の中で $d(u)$ が最小のものを選び，$S := S \setminus \{u\}$ とおく．
ステップ 2： 頂点 u から出る各枝 $(u, v) \in E$ に対して，$v \in S$ かつ $d(v) > d(u) + \ell(u, v)$ のとき，$d(v) := d(u) + \ell(u, v)$ と更新し，$P(u)$ の最後に (u, v) を追加した枝の列を $P(v)$ とおく．
ステップ 3： $S = \emptyset$ ならば，各頂点 $v \in V$ の距離ラベル $d(v)$ および枝の列 $P(v)$ を出力し，終了する．そうでなければ，ステップ 1 に戻る．

アルゴリズムの正当性を示すため，第 i 回目の反復の開始時における距離ラベル $d(v)$ の値を $d_i(v)$ と表し，ステップ 1 で選ばれる頂点を u_i とおく．アルゴリズム終了時の距離ラベルの値は $d_n(v)$ に等しい．

命題 2.11 各 $i = 1, 2, \ldots, n$ に対して，
$$d_1(u_i) \geq d_2(u_i) \geq \cdots \geq d_i(u_i) = d_{i+1}(u_i) = \cdots = d_n(u_i).$$

(証明) 距離ラベルの値は各反復のステップ 2 において更新されるが，その更新式より，値が増えることはない．このことから $d_1(u_i) \geq d_2(u_i) \geq \cdots \geq d_i(u_i)$ が得られる．また，頂点 u_i に対する距離ラベルの値は，第 i 回目の反復のステップ 1 において選ばれた後，更新されることはないので，$d_i(u_i) = d_{i+1}(u_i) = \cdots = d_n(u_i)$ が成り立つ． ■

アルゴリズムの正当性は次の性質から示される．この性質を示すために枝長の

[*2] 枝の長さが有理数でない場合にも，有限回の反復で終了することが証明できる．

非負性が必要となる．

命題 2.12 第 i 回目の反復開始時における頂点 u_i の距離ラベル $d_i(u_i)$ の値は，s から u_i への最短路の長さに等しい．

(証明) 以下ではこの主張を反復回数 i に関する帰納法により証明する．$i=1$ のときは $u_1 = s$ であり，$d_1(s) = 0$ であるので，明らかである．

次に，$i > 1$ の場合について考える．s から u_i への任意の有向路を $P = \{(v_0, v_1), (v_1, v_2), \ldots, (v_{k-1}, v_k)\}$ (ただし $v_0 = s$, $v_k = u_i$) とおき，その長さを $\ell(P)$ と表す．距離ラベル $d_i(u_i)$ の値は，s から u_i へのある有向路の長さに等しいので，$d_i(u_i) \leq \ell(P)$ を示せばよい．

第 i 反復開始時の集合 S とその補集合 $\overline{S} = V \setminus S$ に注目すると，$s \in \overline{S}, u_i \in S$ が成り立つ．有向路 P 上の頂点で，S に含まれ，かつ s に最も近いものを v_j とすると，$1 \leq j \leq k$ かつ $v_{j-1} \in \overline{S}$ が成り立つ．有向路 P の s から v_{j-1} への部分路を P' とおき，その長さを $\ell(P')$ と表す．頂点 v_{j-1} がステップ 1 にて選ばれた反復回数を $i' (< i)$ とおく．帰納法の仮定と命題 2.11 より，s から v_{j-1} への最短路長は $d_{i'}(v_{j-1}) = d_i(v_{j-1})$ に等しいので，

$$d_i(v_{j-1}) \leq \ell(P') \tag{2.3}$$

が成り立つ．また，第 i' 反復のステップ 2 において v_j の距離ラベルは

$$d_{i'+1}(v_j) = \min\{d_{i'}(v_j), d_{i'}(v_{j-1}) + \ell(v_{j-1}, v_j)\} \tag{2.4}$$

と更新されている．命題 2.11 より $d_i(v_j) \leq d_{i'+1}(v_j)$ が成り立つので，式 (2.4) と組み合わせると

$$d_i(v_j) \leq d_{i'+1}(v_j) \leq d_{i'}(v_{j-1}) + \ell(v_{j-1}, v_j) = d_i(v_{j-1}) + \ell(v_{j-1}, v_j) \tag{2.5}$$

が得られる．一方，枝長の非負性と，有向路 $P' \cup \{(v_{j-1}, v_j)\}$ は P の部分路であることより，$\ell(P') + \ell(v_{j-1}, v_j) \leq \ell(P)$ が成り立ち，この不等式と式 (2.3) より

$$d_i(v_{j-1}) + \ell(v_{j-1}, v_j) \leq \ell(P') + \ell(v_{j-1}, v_j) \leq \ell(P) \tag{2.6}$$

となる．式 (2.5) と式 (2.6) を合わせると $d_i(v_j) \leq \ell(P)$ が導かれる．また，第 i 反復のステップ 1 で頂点 u_i が選ばれたことから，$d_i(u_i) \leq d_i(v_j)$ が成り立つので，$d_i(u_i) \leq \ell(P)$ が示される．∎

命題 2.11 と命題 2.12 より，アルゴリズムの終了時には，始点 s から全頂点への最短路長が計算されていることがわかる．したがって，次の定理を得る．

定理 2.13 枝長が非負の最短路問題に対して，ダイクストラのアルゴリズムは，始点から各頂点への最短路長および最短路を求める．

2.3.3 ベルマン・フォードのアルゴリズム

本項では，枝長が非負とは限らない最短路問題に対するベルマン (Bellman)・フォード (Ford) のアルゴリズムを説明する．このアルゴリズムは，最短路が存在する場合に最短路長を計算するだけでなく，負閉路の存在性を判定することもできる．

各頂点 $v \in V$ および任意の非負整数 k に対し，s から v への枝数 k 以下の有向路の長さの最小値を $d_k(v)$ とする．s から v への枝数 k 以下の有向路は，s から v への枝数 $k-1$ 以下の有向路であるか，または，s から別の頂点 u への枝数 $k-1$ 以下の有向路に枝 (u,v) を追加したものである．このことから，

$$d_k(v) = \min\Big[d_{k-1}(v),\ \min\{d_{k-1}(u) + \ell(u,v) \mid (u,v) \in E\}\Big] \tag{2.7}$$

が成り立つ．

この式 (2.7) を簡潔に書くために，枝 $(u,v) \in E$ に対してのみ値が定義されていた $\ell(u,v)$ を，

$$\ell(v,v) = 0 \ (v \in V), \quad \ell(u,v) = +\infty \ (u,v \in V,\ u \neq v,\ (u,v) \notin E)$$

とおくことにより，頂点の順序対のすべてに対して定義する．すると，式 (2.7) は次のように書き換えられる：

$$d_k(v) = \min\{d_{k-1}(u) + \ell(u,v) \mid u \in V\}. \tag{2.8}$$

ベルマン・フォードのアルゴリズムは，式 (2.8) に基づいて，値 $d_k(v)$ を各頂点 $v \in V$ と各 $k \geq 0$ に対して計算するアルゴリズムである[*3]．

[*3] いくつかの文献におけるベルマン・フォードのアルゴリズムの記述では，更新された距離ラベル $d(v)$ の値を直ちに利用している．この実装方法は 2.3.1 項で説明した一般的なアルゴリズムの特殊ケースと見ることができる．本項では添字 k のついた変数 $d_k(v)$ を用いていることに注意されたい．

ステップ 0 : 距離ラベルの初期値を $d_0(s) := 0$, $d_0(v) := +\infty$ ($v \in V \setminus \{s\}$) とおく. 各 $v \in V$ に対し, $P_0(v) := \emptyset$ とする. $k := 1$ とおく.

ステップ 1 : 各 $v \in V$ に対して
$$d_k(v) := \min\{d_{k-1}(u) + \ell(u,v) \mid u \in V\}$$
とおく. さらに, $d_k(v) = d_{k-1}(v)$ ならば $P_k(v) := P_{k-1}(v)$ とおき, $d_k(v) < d_{k-1}(v)$ ならば, $d_k(v) = d_{k-1}(u) + \ell(u,v)$ を満たす枝 (u,v) に対して, $P_{k-1}(u)$ に枝 (u,v) を追加した枝の列を $P_k(v)$ とする.

ステップ 2 : $k < n-1$ ならば, $k := k+1$ とおいてステップ 1 に戻る. $k = n-1$ ならば, ステップ 3 に行く.

ステップ 3 : すべての枝 $(u,v) \in E$ に対して $d_{n-1}(v) \le d_{n-1}(u) + \ell(u,v)$ が成り立つならば, 距離ラベル $(d_{n-1}(v) \mid v \in V)$ を出力し, 終了する. そうでなければ, 「負閉路が存在する」と出力し, 終了する.

最短路が存在するならば, 命題 2.2 より, 単純有向路であるような最短路が必ず存在し, その枝数は高々 $n-1$ である. この事実と定理 2.8 より, 下の 2 つの性質が成り立つ.

命題 2.14 負閉路をもたない有向グラフに関する最短路問題に対して, ベルマン・フォードのアルゴリズムは, 始点 s から各頂点 v への最短路長および最短路を求める.

命題 2.15 負閉路をもつ有向グラフに関する最短路問題に対して, ベルマン・フォードのアルゴリズムは, 「負閉路が存在する」と出力する.

なお, ベルマン・フォードのアルゴリズムのステップ 3 において, $d_{n-1}(v) > d_{n-1}(u) + \ell(u,v)$ を満たす枝 (u,v) が見つかった場合, 実際に負閉路を求めることが可能である. このとき, $k = n$ とおいてアルゴリズムのステップ 1 の計算を実行すると, $d_n(v) < d_{n-1}(v)$ が成り立つが, 有向路 $P_n(v)$ の枝数はちょうど n となる. したがって, $P_n(v)$ はある頂点を 2 回以上通過する. つまり, $P_n(v)$ は有向閉路を含み, $d_n(v) < d_{n-1}(v)$ よりその有向閉路の長さは負である.

2.4 章末ノート：離散凸解析への展望

2.2 節で扱ったポテンシャル全体の集合は，第 9 章で定義する L 凸集合（の連続版）の典型例となっている．定理 2.7 からわかるように，最短路長はポテンシャル集合上の線形関数最大化問題を解くことで求められるが，この問題は L 凸集合上の線形関数の最大化，さらには L 凹関数の最大化と見ることができる．

第 13 章では，L 凹関数の最大化が貪欲アルゴリズムによって解けることを示すが，ダイクストラのアルゴリズムは，この貪欲アルゴリズムの特別な場合と見ることができる[44]．

定理 2.7 は最短路問題の双対定理であり，この定理によりポテンシャルが最短路に対する最適性の証拠となる．このような性質は，第 10 章において M 凸関数や L 凸関数に関する最適化問題に対して一般化される．

最短路問題についてより詳しくは，文献[1, 10, 23, 48, 49] などの文献を参照されたい．

3
マッチング問題

3.1 マッチング問題の定義

3.1.1 2部グラフの最大マッチング問題

マッチング問題とは,「ひと」や「もの」の間の最適なペアの集合を求める問題である.例として,労働者を仕事に割り当てる問題を考える.

5人の労働者 A, B, C, D, E を 5 種類の仕事 V, W, X, Y, Z のいずれかに割り当てたい.ただし,各仕事に割り当て可能な労働者は高々1人であり,また各労働者が従事可能な仕事は高々1つである.また,割り当ての際には各々の労働者の各仕事に対する適性を考慮する必要がある.労働者が従事可能な仕事は図 3.1 の左側において直線で表されている.たとえば,仕事 Y は専門性が必要とされる仕事で労働者 C のみが従事可能であり,他の労働者を割り当てることはできない.一方,仕事 X は簡単な仕事で,どの労働者も割り当て可能である.このような状況で,仕事に従事する労働者の数を最大にするには,どのような割り当てを考えればよいだろうか? たとえば,図 3.1 の右側に,労働者 4 人を仕事に割り当てた例を示しているが,全員を仕事に割り当てることはできないだろうか?

この問題は,図 3.1 の左図を無向グラフ $G = (V, E)$ とみなすと,グラフ上の問題として記述できる.労働者の集合 V_1 と仕事の集合 V_2 を合わせたものが頂点集合 V に対応し,労働者と従事可能な仕事の組の集合が枝集合 E に対応し,すべて

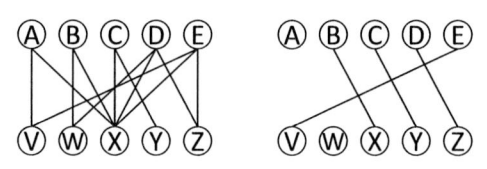

図 3.1 労働者と仕事の関係(左図)と割り当ての例(右図)

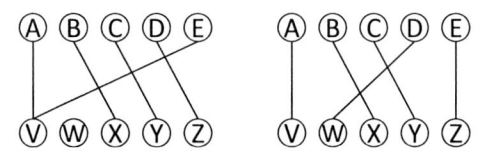

図 3.2 マッチングではない枝集合の例（左図）と完全マッチングの例（右図）

の枝は V_1 の頂点と V_2 の頂点を結んでいる．このように，無向グラフの頂点集合 V に対して 2 つの部分 V_1 と V_2 への適当な分割が存在して，すべての枝が V_1 の頂点と V_2 の頂点を結ぶとき，そのグラフは **2 部グラフ**と呼ばれる．グラフが 2 部グラフであることを強調したいときは，頂点集合の 2 分割を用いて $G = (V_1, V_2; E)$ と書くことにする．

労働者の仕事への割り当ては，グラフのマッチングというものに対応する．マッチングとは，端点を共有しない枝の集合のことである[*1]．言い換えると，マッチングとは枝の集合 M であって，各頂点に接続する M の枝が高々 1 本であるものをいう．たとえば，図 3.1 の右側に割り当ての例を示したが，これを枝集合 $\{(B,X), (C,Y), (D,Z), (E,V)\}$ とみなすとマッチングであることがわかる．しかし，この枝集合に枝 (A,V) を追加すると，頂点 V に接続する枝が 2 本になるので，マッチングではなくなる（図 3.2 左図参照）．

仕事に割り当てられる労働者の数を最大にする問題は，枝数が最大のマッチングを求める問題とみなせる．一般に，与えられたグラフにおける枝数最大のマッチングは**最大（サイズ）マッチング**と呼ばれ，最大マッチングを求める問題は**最大（サイズ）マッチング問題**と呼ばれる．先ほどの例の場合，実は労働者全員を仕事に割り当てることが可能である（図 3.2 右図参照）．このように，すべての頂点がマッチングの枝の端点となっているとき，**完全マッチング**という．完全マッチングは最大マッチングであるが，最大マッチングは必ずしも完全マッチングとは限らないことに注意する．

3.1.2 2 部グラフの最大重みマッチング問題

ここまでは枝数最大のマッチングを考えたが，各枝 e に実数値の重み $w(e)$ を与えて，枝の重み和を最大にするマッチング（**最大重みマッチング**）を考えるこ

[*1] 無向グラフの枝 $e = (u, v)$ に対し，頂点 u および v は枝 e の**端点**であるという．また，枝 e は頂点 u および v に**接続する**という．

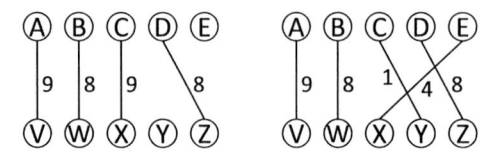

図 3.3 最大重みマッチング（左図）と最大重み完全マッチング（右図）．数字は枝重みを表す．

ともできる．このような問題を**最大重みマッチング問題**と呼ぶ．前項で説明した最大マッチングは，各枝の重み $w(e)$ が 1 のときの最大重みマッチングということになる．なお，最大重みマッチング問題ではマッチングの枝数に制約はないことに注意する．非負整数 k に対し，枝数が k のマッチングの中で枝の重み和を最大にするもの（**最大重み k マッチング**）を求める問題は**最大重み k マッチング問題**と呼ばれる．また，枝の重み和を最大にする完全マッチング（**最大重み完全マッチング**）を求める問題は**最大重み完全マッチング問題**と呼ばれる[*2)]．

たとえば，労働者全員がある企業に雇われていて，その企業は労働者を仕事に上手に割り当てることで得られる収益を最大にしたいとする．各労働者を 1 つの仕事に割り当てることで得られる収益を，以下のように枝の重みで表す：

$$w(\mathsf{A},\mathsf{V}) = 9,\ w(\mathsf{A},\mathsf{X}) = 4,\ w(\mathsf{B},\mathsf{W}) = 8,\ w(\mathsf{B},\mathsf{X}) = 2,$$
$$w(\mathsf{C},\mathsf{X}) = 9,\ w(\mathsf{C},\mathsf{Y}) = 1,\ w(\mathsf{D},\mathsf{W}) = 3,\ w(\mathsf{D},\mathsf{X}) = 2,\ w(\mathsf{D},\mathsf{Z}) = 8,$$
$$w(\mathsf{E},\mathsf{V}) = 6,\ w(\mathsf{E},\mathsf{X}) = 4,\ w(\mathsf{E},\mathsf{Z}) = 4$$

すると，総収益を最大にする仕事の割り当てを求める問題は最大重みマッチング問題になる．また，最大重み完全マッチング問題は，労働者全員を仕事に割り当てるという条件の下で，総収益を最大にする仕事の割り当てを求める問題ということになる．この例の場合，最大重みマッチングは図 3.3 左図のように枝数 4 で総重み 34，最大重み完全マッチングは図 3.3 右図のように枝数 5 で総重み 30 となる．このように，完全マッチングが存在する場合でも，最大重みマッチングは完全マッチングとは限らないことに注意する．

3.1.3 一般グラフのマッチング問題

前項までは 2 部グラフ上のマッチング問題を考えたが，一般のグラフでも同

[*2)] 2 部グラフ上の最小重み完全マッチング問題はしばしば**割当問題**と呼ばれるが，最大重み完全マッチング問題と等価な問題である．

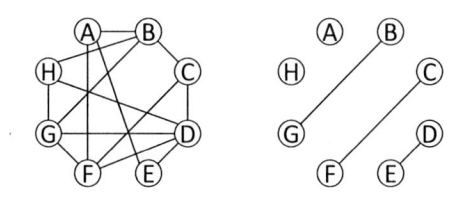

図 3.4 ペアを組むことのできる選手の対の図（左図）とマッチングの例（右図）．左図において，ペアを組める選手の対は線で結ばれている

様にマッチング問題を考えることができる．例として，テニスや卓球などのスポーツのチームにおいて，ダブルスのペアを結成する問題を考える．8人の選手 A, B, C, D, E, F, G, H から，できるだけ多くのペアをつくりたいが，選手の間には（プレイスタイルや人間関係に関する）相性があって，ペアを組めない選手もいる（図 3.4 参照）．このような条件の下で，できるだけ多くのペアをつくるにはどうしたらよいだろうか？

この問題もまた，図 3.4 を無向グラフ $G = (V, E)$ とみることにより，グラフ G 上のマッチング問題とみることができる．選手の集合をグラフの頂点集合 V とし，ペアを組むことのできる選手の対の集合をグラフの枝集合 E とすると，グラフ（2部グラフとは限らない）が得られる．このとき，選手のペアをできるだけ多くつくる問題は，グラフ G 上での最大マッチング問題ということになる[*3]．また，枝に重みを付加することで，一般のグラフにおいても最大重みマッチング問題を考えることができる．

3.2 マッチングと交互路

一般の（2部グラフとは限らない）グラフ $G = (V, E)$ とそのマッチング M が与えられたとき，M に関する交互路 P とは，対称差[*4]

$$M \Delta P = (M \setminus P) \cup (P \setminus M) \tag{3.1}$$

が（M とは異なる）マッチングとなる単純路であり，以下の条件を満たす単純路 $P = \{e_1, e_2, \ldots, e_k\}$ として定義される：

[*3] 一般のグラフにおいても，マッチングは端点を共有しない枝の集合と定義される．
[*4] 一般に，2つの集合 X, Y に対して，対称差 $X \Delta Y$ は $X \Delta Y = (X \setminus Y) \cup (Y \setminus X)$ によって定義される．

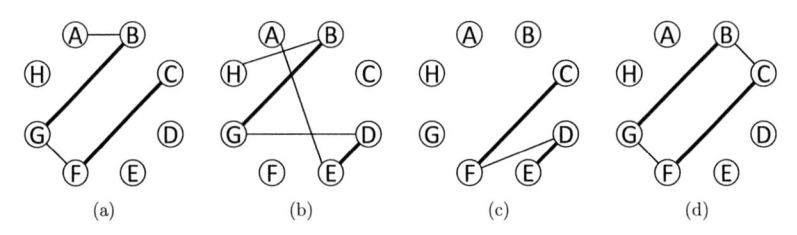

図 **3.5** 図 3.4 のグラフとマッチングに関する交互路と交互閉路の例．太線はマッチングの枝を表す．(b) の交互路は増加路である．

(i) P の始点と終点は異なる頂点である，

(ii) P には M と $E \setminus M$ の枝が交互に現れる，

(iii) $e_1 \in E \setminus M$ ならば，P の始点は M の枝の端点ではない，

(iv) $e_k \in E \setminus M$ ならば，P の終点は M の枝の端点ではない．

なお，M に関する交互路 P の枝数に関して $|P \setminus M| - |P \cap M| \in \{-1, 0, +1\}$ が成り立つ．図 3.5(a)～(c) に交互路の例を示す．

マッチング M に関する交互閉路とは，M と $E \setminus M$ の枝が交互に現れる G 上の単純閉路と定義される．交互閉路 C に対して，対称差 $M \triangle C$ は（M とは異なる）マッチングとなる．交互閉路 C の枝数は必ず偶数であり，$|C \setminus M| = |C \cap M|$ が成り立つ．図 3.5(d) に交互閉路の例を示す．

マッチング M に関する交互路 P が $|P \setminus M| - |P \cap M| = +1$ を満たすとき，新たなマッチング $M' = M \triangle P$ の枝数は M より 1 だけ増えるので，このような交互路を M に関する増加路と呼ぶ．このことより，次の命題が成り立つ．

命題 3.1 M が最大マッチングのとき，M に関する増加路は存在しない．

実は，この逆も成り立つ．

命題 3.2 マッチング M に関する増加路が存在しないとき，M は最大マッチングである．

(証明) M が最大マッチングでないと仮定し，最大マッチングを M_* として，枝集合 $D = M \triangle M_*$ を考える．

まず，D が互いに頂点を共有しない交互路 $P_1, P_2, \ldots, P_s$ と交互閉路 $C_1, C_2, \ldots, C_t$ に分解可能であることを示す（図 3.6 参照）．D は各頂点に接続する枝を高々 2 本しかもたないことから，このような分解は次のようにして見つけることができる．D の枝が 1 本だけ接続する頂点 v_0 があれば，v_0 に接続する（唯

3.2 マッチングと交互路   37

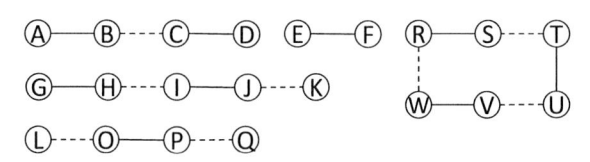

図 3.6 2つのマッチング M(破線)と M_*(実線)の対称差 $M \triangle M_*$ の分解 ($|M| = 8, |M_*| = 9$). 4つの交互路と1つの交互閉路に分解でき,交互路の少なくとも1つは M に関する増加路である.

一の)枝を (v_0, v_1) とし,v_1 に接続する D の他の枝があるならば,そのような枝は唯一であり,それを (v_1, v_2) とする.これを繰り返していき,接続する D の枝がただ1つである頂点 v_k が見つかったら終了とする.このとき,D の相異なる枝の列 $(v_0, v_1), (v_1, v_2), \ldots, (v_{k-1}, v_k)$ が得られているが,これは交互路である.このようにして交互路が見つかったら,その枝集合を D から削除する.このような手順を繰り返すと,各頂点に接続する D の枝は0本か2本という状況になる.このとき,D の残りの枝 (u_0, u_1) を任意に選び,先ほどと同様の手順で枝の列 $(u_0, u_1), (u_1, u_2), \ldots$ を求めていくと,いつかは必ず一度見つけた頂点が u_k として現れるが,これは必ず u_0 に一致する.つまり,$(u_0, u_1), (u_1, u_2), \ldots, (u_{k-1}, u_k)$ は閉路であり,さらに交互閉路であることも確認できる.これを繰り返せば,D の残りの枝集合を交互閉路に分解できる.

次に,分解により少なくとも1つの交互路が得られ,交互路のうちの少なくとも1つは増加路であることを示す.マッチング M_* の枝数は M の枝数より大きいので,$|D \cap M_*| > |D \cap M|$ が成り立つ.また,各交互閉路 C_j は長さが偶数なので,$|C_j \cap M_*| = |C_j \cap M|$ が成り立つ.ゆえに,

$$\sum_{j=1}^{s} |P_j \cap M_*| = |D \cap M_*| - \sum_{i=1}^{t} |C_i \cap M_*|$$
$$> |D \cap M| - \sum_{i=1}^{t} |C_i \cap M| = \sum_{j=1}^{s} |P_j \cap M|$$

が成り立つので,$|P_j \cap M_*| > |P_j \cap M|$ を満たす交互路 P_j が存在することがわかる.つまり,増加路が存在する. ∎

以上のことから,次の定理が得られる.

定理 3.3 マッチング M が最大マッチングであるための必要十分条件は,M に

関する増加路が存在しないことである．

次に，最大重みマッチング問題を考える．この問題に対しても，交互路と交互閉路を利用して最適性条件を与えることができる．

一般の (2部グラフとは限らない) グラフ $G = (V, E)$ と各枝の重み $w(e)$ $(e \in E)$，および G のマッチング M が与えられたとする．マッチング M に関する交互路 P に対し，その重み $w_M(P)$ を

$$w_M(P) = \sum_{e \in P \setminus M} w(e) - \sum_{e \in P \cap M} w(e) \tag{3.2}$$

により定義する．マッチング M に関する交互閉路 C についても，その重み $w_M(C)$ を同様に定義する．

先に述べたように，マッチング M に関する交互路 (または交互閉路) P を使うと，新たなマッチング $M' = M \triangle P$ を得ることができるが，そのとき M と M' の重みに関して

$$w(M') = w(M) + w_M(P)$$

が成り立つことに注意する．したがって，次の命題が成り立つ．

命題 3.4 M が最大重みマッチングのとき，M に関する任意の交互路および交互閉路の重みは非正 (負または 0) である．

実は，この逆も成り立つことが，命題 3.2 と同様にして証明できる．

命題 3.5 マッチング M に関する任意の交互路および任意の交互閉路の重みが非正であるとき，M は最大重みマッチングである．
(証明) M が最大重みマッチングでないと仮定し，マッチング M に関するある交互路または交互閉路の重みが正となることを示す．

最大重みマッチングを M_* とし，$D = M \triangle M_*$ とおく．すると，命題 3.2 と同様のやり方で D を互いに頂点を共有しない交互路 $P_1, P_2, \ldots, P_s$ と交互閉路 $C_1, C_2, \ldots, C_t$ に分解することが可能である．これらの交互路と交互閉路の重みの和について，次の式が成り立つ：

$$\sum_{j=1}^{s} w_M(P_j) + \sum_{i=1}^{t} w_M(C_i) = w(M_*) - w(M).$$

ここで $w(M_*) > w(M)$ が成り立つことから,少なくとも1つの P_j または C_i の重みは正の値となる. ∎

以上のことから,次の定理が得られる.

定理 3.6 マッチング M が最大重みマッチングであるための必要十分条件は,M に関する任意の交互路および交互閉路の重みが非正であることである.

3.3　2部グラフのマッチングの性質

グラフが2部グラフの場合は一般の場合に比べて様々な良い性質が成り立つ.

3.3.1　補助グラフを用いた最適性条件

グラフが2部グラフ $G = (V_1, V_2; E)$ の場合は,補助グラフというものを使うことにより,定理3.3および定理3.6における最大(重み)マッチングの必要十分条件を効率的に判定することができる.

マッチング M に関する補助グラフ $G_M = (V_1 \cup V_2, E_M)$ とは,グラフ G の各枝に向き付けをして得られる有向グラフであり,その枝集合 E_M は M の各枝を V_2 から V_1 の向きに,$E \setminus M$ の各枝を V_1 から V_2 の向きに,それぞれ向き付けすることにより得られる.図3.7に補助グラフの例を示す.

$i = 1, 2$ に対し,V_i に含まれる頂点でマッチング M の枝が接続しているものの集合を U_i とおき,$T_i = V_i \setminus U_i$ とおく.すると,元の2部グラフ G の増加路と補助グラフ G_M の T_1 から T_2 への単純有向路の間に1対1の対応関係がある.図3.7の例の場合,$T_1 = \{\mathsf{C, E, G}\}$,$T_2 = \{\mathsf{T, U, Z}\}$ であり,補助グラフにおける T_1 から T_2 への単純有向路は $(\mathsf{C, V}), (\mathsf{V, A}), (\mathsf{A, T})$ や $(\mathsf{C, W}), (\mathsf{W, D}), (\mathsf{D, Y}), (\mathsf{Y, F}), (\mathsf{F, Z})$

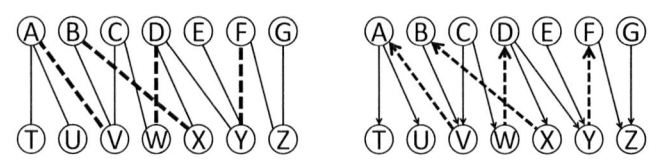

図 **3.7**　2部グラフのマッチング(左図)とその補助グラフ(右図).ただし,上側の頂点集合を V_1,下側の頂点集合を V_2 とする.左図では,太い破線がマッチングの枝を表す.右図では,マッチングに対応する有向枝は破線で示してある.

など，いくつか存在するが，いずれも元のグラフでの増加路に対応している．

以上のことと定理 3.3 から，次の命題を得る．

命題 3.7 2 部グラフ G において M が最大マッチングであるための必要十分条件は，補助グラフ G_M において T_1 の頂点から T_2 の頂点への単純有向路が存在しないことである．

有向グラフにおける単純有向路の存在判定はグラフ探索アルゴリズムを使って高速にできることから，2 部グラフにおいては最大マッチングであることの判定を効率的に行うことができる．

次に，2 部グラフ上の最大重みマッチング問題を考える．マッチング M に関する交互路および交互閉路の重みが非正であることの判定は，M に関する補助グラフ G_M の各枝に重みを与えることによって効率的に行うことができる．まず，次の 1 対 1 対応が成り立つことを確認する．なお，交互路に関する 1 対 1 対応はその定義より導かれる．

- M に関する交互路 $\longleftrightarrow$ G_M の $T_1 \cup U_2$ から $T_2 \cup U_1$ への単純有向路.
- M に関する交互閉路 $\longleftrightarrow$ G_M の単純有向閉路.

補助グラフ G_M の各枝に対し，その枝が $e \in E \setminus M$ に対応するならばその重みを $-w(e)$ とおき，その枝が $e \in M$ に対応するならばその重みを $w(e)$ とおく．すると，交互路の重みは G_M における対応する単純有向路の重み（有向路に含まれる枝の重み和）の符号を逆転させたものに等しく，交互閉路の重みは G_M における対応する単純有向閉路の重みの符号を逆転させたものに等しい．このことと定理 3.6 より，次の命題を得る．

命題 3.8 2 部グラフ G のマッチング M が最大重みマッチングであるための必要十分条件は，補助グラフ G_M において $T_1 \cup U_2$ から $T_2 \cup U_1$ への任意の単純有向路の重みが非負であり，かつ任意の単純有向閉路の重みが非負であることである．

2.3.3 項のベルマン・フォードのアルゴリズムを使えば，補助グラフ G_M における重みが負の単純有向閉路の存在判定および各頂点間の最短路の計算を効率的に行うことができる．したがって，2 部グラフでは最大重みマッチングの判定を

効率的に行うことが可能である.

注意 3.9 一般のグラフの場合の（正重みの）交互路および交互閉路の存在判定および検出についても（頂点数と枝数に関する）多項式時間で可能であるが，2部グラフの場合に比べてかなり複雑になるので，本書では省略する. ■

3.3.2 最大マッチング最小被覆定理

マッチングと密接な関係をもつ頂点被覆の概念を定義する．一般の（2部グラフとは限らない）グラフ G の頂点の集合 S が**頂点被覆**であるとは，G の任意の枝の端点の少なくとも一方が S に含まれていることをいう．グラフ G のマッチング M と頂点被覆 S が与えられたとき，M の各枝は S の相異なる頂点に接続することから，次の命題が成り立つ.

命題 3.10 グラフ G の任意のマッチング M と任意の頂点被覆 S に対し，$|M| \leq |S|$ が成り立つ.

この命題よりわかることとして，マッチング M と頂点被覆 S の要素数が等しければ，M は最大マッチングであり，S は**最小頂点被覆**（要素数最小の頂点被覆）である.

しかし，マッチングの最大要素数と頂点被覆の最小要素数は一般に等しいとは限らない．たとえば，グラフ G が**奇閉路**（枝数が奇数の閉路）

$$\{(v_0, v_1), (v_1, v_2), \ldots, (v_{2k}, v_{2k+1})\}$$

（$v_0 = v_{2k+1}$，k は正整数）の場合を考えると，

$$M = \{(v_0, v_1), (v_2, v_3), \ldots, (v_{2k-2}, v_{2k-1})\}$$

は最大マッチングとなり，その要素数は k である．一方，頂点集合

$$S = \{v_0, v_2, v_4, \ldots, v_{2k}\}$$

は最小頂点被覆であり，その要素数は $k+1$ なので，マッチングの最大要素数 k より大きい.

このように，奇閉路においてはこれら2つの値は一致しないが，奇閉路を含まないグラフ，つまり2部グラフにおいては2つの値が一致する．これを，2部グラ

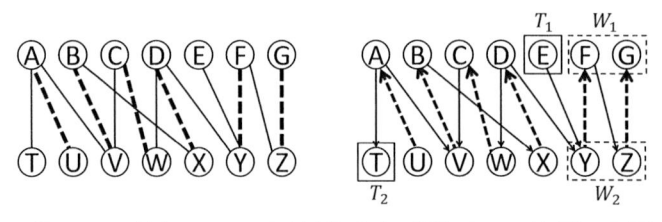

図 **3.8** 2 部グラフの最大マッチング（左図）とその補助グラフ（右図）．ただし，上側の頂点集合を V_1, 下側の頂点集合を V_2 とする．左図では，太い破線がマッチングの枝を表す．右図では，マッチングに対応する有向枝は破線で示してある．

フに関する**最大マッチング最小被覆定理**[*5)]という．図 3.8 左側の 2 部グラフにおいて，破線の枝集合は最大マッチングである．一方，頂点集合 $\{A, B, C, D, Y, Z\}$ は最小頂点被覆であり，その頂点数 6 は最大マッチングの枝数 6 に等しい．

定理 3.11 2 部グラフ G において，次の式が成り立つ：

$$\max\{|M| \mid M : G \text{ のマッチング}\} = \min\{|S| \mid S : G \text{ の頂点被覆}\}. \quad (3.3)$$

（証明）M を G の最大マッチングとし，$k = |M|$ とする．命題 3.10 より，$|S| = k$ を満たす G の頂点被覆 S が存在することを示せばよい．

マッチング M の枝集合を $\{(u_i, v_i) \mid i = 1, 2, \ldots, k\}$ とおく．ただし，$u_i \in V_1$, $v_i \in V_2$ である．M に関する補助グラフ G_M において，T_1 の頂点から有向路によって到達可能な V_2 の頂点の集合を W_2 とおく．命題 3.7 より $W_2 \cap T_2 = \emptyset$ が成り立つので，一般性を失うことなく $W_2 = \{v_1, v_2, \ldots, v_{k'}\}$ と仮定する（$k' \leq k$）．また，T_1 の頂点から有向路によって到達可能な $U_1 = V_1 \setminus T_1$ の頂点の集合を W_1 とおくと，補助グラフの定義より $W_1 = \{u_1, u_2, \ldots, u_{k'}\}$ が成り立つ．よって，

$$S = (U_1 \setminus W_1) \cup W_2 = \{v_1, \ldots, v_{k'}, u_{k'+1}, \ldots, u_k\}$$

とおくと，$|S| = k$ が成り立つ．以下では S が頂点被覆であることを示す．

まず，マッチング M の各枝は S のいずれかの頂点に接続している．M に含まれない枝 (u, v) については，(i) $v \in W_2$ の場合と (ii) $v \in V_2 \setminus W_2$ の場合がある．第 2 の場合には，$T_1 \cup W_1$ が T_1 から到達可能であることと W_2 の定義から，$u \in U_1 \setminus W_1$ が成り立つ．したがって，いずれの場合にも (u, v) は S によって被覆されている．ゆえに，S は頂点被覆である． ∎

[*5)] ケーニグ (König) の定理ともいう．

最大マッチング最小被覆定理は，2部グラフの最大マッチング問題の最大最小定理（双対定理）である．この定理により，最小頂点被覆は最大マッチングに対する最適性の証拠としての役割を担う．

注意 3.12 奇閉路の例のように，一般のグラフの場合，式 (3.3) は成り立たない．しかし，この式の右辺を適切に修正することによって，「最大マッチングの大きさは被覆に関係して定まる数の最小値に等しい」という形の等式が得られる．これはタット (Tutte)・ベルジュ (Berge) の公式と呼ばれる． ∎

3.4 アルゴリズム

3.4.1 最大マッチング問題のアルゴリズム

まず，最大マッチングを求めるアルゴリズムを説明する．定理 3.3 より，枝数 0 のマッチングから始めて，増加路を求めてマッチングの枝数を増やしていくことを繰り返せば，最大マッチングを求められる．

ステップ 0：初期マッチングを $M := \emptyset$ とおく．

ステップ 1：M に関する増加路が存在しなければ，現在のマッチング M を出力して終了する．

ステップ 2：M に関する増加路 P を求め，マッチングを $M := M \triangle P$ により更新する．ステップ 1 に戻る．

グラフ G が 2 部グラフの場合には，3.3 節で説明したように補助グラフを使うことで，増加路の存在判定と検出を効率的に実行できる．一般のグラフの場合も（頂点数と枝数に関する）多項式時間で最大マッチングを求めることができるが，かなりの工夫を要する[*6]．

3.4.2 最大重み k マッチング問題のアルゴリズム

次に，すべての $k = 0, 1, \ldots, \bar{k}$ に対して最大重み k マッチングを求めるアルゴ

[*6] 一般のグラフの最大マッチングを求めるアルゴリズムとしては，エドモンズ (Edmonds) の花アルゴリズムが有名である．

リズムを説明する（$\bar{k}$ は最大マッチングの枝数）[*7]．このアルゴリズムは前項の最大マッチングを求めるアルゴリズムと似ているが，各反復で重みが最大の増加路を使う点が異なる．

ステップ 0： 初期マッチングを $M := \emptyset$ とおく．$k := 0$ とおく．
ステップ 1： 現在のマッチング M を最大重み k マッチング M_k として出力する．M に関する増加路が存在しなければ，$\bar{k} := k$ として終了する．
ステップ 2： M に関する最大重みの増加路 P を求め，マッチングを $M := M \Delta P$ により更新する．$k := k+1$ としてステップ 1 に戻る．

このアルゴリズムの各反復での出力 M_k がたしかに最大重み k マッチングであることを示そう．

定理 3.13 上記のアルゴリズムにおけるマッチング M_k は最大重み k マッチングである．

（証明）k に関する帰納法により証明する．まず，$k=0$ のときは $M_0 = \emptyset$ なので成り立つ．次に，マッチング M_k が最大重み k マッチングであると仮定し，次の反復でのマッチング M_{k+1} が最大重み $k+1$ マッチングであることを示す．第 k 反復のステップ 2 で求めた（M_k に関する）増加路を P とすると，$M_{k+1} = M_k \Delta P$ である．また，N を最大重み $k+1$ マッチングとすると，枝集合 $M_k \Delta N$ には N の枝が M_k の枝より多く含まれるので，M_k に関する増加路 P' が必ず含まれる（命題 3.2 の証明を参照）．増加路 P は重みが最大なので，$w_{M_k}(P) \geq w_{M_k}(P')$ が成り立つ[*8]．また，P' は N に対する交互路でもあり，$N' = N \Delta P'$ は枝数 k のマッチングである．ここで N' の重みは $w(N') = w(N) - w_{M_k}(P')$ であるが，M_k が最大重み k マッチングなので $w(M_k) \geq w(N) - w_{M_k}(P')$ が成り立つ．以上のことから，

$$w(M_{k+1}) = w(M_k) + w_{M_k}(P) \geq (w(N) - w_{M_k}(P')) + w_{M_k}(P') = w(N)$$

となり，M_{k+1} は最大重み $k+1$ マッチングである．■

[*7] このアルゴリズムを 2 部グラフに適用したものはハンガリー法と呼ばれる．ハンガリー人のケーニッヒとエゲルヴァーリ（Egerváry）の研究成果に基づき，キューン（Kuhn）が提案した．
[*8] 記号 w_{M_k} の定義は 3.2 節の式 (3.2) 参照．

注意 3.14 枝数 k を指定せずに最大重みマッチングを求めたい場合は，各 k に対する最大重み k マッチングをすべて求めてから，その中で重みが最大のものを選べばよい．実は，最大重みマッチングを求めるためには最大重み k マッチングをすべて求める必要はない．アルゴリズムのステップ 1 において（M に関する）重みが正の増加路が存在しなければ，M は最大重みマッチングである． ∎

グラフ G が 2 部グラフの場合には，3.3 節で説明したように，補助グラフを使うことで，重みが正の増加路の存在判定および最大重みの増加路の検出を効率的に実行できる．なお，各反復でのマッチングが最大重み k マッチングであることより，補助グラフに負閉路が存在しないことが示せる．そのため，2.3.3 項のベルマン・フォードのアルゴリズムを使えば補助グラフでの最短路の計算が効率的に行える．

なお，一般のグラフの場合も（頂点数と枝数に関する）多項式時間で最大重みマッチングを求めることができるが，かなりの工夫を要する[*9]．

3.5 章末ノート：離散凸解析への展望

第 9 章で述べるが，マッチングの枝の端点となっている頂点の集合の族から M 凸集合や $M^\natural$（エム・ナチュラル）凸集合が得られ，さらに枝に重みを考える場合には，この集合族に関連して M 凹関数や $M^\natural$ 凹関数が得られる．

命題 3.7 や命題 3.8 では，2 部グラフの最大（重み）マッチング問題に対して，補助グラフにおいて（負重みの）単純有向路が存在しないという性質によりマッチングの最適性が特徴づけられたが，これは一種の局所的な最適性による大域的最適性の特徴づけと見ることができる．この性質は第 10 章において $M^\natural$ 凸関数最小化問題の最適性条件という形に一般化される．

定理 3.11 で示した最大マッチング最小被覆定理は双対定理であり，この定理により最小頂点被覆は最大マッチングに対する最適性の証拠となる．このような性質は，第 10 章において M 凸関数に関する最適化問題に対して一般化される．

2 部グラフ上の最大マッチング問題は第 4 章で扱う最大流問題の特殊ケースで

[*9] エドモンズの花アルゴリズムを利用すると，重み最大の増加路を効率的に見つけることができることを利用する．

あり（注意 4.2 参照），最大重みマッチング問題は第 4 章で扱う最小費用流問題の特殊ケースである（5.1.3 項参照）．2 部グラフのマッチング問題と離散凸解析とのさらなる関係については，第 4 章および第 5 章で説明する．

マッチング問題についてより詳しくは，文献[1, 10, 23, 25, 48, 49] などを参照されたい．

4

最大流問題

4.1 最大流問題の定義

　最大流問題とは，ある種の「もの」を供給地から需要地へできるだけたくさん運ぶ方法を求める問題である．例として，ある製品の部品を部品製造工場から倉庫にできるだけたくさん運ぶという問題を考える．

　部品製造工場はS地点，倉庫はT地点にそれぞれ位置しており，中継地点（配送センター）A, B, C, Dを経由して部品を運びたい．部品はトラックにより配送される．各トラックには図4.1のように担当区間が割り当てられており，それぞれS地点からA地点まで，B地点からD地点まで，のように担当する．また，各区間で利用可能なトラックの台数には上限があり，たとえばS地点からA地点への配送には，トラック4台が利用可能である．トラックで部品を運ぶ際には，トラックのコンテナを必ずしも満杯にして運ぶ必要はなく，たとえばトラック3.7台分の部品を運ぶことも可能である．配送の中継地点では，到着したトラックの部品を別のトラックに積み替えて別の地点へ配送する．この際，届いた部品を中継地点に残しておくことはできず，他の地点へすべて運び出さなければならない．そのため，S地点から運び出された部品はすべてT地点に届く．この条件の下で，部品を工場から倉庫までできるだけたくさん運びたい．それにはどのような配送方法で運べばよいだろうか？　また，そのときの配送量はどのくらいになるだろうか？

　この問題は，図4.1を有向グラフ $G = (V, E)$ とみなすと，グラフ G の問題として記述できる．この問題の場合，地点の集合がグラフ G の頂点集合 V に対応し，トラックの移動区間が枝集合 E に対応する．地点 u から地点 v への区間における輸送量を $x(u, v)$ とすると，利用可能なトラックの台数に関する条件は

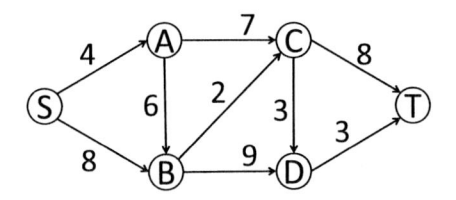

図 4.1 配送トラックの担当区間と台数の上限

$$
\begin{aligned}
&0 \leq x(\mathsf{S},\mathsf{A}) \leq 4, \quad 0 \leq x(\mathsf{S},\mathsf{B}) \leq 8, \quad 0 \leq x(\mathsf{A},\mathsf{B}) \leq 6, \\
&0 \leq x(\mathsf{A},\mathsf{C}) \leq 7, \quad 0 \leq x(\mathsf{B},\mathsf{C}) \leq 2, \quad 0 \leq x(\mathsf{B},\mathsf{D}) \leq 9, \\
&0 \leq x(\mathsf{C},\mathsf{D}) \leq 3, \quad 0 \leq x(\mathsf{C},\mathsf{T}) \leq 8, \quad 0 \leq x(\mathsf{D},\mathsf{T}) \leq 3
\end{aligned} \quad (4.1)
$$

のように与えられる．また，中継地点 A, B, C, D に届いた部品をすべて他の地点に運び出すという条件は

$$
\begin{aligned}
&x(\mathsf{A},\mathsf{C}) + x(\mathsf{A},\mathsf{B}) - x(\mathsf{S},\mathsf{A}) = 0, \\
&x(\mathsf{B},\mathsf{C}) + x(\mathsf{B},\mathsf{D}) - x(\mathsf{S},\mathsf{B}) - x(\mathsf{A},\mathsf{B}) = 0, \\
&x(\mathsf{C},\mathsf{T}) + x(\mathsf{C},\mathsf{D}) - x(\mathsf{A},\mathsf{C}) - x(\mathsf{B},\mathsf{C}) = 0, \\
&x(\mathsf{D},\mathsf{T}) - x(\mathsf{C},\mathsf{D}) - x(\mathsf{B},\mathsf{D}) = 0
\end{aligned} \quad (4.2)
$$

のように与えられる．さらに，S 地点から発送する部品の総量は，T 地点に届く部品の総量に等しいが，これを f とおくと，

$$
x(\mathsf{S},\mathsf{A}) + x(\mathsf{S},\mathsf{B}) = f, \qquad -x(\mathsf{C},\mathsf{T}) - x(\mathsf{D},\mathsf{T}) = -f
$$

という等式が成り立つ．部品の輸送問題は，以上の制約条件の下で f を最大にすることを目的とする問題として定式化されるが，このような問題が最大流問題である．

より一般的には，最大流問題は以下のように定義される．最大流問題の入力は有向グラフ $G = (V, E)$ と相異なる 2 頂点 $s, t \in V$，および各枝の非負の容量 $c(e) \in \mathbb{R}$ である．頂点 s は供給点，t は需要点と呼ばれる．各枝 e の**流量** $x(e)$ からなるベクトル $x = (x(e) \mid e \in E) \in \mathbb{R}^E$ を**フロー**と呼ぶ．フローに対する**容量制約**は次のように与えられる：

$$
0 \leq x(u,v) \leq c(u,v) \quad (\forall (u,v) \in E). \quad (4.3)
$$

また，グラフの各頂点 u に対して，u から出る枝全体の集合を $\delta^+ u$，u に入る枝全体の集合を $\delta^- u$ と表す．また，フロー x と頂点 u に対し，頂点 u から出る流

4.1 最大流問題の定義

量と頂点 u に入る流量の差を $\partial x(u)$ とおく．つまり，

$$\partial x(u) = \sum_{(u,v)\in \delta^+ u} x(u,v) - \sum_{(v,u)\in \delta^- u} x(v,u) \tag{4.4}$$

である．このとき，**流量保存制約**は次のように与えられる：

$$\partial x(u) = 0 \quad (\forall u \in V \setminus \{s,t\}). \tag{4.5}$$

なお，任意のフロー x に対して，

$$\sum_{u \in V} \partial x(u) = 0$$

が成り立つことに注意する．したがって，流量保存制約 (4.5) の下では，

$$\partial x(s) = -\partial x(t)$$

という関係が成り立つが，$\partial x(s)$ の値のことを，フロー x の**総流量**と呼ぶ．容量制約 (4.3) と流量保存制約 (4.5) を満たすフローを**許容フロー**と呼ぶ．許容フローの中で $\partial x(s)$ の値を最大にするものを**最大フロー**と呼ぶ．与えられた入力に対して，最大フローを求める問題を**最大流問題**と呼ぶ．場合によっては，フローに整数制約 $x(u,v) \in \mathbb{Z}$ を付加した問題を考えることもあるが，その場合は枝容量 $c(u,v)$ は整数値と仮定する．

注意 4.1 最大流問題の入力として与えられるグラフのように，グラフの頂点や枝に重み，長さ，費用などの数値データが付加されたものをネットワークと呼ぶことが多い．また，ネットワーク上のフローに関連する最適化問題はネットワークフロー問題と呼ばれる．最大流問題は代表的なネットワークフロー問題の1つである． ∎

注意 4.2 第 3 章の（2 部グラフ上の）最大マッチング問題が最大流問題に帰着できることを示す（図 4.2 参照）．

最大マッチング問題の入力として 2 部グラフ $G = (V_1, V_2; E)$ が与えられたとき，最大流問題の入力となる有向グラフ $\tilde{G} = (\tilde{V}, \tilde{E})$ を次のように定める．$\tilde{G}$ の頂点集合 $\tilde{V}$ は，G の頂点集合 $V_1 \cup V_2$ に新たな 2 頂点 s, t を加えたものである．枝集合 $\tilde{E}$ は，グラフ G の各枝 e を V_1 側から V_2 側へ向かう有向枝とみなしたものに，枝 (s,v) $(v \in V_1)$，(u,t) $(u \in V_2)$ を追加して得られる．元のグラフ G の

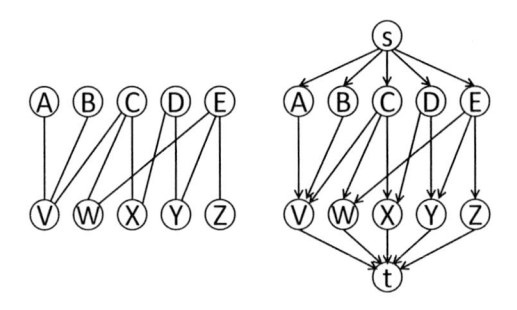

図 4.2 最大マッチング問題（左図）の最大流問題（右図）への帰着

枝に対応する有向枝の容量を十分に大きい正整数とし，その他の枝（(s,v) または (u,t) の形の枝）の容量は 1 とする．

このグラフ $\tilde{G}$ における最大流問題を考えると，各枝の容量が整数値であることから，各枝の流量が整数の最大フローが存在する（定理 4.13）．さらに，そのような最大フローにおいて元の 2 部グラフの枝における流量は 0 または 1 となるので，流量が 1 の枝を集めると最大マッチングとなる． ■

4.2 最大フローの性質

4.2.1 フローの分解

まず，任意のフローは基本的なフローの和に分解可能であることを示す．グラフ G 上の単純有向路 $P \subseteq E$ の特性ベクトル $e_P \in \{0,1\}^E$ として与えられるフローを路フローと呼び，単純有向閉路 $C \subseteq E$ の特性ベクトル $e_C \in \{0,1\}^E$ として与えられるフローを閉路フローと呼ぶ[*1]．次の定理は，（許容とは限らない）非負値フローが，路フローおよび閉路フローの非負結合により表現できることを述べている．図 4.3 にフローの分解の例を示す．なお，与えられたフローの分解方法は一意とは限らないことに注意する．

定理 4.3 グラフ G 上の任意の非負フロー $x \in \mathbb{R}^E$ に対し，以下の 2 条件 (i), (ii) を満たす単純有向路または単純有向閉路 $S_1, S_2, \ldots, S_k$ および正の実数 $\alpha_1, \alpha_2, \ldots, \alpha_k$ が存在して，

[*1] 集合 E とその部分集合 P に対して，P の特性ベクトル e_P とは，$e_P(i) = 1$ $(i \in P)$, $e_P(i) = 0$ $(i \in E \setminus P)$ によって定義されるベクトルである．

4.2 最大フローの性質

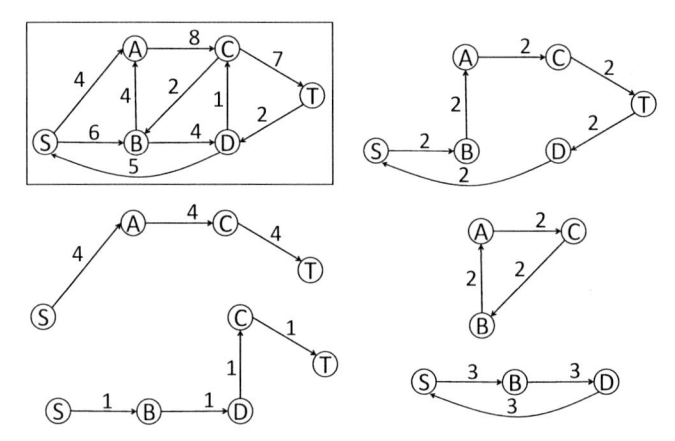

図 4.3 フローとその分解. 四角枠内が与えられたネットワークとフロー（各枝の数値はその枝の流量）.

$$x = \sum_{j=1}^{k} \alpha_j e_{S_j}$$

が成り立つ：

(i) $E^+ = \{e \in E \mid x(e) > 0\}$ とおくとき，$k \leq |E^+|$．

(ii) 各 $j = 1, 2, \ldots, k$ に対し，$S_j \subseteq E^+$ であり，かつ S_j が有向路のときには，その始点 u と終点 v に対して $\partial x(u) > 0$, $\partial x(v) < 0$．

さらに，x が整数値フローのときは，各 α_j をすべて整数とすることができる．

(証明) 以下では定理の主張を集合 E^+ の要素数に関する帰納法により証明する．$|E^+| = 0$ の場合は $k = 0$ として成り立つので，以下，$|E^+| > 0$ とする．

まず，$S \subseteq E^+$ を満たす単純有向閉路 S が存在する場合を考える．$\alpha = \min\{x(e) \mid e \in S\}$ とし，$e_* \in S$ を $x(e_*) = \alpha$ となる枝とする．このとき $\alpha > 0$ であり，x が整数値のときには α は整数になる．$\hat{x} = x - \alpha e_S$ とおくと，$\hat{x}$ は $\mathbf{0} \leq \hat{x} \leq x$ を満たすフローである．

さらに，$\hat{x}(e_*) = 0$ が成り立つので，$\{e \in E \mid \hat{x}(e) > 0\}$ に含まれる枝の本数は $|E^+| - 1$ 以下である．よって，帰納法の仮定により，$\hat{x}$ は $|E^+| - 1$ 個以下の単純有向路または単純有向閉路 $S_1, S_2, \ldots, S_k$ および正の実数 $\alpha_1, \alpha_2, \ldots, \alpha_k$ を用いて，式 $(*)$

$$\hat{x} = \sum_{j=1}^{k} \alpha_j e_{S_j} \qquad (*)$$

($k \leq |E^+| - 1$) と分解され，S_j が単純有向路のときは，その始点 u と終点 v で $\partial \hat{x}(u) > 0$ と $\partial \hat{x}(v) < 0$ が成り立つ．一方，S が単純有向閉路であることより，任意の頂点 $v' \in V$ に対して

$$\partial x(v') = \partial \hat{x}(v')$$

が成り立つ．したがって，単純有向路 S_j の始点 u と終点 v に対して $\partial x(u) > 0$ と $\partial x(v) < 0$ が成り立つ．以上のことと $x = \hat{x} + \alpha e_S$ より，このような主張が示される．

つぎに，E^+ に含まれる単純有向閉路が存在しない場合を考える．このとき，E^+ の枝から成る単純有向路 S で，その始点 u_0 に入る E^+ の枝が存在せず，その終点 v_0 から出る E^+ の枝も存在しないようなものが存在する．このような単純有向路 S に対して，$\alpha = \min\{x(e) \mid e \in S\}$ とし，$e_* \in S$ を $x(e_*) = \alpha$ となる枝とする．このとき $\alpha > 0$ であり，x が整数値のときには α は整数になる．$\hat{x} = x - \alpha e_S$ とおくと，$\hat{x}$ は $\mathbf{0} \leq \hat{x} \leq x$ を満たすフローである．また，u_0 に入る E^+ の枝がなく，v_0 から出る E^+ の枝もないことから，

$$\left. \begin{array}{l} 0 \leq \partial \hat{x}(u_0) = \partial x(u_0) - \alpha < \partial x(u_0), \\ 0 \geq \partial \hat{x}(v_0) = \partial x(v_0) + \alpha > \partial x(v_0), \\ \partial \hat{x}(v') = \partial x(v') \quad (\forall v' \in V \setminus \{u_0, v_0\}) \end{array} \right\} \quad (**)$$

が成り立つ．さらに，$\hat{x}(e_*) = 0$ より，$\{e \in E \mid \hat{x}(e) > 0\}$ に含まれる枝の本数は $|E^+| - 1$ 以下である．

よって，帰納法の仮定を適用することができ，式 $(*)$ が成り立つ．ここで，S_j が単純有向路ならば，その始点 u と終点 v で $\partial \hat{x}(u) > 0$ と $\partial \hat{x}(v) < 0$ が成り立つが，これと式 $(**)$ より，$\partial x(u) > 0$ と $\partial x(v) < 0$ が成り立つ．以上のことと $x = \hat{x} + \alpha e_S$ より，主張が示される．∎

4.2.2 カット容量

次に，フローと密接な関係をもつカットの概念を説明する．グラフ G のカットとは，$S \neq \emptyset$ および $T \neq \emptyset$ を満たす頂点 V の分割 (S, T) のことをいう ($S \cap T = \emptyset$, $S \cup T = V$)．とくに，相異なる頂点 s, t に対して $s \in S, t \in T$ を満たすとき，カット (S, T) は **s-t** カットと呼ばれる．カット (S, T) に付随する枝集合 $E(S, T)$ を

4.2 最大フローの性質

$$E(S,T) = \{(u,v) \in E \mid u \in S, v \in T\} \tag{4.6}$$

により定め，その (カット) 容量 $c(S,T)$ を

$$c(S,T) = \sum \{c(u,v) \mid (u,v) \in E(S,T)\} \tag{4.7}$$

と定義する．カット容量が最小の s-t カットのことを，とくに最小 s-t カットと呼ぶ．また，カット (S,T) とフロー x に対し，

$$x(S,T) = \sum \{x(u,v) \mid (u,v) \in E(S,T)\}$$

とおく．これは頂点集合 S から頂点集合 T に流れ込む流量の総和を表している．

次の命題は，フローと s-t カットの基本的な関係を示す．

命題 4.4 任意の許容フロー x と任意の s-t カット (S,T) に対して，以下が成り立つ．

(i) x の総流量 $\partial x(s)$ は $x(S,T) - x(T,S)$ に等しい．

(ii) x の総流量 $\partial x(s)$ は (S,T) のカット容量 $c(S,T)$ 以下である．

(iii) x の総流量 $\partial x(s)$ と (S,T) のカット容量 $c(S,T)$ が等しいとき，x は最大フローであり，(S,T) は最小 s-t カットである．

(証明) [(i) の証明] 集合 S に含まれるすべての頂点 $u \neq s$ に対して式 (4.4) を足し合わせて，流量保存制約 (4.5) を用いると，$s \in S$ なので

$$\partial x(s) = \sum_{u \in S} \left[\sum_{(u,v) \in \delta^+ u} x(u,v) - \sum_{(v,u) \in \delta^- u} x(v,u) \right] = x(S,T) - x(T,S)$$

が得られる．

[(ii) の証明] フローの容量制約 (4.3) より，$(u,v) \in E(S,T)$ に対して $x(u,v) \leq c(u,v)$ が成り立ち，$(u,v) \in E(T,S)$ に対しては $x(u,v) \geq 0$ が成り立つ．したがって，$x(S,T) \leq c(S,T)$ と $x(T,S) \geq 0$ が得られる．以上のことと (i) に示した $\partial x(s) = x(S,T) - x(T,S)$ から，$\partial x(s) \leq c(S,T)$ が成立する．

[(iii) の証明] (ii) より直ちにわかる． ∎

命題 4.4 において許容フロー x と s-t カット (S,T) はそれぞれ任意に選べることに注意する．したがって，x の総流量 $\partial x(s)$ と (S,T) のカット容量 $c(S,T)$ が一致するような x と (S,T) を何らかの方法で見出すことができれば，命題 4.4 (iii) より x は最大フローであり (S,T) は最小 s-t カットであることがわかる．4.3 節では，そのような許容フローと s-t カットを求めるアルゴリズムを示す．

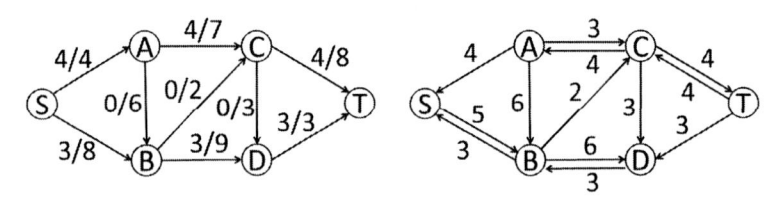

図 4.4 残余ネットワークの例. 左図は与えられたネットワークとフロー (各枝の数値は「フロー/容量」), 右図はそのフローに関する残余ネットワークを表す.

4.2.3 残余ネットワーク

最大フローを求める際には, 残余ネットワークという道具を使うのが便利である. 残余ネットワークは, 現在の許容フローに関して, グラフの各枝において今後どのくらいフローを増やせるか, あるいは減らせるかという情報を枝容量付き有向グラフとして表現したものである.

グラフ $G = (V, E)$ 上の許容フロー x が与えられたとき, x に関する**残余ネットワーク**とは頂点集合を V, 枝集合を E_x とする有向グラフ $G_x = (V, E_x)$ であり, 枝集合 E_x は以下のように与えられる[*2] (図 4.4 参照):

$$\begin{aligned} E_x &= E_x^{\mathrm{f}} \cup E_x^{\mathrm{b}}, \\ E_x^{\mathrm{f}} &= \{(u,v) \mid (u,v) \in E,\ x(u,v) < c(u,v)\}, \\ E_x^{\mathrm{b}} &= \{(v,u) \mid (u,v) \in E,\ x(u,v) > 0\}. \end{aligned} \quad (4.8)$$

また, 各枝 $e \in E_x$ の容量 $c_x(e)$ は以下のように与えられる:

$$\begin{aligned} c_x(u,v) &= c(u,v) - x(u,v) &&((u,v) \in E_x^{\mathrm{f}}), \\ c_x(v,u) &= x(u,v) &&((v,u) \in E_x^{\mathrm{b}}). \end{aligned} \quad (4.9)$$

図 4.4 の例においては, 元のグラフの枝 (A, C) に 4 単位のフローが流れているので, 残余ネットワークでは枝容量が $7 - 4 = 3$ の同じ向きの枝 (A, C) と枝容量が 4 の逆向きの枝 (C, A) が存在する.

次の命題は, グラフ G 上の 2 つの許容フロー x と x' の差分から残余ネットワーク G_x 上のフローが得られること, およびグラフ G 上の許容フロー x に残余ネットワーク G_x 上のフローを加えることによって, グラフ G 上の新たな許容フローが得られることを述べている.

[*2] グラフ G において頂点対 u, v の間に両向きの枝 $(u,v), (v,u)$ が存在すると, 残余ネットワーク G_x において枝 (u,v) または (v,u) が複数生じることがある. そのような場合, 元のグラフの枝との関係を考慮して区別されたい.

命題 4.5 x をグラフ G 上の許容フローとする.

(i) グラフ G 上の任意の許容フロー x' に対し,残余ネットワーク G_x 上のフロー $y \in \mathbb{R}^{E_x}$ を

$$y(u,v) = \begin{cases} \max\{x'(u,v) - x(u,v), 0\} & ((u,v) \in E_x^{\mathrm{f}}), \\ \max\{-x'(v,u) + x(v,u), 0\} & ((u,v) \in E_x^{\mathrm{b}}) \end{cases} \quad ((u,v) \in E_x) \tag{4.10}$$

により定めると,フロー y は容量制約

$$0 \leq y(e) \leq c_x(e) \quad (e \in E_x) \tag{4.11}$$

および流量保存制約

$$\sum_{(u,v) \in \delta_x^+ u} y(u,v) - \sum_{(v,u) \in \delta_x^- u} y(v,u) = 0 \quad (u \in V \setminus \{s,t\}) \tag{4.12}$$

を満たす.ここで,G_x の各頂点 u に対して,u から出る G_x の枝全体の集合を $\delta_x^+ u$, u に入る G_x の枝全体の集合を $\delta_x^- u$ としている.

(ii) 残余ネットワーク G_x 上のフロー $y \in \mathbb{R}^{E_x}$ が容量制約 (4.11) および流量保存制約 (4.12) を満たすとき,

$$x'(u,v) = \begin{cases} x(u,v) + y(u,v) & ((u,v) \in E_x^{\mathrm{f}}, (v,u) \notin E_x^{\mathrm{b}}), \\ x(u,v) - y(v,u) & ((u,v) \notin E_x^{\mathrm{f}}, (v,u) \in E_x^{\mathrm{b}}), \\ x(u,v) + y(u,v) - y(v,u) & ((u,v) \in E_x^{\mathrm{f}}, (v,u) \in E_x^{\mathrm{b}}) \end{cases} \tag{4.13}$$

によって定められる G 上のフロー x' は許容フローである.

許容フロー $x \in \mathbb{R}^E$ に関する残余ネットワーク G_x が s から t への単純有向路 $P \subseteq E_x$ をもつ場合には,残余ネットワーク上のフロー $y \in \mathbb{R}^{E_x}$ を $y = \alpha e_P$ (ただし $\alpha = \min\{c_x(e) \mid e \in P\}$, e_P は P の特性ベクトル)とおき,式 (4.13) によって x を更新することで,新たな許容フロー $x' \in \mathbb{R}^E$ を得ることができ,その総流量は x より α だけ増えている.このことから,残余ネットワークの s から t への単純有向路を増加路と呼ぶ.以上の考察より,以下の命題が導かれる.

命題 4.6 許容フロー x が最大フローのとき,x に関する残余ネットワーク G_x は増加路をもたない.

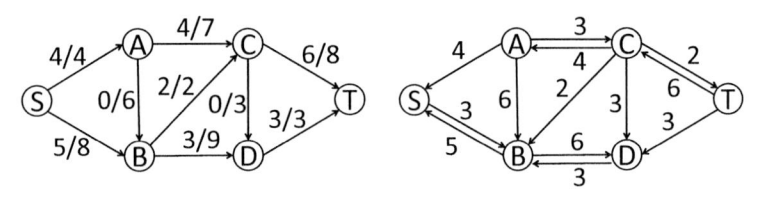

図 4.5 更新後のフローとその残余ネットワーク．左図は更新後のフロー（各枝の数値は「フロー/容量」），右図はそのフローに関する残余ネットワークを表す．

たとえば，図 4.4 の右側の残余ネットワークにおいては $(S, B), (B, C), (C, T)$ という増加路が存在し，これに沿って $\alpha = 2$ 単位のフローを流すことができる．更新後のフローは図 4.5 のとおりである（総流量は 9）．なお，図 4.5 のフローは最大フローであり，その残余ネットワークには増加路がないことがわかる．

次に，命題 4.6 の逆が成り立つことを示す．

命題 4.7 許容フロー x に関する残余ネットワーク G_x が増加路をもたないならば，x は最大フローである．

（証明）以下では対偶を証明する．許容フロー x が最大フローでないと仮定し，x' を最大フローとする．x と x' を用いて，残余ネットワーク G_x のフロー $y \in \mathbb{R}^{E_x}$ を式 (4.10) により定める．すると，命題 4.5 (i) により，

$$\sum_{(u,v) \in \delta_x^+ u} y(u,v) - \sum_{(v,u) \in \delta_x^- u} y(v,u)$$

の値が正となるのは $u = s$，負となるのは $u = t$ のときだけである[*3)]．ここで，定理 4.3 を残余ネットワーク G_x のフロー y に適用すると，G_x 上の単純有向路または単純有向閉路 $S_1, S_2, \ldots, S_k$ および正の実数 $\alpha_1, \alpha_2, \ldots, \alpha_k$ が存在して，$y = \sum_{j=1}^{k} \alpha_j e_{S_j}$ が成り立つ．このとき，いずれかの S_j は s から t への単純有向路，つまり増加路である．■

命題 4.6 と命題 4.7 より以下の定理が導かれる．

定理 4.8 許容フロー $x \in \mathbb{R}^E$ が最大フローであるための必要十分条件は，x に関する残余ネットワーク G_x が増加路をもたないことである．

[*3)] $\delta_x^+ u$ と $\delta_x^- u$ の定義は命題 4.5 を参照．

4.2.4 最大フロー最小カット定理

本節の最後に，最大流問題に関して最も重要な定理である最大フロー最小カット定理を示す．

定理 4.9 最大フローの総流量は，最小 s-t カットの容量に等しい．

(証明) $x \in \mathbb{R}^E$ を最大フローとする．最大フロー x に関する残余ネットワーク G_x において，頂点 s から有向路によって到達可能な頂点の集合を S として，$T = V \setminus S$ とおく．定理 4.8 より，s から t への有向路は存在しないため，$s \in S$，$t \in T$ が成り立つ．つまり，(S, T) は s-t カットである．よって命題 4.4 (iii) より x の総流量 $\partial x(s)$ と (S, T) のカット容量が等しいことを示せば，x は最大フローであり (S, T) は最小 s-t カットである．

(S, T) の定義より，残余ネットワーク G_x において，$u \in S, v \in T$ を満たす枝 $(u, v) \in E_x$ は存在しない．G においては，任意の $(u, v) \in E(S, T)$ に対して $x(u, v) = c(u, v)$ が成り立ち，任意の $(u, v) \in E(T, S)$ に対して $x(u, v) = 0$ が成り立つ．したがって，$x(S, T) = c(S, T)$，$x(T, S) = 0$ である．このことと命題 4.4 (i) より，$\partial x(s) = x(S, T) - x(T, S) = c(S, T)$ が成り立つ． ∎

最大フロー最小カット定理は最大最小定理（双対定理）である．この定理により，最小 s-t カットは最大フローに対する**最適性の証拠**としての役割を担う．

注意 4.10 2 部グラフに関する最大マッチング最小被覆定理（定理 3.11）は最大フロー最小カット定理の特殊ケースと見ることができる．

最大マッチング問題の入力として 2 部グラフ $G = (V_1, V_2; E)$ が与えられたとき，注意 4.2 のようにグラフ $\tilde{G}$ を定義すると，そのグラフ上の最大フローの総流量は最大マッチングの枝数に等しい．

一方，グラフ $\tilde{G}$ の最小 s-t カットを (S_*, T_*) とする．元のグラフ G の枝に対応する有向枝 (u, v)（ただし $u \in V_1, v \in V_2$）の枝容量は十分大きな正数なので，$u \in S_*, v \in T_*$ となることはありえない．したがって $R = (S_* \cap V_2) \cup (T_* \cap V_1)$ とおくと，R は元のグラフ G の頂点被覆である．たとえば，図 4.2 の最大マッチング問題においては，対応する最大流問題（図 4.6 の左図）の最小 s-t カット

$$(S_*, T_*) = (\{\mathsf{s, A, B, V}\}, \{\mathsf{t, C, D, E, W, X, Y, Z}\})$$

から，元の 2 部グラフ（図 4.6 の右図）の頂点被覆 $R = \{\mathsf{V}\} \cup \{\mathsf{C, D, E}\}$ が得ら

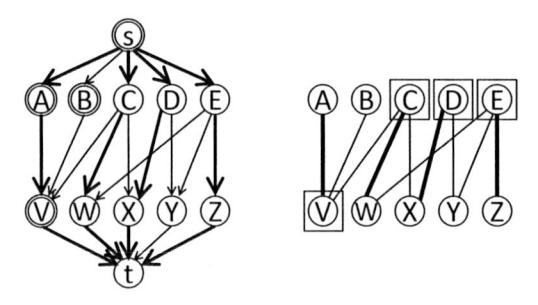

図 4.6 最小 s-t カット（左図）と最小頂点被覆（右図）の関係．左図では，太い枝は最大フローを表し，$S^* = \{s, A, B, V\}$, $T^* = \{t, C, D, E, W, X, Y, Z\}$ とすると，(S^*, T^*) は最小 s-t カットである．右図では，太い枝は最大マッチングを表し，頂点集合 $R = \{V\} \cup \{C, D, E\}$ は最小頂点被覆である．

れる．

頂点被覆 R の要素数は最小 s-t カット (S_*, T_*) の容量に等しいが，R がグラフ G の最小頂点被覆であることを示すために，G の任意の頂点被覆 Y に対して $|Y| \geq |R|$ が成り立つことを証明する．Y に対し

$$S = \{s\} \cup (V_1 \setminus Y) \cup (V_2 \cap Y), \quad T = \{t\} \cup (V_1 \cap Y) \cup (V_2 \setminus Y)$$

により (S, T) を定めると，これは $\tilde{G}$ の s-t カットであり，容量は $|Y|$ に等しい．最小 s-t カット (S_*, T_*) の容量が $|R|$ なので，$|Y| \geq |R|$ が成り立つ．

よって，グラフ $\tilde{G}$ 上の最小 s-t カットの容量とグラフ G の最小頂点被覆の頂点数が等しいことがわかった．このことと最大フロー最小カット定理より，最大マッチング最小被覆定理が導かれる． ■

注意 4.11 本節では最大フローの存在性については言及しなかったが，最大フローは必ず存在する．フロー（実数ベクトル）は無限に存在するので，最大フローの存在は自明ではない．線形計画法の基本的な定理を使う証明や，次節で説明するアルゴリズムが必ず最大フローを求めることを使う証明がある． ■

4.3 最大流問題のアルゴリズム

最大フローを求めるアルゴリズムを説明する．定理 4.8 に基づき，次の手順で最大フローが求められる．

ステップ0: フローの初期値を $x := \mathbf{0}$ とおく.
ステップ1: 残余ネットワーク G_x に増加路が存在しなければ，現在のフローを出力して終了する.
ステップ2: 残余ネットワーク G_x の増加路 P を求め, $\alpha := \min\{c_x(e) \mid e \in P\}$ として ($c_x(e)$ の定義は式 (4.9) を参照)，以下のようにフロー x を更新する:
$$x(u,v) := \begin{cases} x(u,v) + \alpha & ((u,v) \in P \cap E_x^{\mathrm{f}}), \\ x(u,v) - \alpha & ((v,u) \in P \cap E_x^{\mathrm{b}}), \\ x(u,v) & (それ以外). \end{cases}$$
ステップ1に戻る.

このアルゴリズムは，増加路を繰り返し使うことから，増加路アルゴリズムと呼ばれる．また，提案者の名前を取ってフォード (Ford)・ファルカーソン (Fulkerson) のアルゴリズムと呼ばれることもある．

定理 4.12 最大流問題において枝容量がすべて整数の場合，増加路アルゴリズムは高々 $\sum_{e \in E} c(e)$ 回の反復で終了する.
(証明) 増加路アルゴリズムにおいて，まず初期フロー $\mathbf{0}$ は整数ベクトルである．また，現在のフローが整数ベクトルであり，かつ枝容量がすべて整数ならば，値 α も整数となるので，更新後のフローも整数ベクトルであり，その総流量は整数である．このことから，各反復において総流量は 1 以上増加することがわかる．一方，最大フローの総流量は明らかに $\sum_{e \in E} c(e)$ 以下である．よって，アルゴリズムの反復回数は $\sum_{e \in E} c(e)$ 以下である． ∎

この定理の証明より，各枝の流量が整数である最大フローの存在がわかる．

定理 4.13 最大流問題において枝容量がすべて整数の場合，$x \in \mathbb{Z}^E$ を満たす最大フロー x が存在する.

注意 4.14 最大流問題において枝容量が無理数で与えられる場合，増加路アルゴリズムが終了しない (反復が無限回となる) 例が存在する．一方で，枝容量が無理数の場合でも，各反復での増加路の選び方を工夫すると，問題の入力サイズ[*4)]に

[*4)] 最大流問題の入力サイズとは，頂点数と枝数のことである．枝容量が有理数の場合は，枝容量の数

関する多項式回の反復で終了することが知られている． ∎

注意 4.15 最大流問題には，本書で説明した増加路アルゴリズム以外にも様々なアルゴリズムが提案されている．とくに，最大流問題は，実社会において多彩な応用例をもつとともに，アルゴリズム技術を磨き，評価するためのテスト問題（ベンチマーク）の1つと認識されていることから，数多くの高速なアルゴリズムが提案されている．本書では離散凸性という視点に重点を置いているので，最も基本的なアルゴリズムの説明にとどめ，高速なアルゴリズムの説明は省略する．興味のある読者は，Ahuja ら[1]，藤重[10]，繁野[49] などの文献を参照されたい． ∎

4.4 需要供給制約を満たすフロー

前節までは，ある頂点からある頂点にできるだけ多くのフローを流す問題を考えた．本節では，各頂点での需要量または供給量に関する制約を満たすフローの存在性を判定する問題を考える．

各頂点 v に需要あるいは供給を表す量 $b(v)$ が与えられているとする．ただし，$b(v) > 0$ のときは v は供給点で，$b(v)$ はその供給量を表し，$b(v) < 0$ のときは v は需要点で，$|b(v)|$ はその需要量を表す．また，需要と供給は全体でバランスが取れていると仮定する．つまり，$b(V) = 0$ を仮定する[*5]．すると，フロー $x \in \mathbb{R}^E$ に対する**需要供給制約**は次のように与えられる：

$$\partial x(u) = b(u) \quad (\forall u \in V). \tag{4.14}$$

本節では，各頂点での需要供給制約 (4.14) および各枝での容量制約

$$0 \leq x(e) \leq c(e) \quad (\forall e \in E) \tag{4.15}$$

を満たすフロー x が存在するかどうかを判定し，存在する場合にはそのようなフローを求める問題を考える．以下では，供給点の集合を V^+，需要点の集合を V^- とする．

需要供給制約を満たすフローの存在性判定問題は，最大流問題に帰着させて解

　　　値のビット長を考慮することもある．
[*5]　集合 $S \subseteq V$ に対して $b(S) = \sum_{v \in S} b(v)$ と表す．

4.4 需要供給制約を満たすフロー

くことが可能であるが,その際に新たなグラフ $\tilde{G} = (\tilde{V}, \tilde{E})$ を用いる.グラフ $\tilde{G}$ の頂点集合 $\tilde{V}$ は,元のグラフ G の頂点集合 V に新たな 2 頂点 s, t を追加したものである.グラフ $\tilde{G}$ の枝集合 $\tilde{E}$ は,元のグラフ G の枝集合 E に加えて,s から各供給点 $v \in V^+$ への枝 (s,v),および各需要点 $v \in V^-$ から t への枝 (v,t) を追加したものである.ここで,新たな枝の容量を $|b(v)|$ とする.

定理 4.16 以下の 3 条件は等価である[*6].

(i) 制約 (4.14) および (4.15) を満たすグラフ G のフローが存在する.

(ii) グラフ G の任意のカット (S,T) に対して $b(S) \leq c(S,T)$ が成り立つ.

(iii) グラフ $\tilde{G}$ において s を供給点,t を需要点としたときの最大フローの総流量が $b(V^+)$ に等しい.

(証明) [(i)⇒(ii) の証明] $x \in \mathbb{R}^E$ は制約 (4.14) および (4.15) を満たすグラフ G のフローとする.また,(S,T) をグラフ G のカットとする.このとき,次の式が成り立つ:

$$b(S) = \sum_{u \in S} \partial x(u) = x(S,T) - x(T,S) \leq c(S,T) - 0 = c(S,T).$$

ここで,最初の等号は制約 (4.14) から導かれ,不等号は制約 (4.15) から得られる.

[(ii)⇒(iii) の証明] グラフ $\tilde{G}$ において s-t カット $(s, \tilde{V} \setminus \{s\})$ の容量は $b(V^+)$ である.したがって (iii) を示すには,定理 4.9 より,グラフ $\tilde{G}$ の任意の s-t カットの容量が $b(V^+)$ 以上であることを示せばよい.

グラフ $\tilde{G}$ の任意の s-t カットは,V の部分集合 S と $T = V \setminus S$ を用いて $(\{s\} \cup S, \{t\} \cup T)$ と表すことができるが,その容量 α は

$$\alpha = c(S,T) + b(V^+ \cap T) - b(V^- \cap S)$$

と与えられる.よって,次の式が得られる:

$$\alpha - b(V^+) = c(S,T) - b(V^+ \cap S) - b(V^- \cap S)$$
$$= c(S,T) - b(S) \geq 0.$$

ここで,不等号は条件 (ii) による.

[(iii)⇒(i) の証明] $\tilde{x} \in \mathbb{R}^{\tilde{E}}$ をグラフ $\tilde{G}$ の最大フローとする.このとき,G の

[*6] カット容量 $c(S,T)$ の定義は式 (4.7) を参照.

フロー $x \in \mathbb{R}^E$ を $x(e) = \tilde{x}(e)$ $(e \in E)$ により定めると,制約 (4.14) および (4.15) が成り立つことが確認できる. ∎

この定理より,グラフ G における制約 (4.14) および (4.15) を満たすフローの存在性判定問題は,グラフ $\tilde{G}$ における最大流問題に帰着できる.また,定理の証明より,G において所望の制約を満たすフローが存在する場合には,そのようなフローは $\tilde{G}$ における最大フローを G 上に制限することで得られることがわかる.一方,G において所望の制約を満たすフローが存在しない場合には,その証拠として $b(S) > c(S,T)$ を満たすグラフ G のカット (S,T) が存在することが定理 4.16 よりわかるが,そのようなカットはグラフ $\tilde{G}$ における最小 s-t カットから直ちに得られる.

4.5 章末ノート:離散凸解析への展望

4.4 節では需要供給制約を満たすフローの存在性判定問題を考えたが,許容フローが存在するような需要供給ベクトルの集合は M 凸集合であることを第 9 章で示す.また,カットの容量で定義される関数の $L^\natural$ 凸性を第 9 章で示す.

定理 4.8 では,残余ネットワークにおいて増加路が存在しないという性質によりフローの最適性が特徴づけられたが,これは局所的な最適性条件による大域的最適性の特徴づけと見ることができる.この性質は第 10 章において扱う $M^\natural$ 凸関数最小化問題の最適性条件と密接に関係している.

定理 4.9 で示した最大フロー最小カット定理は最大流問題の双対定理であり,この定理により最小 s-t カットは最大フローに対する最適性の証拠となる.このような性質は,第 10 章において M 凸関数に関する最適化問題に対して一般化される.

最大流問題は実数値フローに関する最適化問題であるが,枝容量が整数値のときは,定理 4.13 により整数値フローに関する最適化問題とみなせる.このような関係は,連続変数の M 凸関数(第 11 章)と整数変数の M 凸関数(第 9 章)の関係に当たる.

最大流問題についてより詳しくは,文献[1,7,10,16,23,46,48,49] などを参照されたい.

5

最小費用流問題

5.1 最小費用流問題の定義

5.1.1 最小費用流問題の基本形

第 4 章の最大流問題では，ある種の「もの」を供給地から需要地へできるだけたくさん運ぶ方法を求めたが，本章の最小費用流問題は，決められた量の「もの」をできるだけ少ない費用で運ぶ方法を求める問題である．例として，4.1 節と同じ配送ネットワークを考える（図 5.1 参照）．ここでは，S 地点の部品製造工場から T 地点の倉庫へ，トラック 7 台分の部品を運びたい．各配送区間においては，利用可能なトラックの台数の上限とともに，トラック 1 台当りの費用が決まっているとする．たとえば S 地点から A 地点への配送には，トラック 4 台が利用可能であり，1 台当りの費用は 1 万円である．決められた量の部品を工場から倉庫までできるだけ安く運ぶには，どのような配送方法で運べばよいだろうか？

図 5.1 を有向グラフ $G = (V, E)$ とみなすことにより，この問題はグラフ G の問題として記述できる．地点 u から地点 v への区間の輸送量を $x(u, v)$ とおくと，トラックの台数に関する条件は式 (4.1) により与えられる．また，中継地点 A, B, C, D に届いた部品をすべて他の地点に運び出すという条件は式 (4.2) により与え

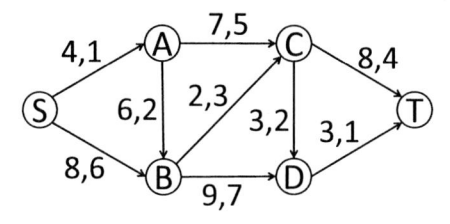

図 5.1 配送トラックの担当区間，台数の上限（左側の数字），およびトラック 1 台当りの費用（右側の数字，単位は万円）．

られる.さらに,S地点から発送する部品の総量,およびT地点に届く部品の総量はトラック7台分なので,

$$x(\mathsf{S},\mathsf{A}) + x(\mathsf{S},\mathsf{B}) = +7, \qquad -x(\mathsf{C},\mathsf{T}) - x(\mathsf{D},\mathsf{T}) = -7$$

という等式が成り立つ.部品の輸送問題は,以上の制約条件の下で,配送の総費用

$$\begin{aligned}&x(\mathsf{S},\mathsf{A}) + 6x(\mathsf{S},\mathsf{B}) + 2x(\mathsf{A},\mathsf{B}) + 5x(\mathsf{A},\mathsf{C}) + 3x(\mathsf{B},\mathsf{C})\\&\quad + 7x(\mathsf{B},\mathsf{D}) + 2x(\mathsf{C},\mathsf{D}) + 4x(\mathsf{C},\mathsf{T}) + x(\mathsf{D},\mathsf{T})\end{aligned}$$

を最小化することを目的とする問題として定式化される.このような問題が最小費用流問題である.

より一般的には,**最小費用流問題**は以下のように定義される[*1)].問題の入力は有向グラフ $G=(V,E)$,供給点 $s \in V$ と需要点 $t \in V$(ただし $s \neq t$),各枝の非負値の容量 $c(e) \in \mathbb{R}$ と費用 $k(e) \in \mathbb{R}$,および非負値の総流量 $f \in \mathbb{R}$ である.フローに対する容量制約は最大流問題のときと同じで,式 (4.3) の

$$0 \leq x(u,v) \leq c(u,v) \quad (\forall (u,v) \in E) \tag{5.1}$$

により与えられる.また,グラフの各頂点 u に対する**流量保存制約**および**需要供給制約**は次のように与えられる[*2)]:

$$\partial x(u) = 0 \quad (\forall u \in V \setminus \{s,t\}), \qquad \partial x(s) = +f, \qquad \partial x(t) = -f. \tag{5.2}$$

制約 (5.1),(5.2) を満たすフロー(許容フローと呼ぶ)の中で総費用

$$\sum_{e \in E} k(e) x(e) \tag{5.3}$$

を最小にする問題が最小費用流問題である.最小の総費用 (5.3) を与える許容フローを最小費用フローと呼ぶ.場合によっては,フローに整数制約 $x(e) \in \mathbb{Z}$ を付加した問題を考えることもあるが,その場合は枝容量 $c(e)$ は整数値と仮定する.最小費用流問題の場合,最大流問題のときと異なり,総流量 f が入力として指定される定数であることに注意する.

[*1)] 最小費用流問題もまた,代表的なネットワークフロー問題の1つである(注意 4.1 参照).
[*2)] 記号 $\partial x(u)$ の定義は式 (4.4) 参照.

5.1.2 最小費用流問題の変種

上記では単一の供給点から単一の需要点まで，決められた総流量をもつフローを流すというタイプの最小費用流問題を考えたが，より一般に複数の供給点と需要点が存在する場合を考えることもできる．すなわち，4.4 節のように各頂点 $v \in V$ に需要供給量 $b(v) \in \mathbb{R}$ が与えられていて，需要供給制約を満たすフローの中で総費用が最小のものを求めるというタイプの最小費用流問題である（ただし $b(V) = \sum_{v \in V} b(v) = 0$ を仮定）．この問題は，式 (4.14) により表される需要供給制約と式 (5.1) により表される容量制約の下で，フローの総費用 (5.3) を最小化する問題として定式化される．まとめると，以下のような問題になる：

$$
\begin{aligned}
&\text{最小化} && \sum_{e \in E} k(e) x(e) \\
&\text{制約条件} && \partial x(u) = b(u) \quad (u \in V), \\
& && 0 \leq x(e) \leq c(e) \quad (e \in E).
\end{aligned}
\tag{5.4}
$$

複数供給点複数需要点の問題は，単一供給点単一需要点の問題を特殊ケースとして含むが，逆に前者を後者に帰着することも可能である．複数供給点複数需要点の問題の入力であるグラフ $G = (V, E)$ に対し，供給点の集合を V^+，需要点の集合を V^- とする．グラフ G に新たな 2 頂点 s, t を追加し，s から各 $v \in V^+$ への枝 (s, v)，および各 $v \in V^-$ から t への枝 (v, t) を追加する．追加した各枝の容量を $|b(v)|$ とし，その費用を 0 とする．そして総流量を $f = \sum_{v \in V^+} b(v)$ とおくと，s を（唯一の）供給点，t を（唯一の）需要点とする等価な最小費用流問題が得られる．

また，（複数供給点複数需要点の）最小費用流問題において各頂点 v の需要供給量 $b(v)$ がすべて 0 の問題を，とくに**最小費用循環流問題**と呼ぶ．その定義により，最小費用循環流問題は最小費用流問題の特殊ケースであるが，逆に，最小費用流問題を最小費用循環流問題に帰着することも可能である．それには，まず複数供給点複数需要点の最小費用流問題を上記のやり方によって単一供給点単一需要点の問題に帰着する．そして，新たな需要点 t から供給点 s への枝 (t, s) を追加し，その容量を $\sum_{v \in V^+} b(v)$，その費用を $-M$（M は十分に大きい正数）とした最小費用循環流問題を考えればよい．

5.1.3 他の離散最適化問題との関係

第2章の（単一始点全終点）最短路問題，第3章の（2部グラフ上の）重み付きマッチング問題，および第4章の最大流問題は，最小費用流問題の特殊ケースとみることができる．

まず単一始点全終点最短路問題であるが，入力として有向グラフ $G = (V, E)$，各枝の長さ $\ell(e)$ $(e \in E)$，および始点 $s \in V$ が与えられたとき，各枝 $e \in E$ の容量を $n-1$，費用を $\ell(e)$ とし，$b(s) = n-1$ (n は頂点数)，$b(v) = -1$ ($v \in V \setminus \{s\}$) とおくことにより，複数供給点複数需要点の最小費用流問題に帰着できる．実際，この最小費用流問題を解いて得られた最小費用フロー $x \in \mathbb{R}^E$ に対し，枝集合 $S = \{e \in E \mid x(e) > 0\}$ を考えると，任意の頂点 v に対して s から v への有向路を必ず含むが，それは s から v への最短路となる．

次に，2部グラフの最大重みマッチング問題は最小費用循環流問題に帰着できることを示す．最大重みマッチング問題の入力として2部グラフ $G = (V_1, V_2; E)$ と各枝の重み $w(e) \in \mathbb{R}$ が与えられたとき，グラフ G の各枝 e を V_1 側から V_2 側へ向かう有向枝とみなし，枝 e の容量は十分に大きい正整数，費用は $-w(e)$ とおく．そして，2頂点 s と t，および枝 (s, v) $(v \in V_1)$，(u, t) $(u \in V_2)$ を追加し，追加した各枝の容量を1，費用を0とする．さらに，容量が $|V_1|$，費用が0の枝 (t, s) を追加する．こうして得られた最小費用循環流問題において，枝容量が整数値であることから，各枝の流量が整数の最小費用フローが存在する（定理 5.8）．このフローにおいて，元のグラフの枝における流量は0または1となるが，流量が1の枝を集めると最大重みマッチングとなる．

最後に最大流問題であるが，その入力として有向グラフ $G = (V, E)$，各枝の容量 $c(e)$ $(e \in E)$，および供給点 s と需要点 t が与えられたとき，新たな枝 (t, s) を追加し，この枝の容量を十分に大きい正の値，費用を十分に小さい（絶対値の大きい）負の値とする．また，他の枝の費用をすべて0とする．こうして得られた最小費用循環流問題の最小費用フローを求め，元のグラフの枝 E 上に制限すれば，最大流問題の最大フローが得られる．

5.2 最小費用フローの性質

5.2.1 残余ネットワーク

最大フローを求めるときと同様に，最小費用フローを求める際にも残余ネットワークを使うのが便利である．その定義は最大流問題のときとほぼ同じであるが，残余ネットワークの各枝には費用という数値が追加される．グラフ $G = (V, E)$ 上の（制約 (5.2) を満たすとは限らないが）容量制約 (5.1) を満たすフロー x が与えられたとき，x に関する残余ネットワークは，V を頂点集合，式 (4.8) により与えられる E_x を枝集合とする有向グラフ $G_x = (V, E_x)$ である．残余ネットワーク G_x の各枝 $e \in E_x$ に対し，容量 $c_x(e)$ は式 (4.9) により与えられ，費用 $k_x(e)$ は次式により与えられる：

$$\begin{aligned} k_x(u,v) &= k(u,v) & ((u,v) \in E_x^{\mathrm{f}}), \\ k_x(v,u) &= -k(u,v) & ((v,u) \in E_x^{\mathrm{b}}). \end{aligned} \quad (5.5)$$

図 5.1 のグラフ G のフローとして，図 5.2 の左側で示されるフロー x を考えたとき，それに関する残余ネットワーク G_x は図 5.2 の右側のようになる．この例では，元のグラフの枝 (A, C)（容量 7, 費用 5）に 4 単位のフローが流れているので，残余ネットワークでは容量が 3, 費用が 5 の同じ向きの枝 (A, C) と容量が 4, 費用が -5 の逆向きの枝 (C, A) が存在する．

第 4 章の命題 4.5 では，グラフ G 上のフロー x が与えられたとき，グラフ G 上の（x とは異なる）フロー x' から残余ネットワーク G_x 上のフロー y が得られること（命題 4.5(i)），逆に G_x 上のフロー y から G 上の新たなフロー x' が得ら

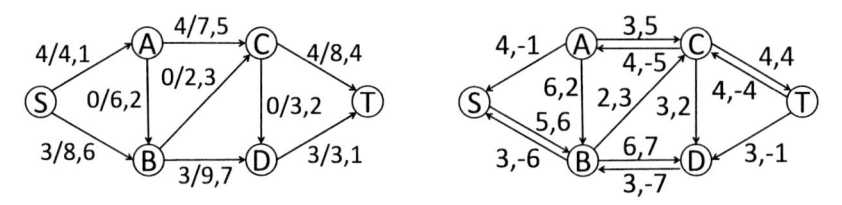

図 5.2　残余ネットワークの例．左図はフロー（各枝の数値は「フロー/容量，費用」），右図はそのフローに関する残余ネットワーク（各枝の数値は「容量，費用」）を表す．

れること(命題 4.5(ii))を述べた.次の命題は,フロー y とフロー x' の費用の関係を述べている.

命題 5.1 x をグラフ G 上の許容フローとする.

(i) グラフ G 上の任意の許容フロー x' に対し,残余ネットワーク G_x 上のフロー $y \in \mathbb{R}^{E_x}$ を式 (4.10) により定めると,G_x における y の費用は G における x' と x の費用の差に等しい.すなわち,次の式が成り立つ:

$$\sum_{e \in E_x} k_x(e)y(e) = \sum_{e \in E} k(e)x'(e) - \sum_{e \in E} k(e)x(e). \tag{5.6}$$

(ii) 残余ネットワーク G_x 上のフロー y が,容量制約 (4.11) および流量保存制約 (4.12) を満たすとき,G 上のフロー x' を式 (4.13) によって定めると,式 (5.6) が成り立つ.

許容フロー $x \in \mathbb{R}^E$ に関する残余ネットワーク G_x を考える.残余ネットワーク G_x 上の有向閉路 $C \subseteq E_x$ は,枝の費用の和 $\sum_{e \in C} k_x(e)$ が負であるとき,**負閉路**と呼ばれる.負閉路 C が存在するとき,$y = \alpha e_C$ (ただし $\alpha = \min\{c_x(e) \mid e \in C\}$,$e_C$ は C の特性ベクトル) とおき,式 (4.13) によって x を更新すると,命題 4.5 と命題 5.1 より,より費用の小さい新たな許容フロー $x' \in \mathbb{R}^E$ を得ることができる.以上の考察より,以下の命題が導かれる.

命題 5.2 許容フロー x が最小費用フローのとき,x に関する残余ネットワーク G_x は負閉路をもたない.

たとえば,図 5.2 の右側の残余ネットワークには $(B,C), (C,D), (D,B)$ という費用が $3 + 2 + (-7) = -2$ の負閉路が存在し,これに沿って $\alpha = 2$ 単位のフローを流すことができる.更新後のフローは図 5.3 左図のとおりである.このフロー

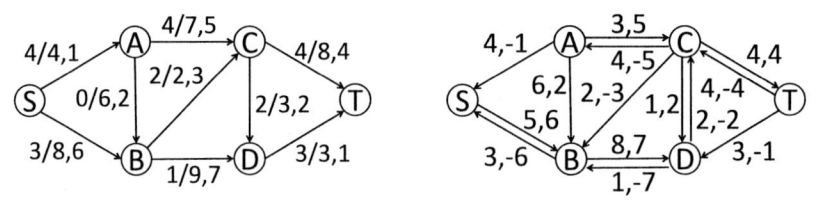

図 5.3 更新後のフローとその残余ネットワーク.左図は更新後のフロー (各枝の数値は「フロー/容量,費用」),右図はそのフローに関する残余ネットワーク (各枝の数値は「容量,費用」) を表す.

は最小費用フローであり，その残余ネットワーク（図 5.3 右図）には負閉路がないことがわかる．

次に，命題 5.2 の逆が成り立つことを示す．

命題 5.3 許容フロー x に対し，残余ネットワーク G_x が負閉路をもたないならば，x は最小費用フローである．

（証明）対偶を示す．許容フロー x が最小費用フローでないと仮定し，x' を最小費用フローとする．x と x' を用いて，残余ネットワーク G_x 上のフロー $y \in \mathbb{R}^{E_x}$ を式 (4.10) によって定める．すると，命題 5.1(i) により，フロー x' と x の費用の差は残余ネットワークにおけるフロー y の費用に等しいから，フロー y の費用は負の値である．また，残余ネットワークの各頂点 u に対しフロー y は

$$\sum_{(u,v) \in \delta_x^+ u} y(u,v) - \sum_{(v,u) \in \delta_x^- u} y(v,u) = 0 \tag{5.7}$$

を満たす．よって定理 4.3 をフロー y に適用すると，残余ネットワーク上の有向閉路 $S_1, S_2, \ldots, S_k$ および正の実数 $\alpha_1, \alpha_2, \ldots, \alpha_k$ を用いて $y = \sum_{j=1}^k \alpha_j e_{S_j}$ と表されることがわかる[*3]．これより，

$$\sum_{e \in E_x} k_x(e) y(e) = \sum_{j=1}^k \alpha_j \sum_{e \in S_j} k_x(e)$$

が成り立つが，左辺は負の値なので，少なくとも 1 つの有向閉路 S_j に対し，その費用 $\sum_{e \in S_j} k_x(e)$ は負の値になる． ∎

命題 5.2 と命題 5.3 より次の重要な定理が導かれる．

定理 5.4 許容フロー $x \in \mathbb{R}^E$ が最小費用フローであるための必要十分条件は，x に関する残余ネットワーク G_x が負閉路をもたないことである．

5.2.2 ポテンシャル

次に，ポテンシャルを使った許容フローの最適性条件を示す．ここでポテンシャルとは，頂点に付随する変数のベクトル $p \in \mathbb{R}^V$ のことである[*4]．また，残余ネッ

[*3] 定理 4.3 の条件 (ii) と式 (5.7) により，定理 4.3 の $S_1, S_2, \ldots, S_k$ は，この場合にはすべて有向閉路となることに注意する．
[*4] 第 2 章では式 (2.1) の条件を満たす p をポテンシャルと呼んだが，ここではこの条件は課さない．

トワークの各枝 $(u,v) \in E_x$ に対し，ポテンシャル p に関する**簡約費用** $k_x^p(u,v)$ を

$$k_x^p(u,v) = k_x(u,v) - p(u) + p(v) \quad ((u,v) \in E_x) \tag{5.8}$$

と定義する．

定理 5.5 許容フロー $x \in \mathbb{R}^E$ に対し，x が最小費用フローであるための必要十分条件は，$k_x^p(u,v) \geq 0 \ ((u,v) \in E_x)$ を満たすポテンシャル $p \in \mathbb{R}^V$ が存在することである．

(証明) 定理 5.4 より，残余ネットワーク G_x において負閉路が存在しないことと，簡約費用が非負となるポテンシャルが存在することが必要十分であることを示せばよい．

まず，$k_x^p(u,v) \geq 0 \ ((u,v) \in E_x)$ を満たすポテンシャル p が存在すると仮定する．G_x 上の任意の有向閉路 $C \subseteq E_x$ に対し，

$$\sum_{(u,v) \in C} k_x(u,v) = \sum_{(u,v) \in C} [k_x(u,v) - p(u) + p(v)] = \sum_{(u,v) \in C} k_x^p(u,v) \geq 0$$

が成り立つ．したがって，G_x に負閉路は存在しない．

次に，残余ネットワーク G_x に負閉路が存在しないと仮定し，$k_x^p(u,v) \geq 0$ $((u,v) \in E_x)$ を満たすポテンシャル p が存在することを示す．以下では，残余ネットワーク G_x において供給点 s から各頂点 v への有向路が存在すると仮定する[*5)]．この仮定を満たすには，$(s,v) \notin E$ である各頂点 v に対して，容量および費用が十分大きい枝 (s,v) を追加すればよい．元の問題には許容フローが存在すると仮定しているので，この枝の追加により最小費用フローは変化しないことに注意する．

残余ネットワークの各枝の費用をその枝の長さとみなしたとき，定理 2.3 より，供給点 s から各頂点 v への最短路が存在する．その長さを $d(v)$ として $p(v) = -d(v)$ とおくと，命題 2.6 より次の不等式が成り立つ：

$$-p(v) + p(u) \leq k_x(u,v) \quad (\forall (u,v) \in E_x).$$

したがって，任意の枝 $(u,v) \in E_x$ の簡約費用 $k_x^p(u,v) = k_x(u,v) - p(u) + p(v)$ は非負である． ∎

[*5)] ここでは単一供給点単一需要点の最小費用流問題を考えている．

注意 5.6 最小費用フローの存在は自明ではないが，（許容フローが存在する場合には）最小費用フローは必ず存在する．線形計画法の基本的な定理を使う証明や，次節で説明するアルゴリズムが最小費用フローを求めることを使う証明がある（最大流問題に対する注意 4.11 も参照）．■

5.3 最小費用流問題のアルゴリズム

本節では，単一供給点単一需要点の最小費用流問題に対する 2 つのアルゴリズムを説明する．最初のアルゴリズムは，許容フローを繰り返し改善して費用を減少させて，最終的に最小費用フローを求める．2 つ目のアルゴリズムは，各反復で許容とは限らないフローを保持し，総流量を少しずつ増やしながら，最終的に最小費用フローを求める．

5.3.1 負閉路消去アルゴリズム

最小費用フローを求めるアルゴリズムとして，定理 5.4 に基づくアルゴリズムを説明する．このアルゴリズムは，負閉路を見つけて，それに沿ってフローを流すことにより負閉路を消去することを繰り返すもので，**負閉路消去アルゴリズム**と呼ばれる．

ステップ 0：初期許容フロー x を求める．
ステップ 1：残余ネットワーク G_x に負閉路が存在しなければ，現在のフロー x を出力し，終了する．
ステップ 2：残余ネットワーク G_x の負閉路 C を求め，$\alpha = \min\{c_x(e) \mid e \in C\}$ として[*6]，以下のようにフロー x を更新する：
$$x(u,v) := \begin{cases} x(u,v) + \alpha & ((u,v) \in C \cap E_x^{\mathrm{f}}), \\ x(u,v) - \alpha & ((v,u) \in C \cap E_x^{\mathrm{b}}), \\ x(u,v) & (\text{それ以外}). \end{cases}$$
ステップ 1 に戻る．

上のステップ 0 では初期許容フローを求める必要があるが，4.4 節で説明した

[*6] $G_x = (V, E_x^{\mathrm{f}} \cup E_x^{\mathrm{b}})$，$c_x(e)$ の定義は式 (4.8), (4.9) を参照．

手法により，そのようなフローを求めることが可能である．とくに，枝容量 $c(e)$ $(e \in E)$ および総流量 f がすべて整数の場合，定理 4.13 と同様にして，整数値フローの存在が保証される．

命題 5.7 最小費用流問題において枝容量 $c(e)$ $(e \in E)$ および総流量 f がすべて整数であり，かつ初期許容フローが整数値フローであれば，負閉路消去アルゴリズムは有限回の反復で終了する．さらに，枝費用 $k(e)$ $(e \in E)$ がすべて整数値の場合には，高々 $2\sum_{e \in E}|k(e)|c(e)$ 回の反復で終了する．

(証明) 負閉路消去アルゴリズムにおいて，現在のフローが整数値フローであり，かつ枝容量と総流量がすべて整数ならば，α の値も整数となるので，更新後のフローも整数値フローである．枝容量 $c(e)$ は有限値であるので，G 上の整数値フローの個数は有限であり，かつ各反復においてフローの費用は単調に（真に）減少することから，負閉路消去アルゴリズムは有限回の反復で終了する．

また，枝費用がすべて整数値の場合には，各反復においてフローの費用は 1 以上減少することがわかる．一方，任意の許容フロー x に対し，その費用 $\sum_{e \in E}k(e)x(e)$ の絶対値は $\sum_{e \in E}|k(e)|c(e)$ 以下である．よって，アルゴリズムの反復回数は高々 $2\sum_{e \in E}|k(e)|c(e)$ である． ∎

この定理の証明より，各枝の流量が整数である最小費用フローの存在がわかる．

定理 5.8 最小費用流問題において枝容量 $c(e)$ $(e \in E)$ および総流量 f がすべて整数の場合，$x \in \mathbb{Z}^E$ を満たす最小費用フロー x が存在する．

注意 5.9 最大流問題に対する増加路アルゴリズム（4.3 節参照）は，最小費用流問題に対する負閉路消去アルゴリズムを特殊化したものと見ることができる．実際，5.1.3 項で説明した方法により最大流問題を最小費用流問題に帰着し，得られた問題に負閉路消去アルゴリズムを適用すると，その振る舞いは増加路アルゴリズムに一致する． ∎

注意 5.10 最小費用流問題において枝容量が無理数で与えられる場合，負閉路の選び方によっては，負閉路消去アルゴリズムが終了しない（反復が無限回となる）例が存在する．一方で，枝容量が無理数の場合でも，各反復での負閉路の選

び方を工夫すると，問題の入力サイズ[*7]に関する多項式回の反復で終了することが知られている． ∎

5.3.2 逐次最短路アルゴリズム

各頂点 $v \in V \setminus \{s, t\}$ での流量保存制約および各枝 $e \in E$ での容量制約を満たすフローを保持して，総流量を徐々に増やしていくことによって，最小費用フローを求めることができる．このアルゴリズムは，各反復で残余ネットワーク上の（枝長 $k_x^p(e)$ に関する）s から t への最短路を利用するので，**逐次最短路アルゴリズム**と呼ばれる．

以下では，各枝の費用がすべて非負の場合を考える（下記の注意 5.11 を参照）．また，アルゴリズムの説明を簡単にするために，残余ネットワーク G_x において s から各頂点への有向路が存在すると仮定する（定理 5.5 の証明を参照）．

ステップ 0：フローの初期値を $x := \mathbf{0}$，ポテンシャルの初期値を $p := \mathbf{0}$ とおく．
ステップ 1：$\partial x(s) = f$ ならば，現在のフロー x を出力し，終了する．
ステップ 2：残余ネットワーク G_x 上の各頂点 v に対し，（枝長 $k_x^p(e)$ に関する）s から v への最短路長 $d(v)$ を求め，ポテンシャル p を $p(v) := p(v) - d(v)$ により更新する．さらに，s から t への最短路を P として，

$$\alpha := \min\left(f - \partial x(s),\ \min\{c_x(e) \mid e \in P\}\right)$$

とおき，フロー x を以下のように更新する：

$$x(u, v) := \begin{cases} x(u, v) + \alpha & ((u, v) \in P \cap E_x^{\mathrm{f}}), \\ x(u, v) - \alpha & ((v, u) \in P \cap E_x^{\mathrm{b}}), \\ x(u, v) & (\text{それ以外}). \end{cases}$$

ステップ 1 に戻る．

注意 5.11 逐次最短路アルゴリズムは，枝の費用が負の値をとる場合にも適用可能である．その場合は，総流量が 0 である最小費用フロー x と，各枝 e の簡約費用 $k_x^p(e)$ を非負とするようなポテンシャル p をステップ 0 において選ぶ必要が

[*7] 最小費用流問題の入力サイズとは，頂点数と枝数のことである．枝容量，枝費用や総流量が有理数の場合は，これらの数値のビット長を考慮することもある．

ある(命題5.14と定理5.15を参照).しかし,そのようなフローとポテンシャルを求めることは一般には容易でなく,(最悪の場合には)元の最小費用フロー問題を解くのと同程度の手間が必要となる.∎

注意 5.12 上記のアルゴリズムでは,フロー x に加えてポテンシャル p を各反復で保持しているが,最小費用フローを求める際にはポテンシャルは必ずしも必要ではなく,アルゴリズムの正当性を証明するために使われる.実際,枝長を $k_x^p(e)$ とおいたときの s から t への最短路は,枝長を $k_x(e)$ とおいたときの s から t への最短路に等しいので,ポテンシャルを削除してもアルゴリズムは同様に動く.ただし,ポテンシャルを利用すると,各反復の開始時において各枝の簡約費用が非負になる(命題5.14参照)ので,最短路の計算の際に,高速な解法であるダイクストラ法が使えるという大きな利点がある.∎

まず,逐次最短路アルゴリズムの反復回数について,次の命題が成り立つ.証明は,最大流問題の増加路アルゴリズムの反復回数に関する命題(定理4.12)と同様である.

命題 5.13 最小費用流問題において枝容量 $c(e)$ ($e \in E$) および総流量 f がすべて整数の場合,逐次最短路アルゴリズムは高々 f 回の反復で終了する.

次に,アルゴリズムの出力がたしかに最小費用のフローとなることを示そう.

命題 5.14 アルゴリズムの各反復の開始時において,残余ネットワークの各枝 e の簡約費用 $k_x^p(e)$ は非負である.
(証明) 反復回数に関する帰納法により証明する.まず,最初の反復の開始時には,$x = \mathbf{0}$ なので $E_x = E$ および $k_x(e) = k(e)$ ($e \in E_x$) が成り立つ.また,$p = \mathbf{0}$ であるから,任意の $(u,v) \in E_x$ に対して

$$k_x^p(u,v) = k_x(u,v) - p(u) + p(v) = k(u,v) \geq 0$$

が成り立つ.

次に,ある反復の開始時のフロー x とポテンシャル p に対して

$$k_x^p(u,v) = k_x(u,v) - p(u) + p(v) \geq 0 \quad ((u,v) \in E_x) \tag{5.9}$$

が成り立つと仮定し,その反復のステップ2終了後のフロー $\tilde{x}$ とポテンシャル $\tilde{p}$

に関しても，各 $(u,v) \in E_{\tilde{x}}$ に対して $k_{\tilde{x}}^{\tilde{p}}(u,v) \geq 0$ が成り立つことを証明する．なお，ステップ 2 において得られた最短路長 $(d(v) \mid v \in V)$ に対し，$\tilde{p} = p - d$ である．

まず，$(u,v) \in E_{\tilde{x}} \cap E_x$ について考える．命題 2.6 より

$$d(v) - d(u) \leq k_x^p(u,v) \tag{5.10}$$

が成り立つ．式 (5.9) と式 (5.10) より，

$$k_{\tilde{x}}^{\tilde{p}}(u,v) = k_x^{\tilde{p}}(u,v) = k_x^p(u,v) + d(u) - d(v) \geq 0$$

が得られる．

次に，$(u,v) \in E_{\tilde{x}} \setminus E_x$ について考える．このときは，(u,v) の逆向き枝 (v,u) はステップ 2 で得られた s から t への最短路 P に含まれる．したがって，$d(u) - d(v) = k_x^p(v,u)$ が成り立つ（2.2 節を参照）．よって，

$$k_{\tilde{x}}^{\tilde{p}}(u,v) = k_{\tilde{x}}^p(u,v) + d(u) - d(v) = -k_x^p(v,u) + d(u) - d(v) = 0$$

が得られる． ∎

上の命題と定理 5.5 より，逐次最短路アルゴリズムの正当性が導かれる．

定理 5.15 逐次最短路アルゴリズムの各反復の開始時において，フロー x は総流量が $\partial x(s)$ である最小費用流問題における最小費用フローである．とくに，アルゴリズムの終了時には，元の問題における最小費用フローが得られる．

注意 5.16 最大重みマッチング問題に対するハンガリー法（3.4.2 項参照）は，最大重みマッチング問題を最小費用流問題とみなして（5.1.3 項参照）逐次最短路アルゴリズムを適用したものと一致する． ∎

注意 5.17 最大流問題と同様に，最小費用流問題にもまた数多くの高速なアルゴリズムが提案されている（注意 4.15 参照）．高速なアルゴリズムの説明は省略するので，興味のある読者は，Ahuja ら[1]，藤重[10]，繁野[49]などの文献を参照されたい． ∎

5.4　最小費用流問題の双対問題

本節では，最小費用流問題の双対問題がポテンシャルに関する最適化問題とし

て定式化できることを示すとともに，双対問題の最適性条件とアルゴリズムを説明する．

5.4.1 定式化

複数の供給点と複数の需要点をもつ最小費用流問題 (5.4) を考える (5.1.2 項参照)．この問題は線形計画問題であり，その双対問題は $s \in \mathbb{R}^E$ と $p \in \mathbb{R}^V$ を変数とする次のような問題になる：

$$\text{最大化} \quad \sum_{u \in V} b(u)p(u) - \sum_{(u,v) \in E} c(u,v)s(u,v)$$
$$\text{制約条件} \quad p(u) - p(v) - s(u,v) \leq k(u,v) \quad ((u,v) \in E),$$
$$s(u,v) \geq 0 \quad ((u,v) \in E).$$

ここで $c(u,v) \geq 0$ より，最適解 (s,p) に対して

$$s(u,v) = \max\{0,\ p(u) - p(v) - k(u,v)\} \quad ((u,v) \in E)$$

が成り立つと仮定してよい．したがって，変数 s は消去できて，上記の問題は次のように書き換えられる：

$$\text{最大化} \quad g(p) \qquad \text{制約条件} \quad p \in \mathbb{R}^V. \tag{5.11}$$

ここで，目的関数 $g : \mathbb{R}^V \to \mathbb{R}$ は

$$g(p) = \sum_{u \in V} b(u)p(u) + \sum_{(u,v) \in E} c(u,v) \min\{0, -p(u) + p(v) + k(u,v)\} \tag{5.12}$$

により与えられる．この問題 (5.11) はポテンシャル p に関する最適化問題であるが，以下ではこれを最小費用流問題の双対問題と呼ぶ．

5.4.2 最適性条件

問題 (5.11) に対する最適性条件を示そう．目的関数 g の変化率に対応するものとして，ポテンシャル $p \in \mathbb{R}^V$ および部分集合 $S \subseteq V$ に対して

$$I(p,S) = \lim_{\varepsilon \to +0} \frac{g(p + \varepsilon e_S) - g(p)}{\varepsilon}$$

と定義する (e_S は S の特性ベクトル)．このとき，十分小さい正数 ε に対して

$$I(p,S) = \frac{g(p + \varepsilon e_S) - g(p)}{\varepsilon} \tag{5.13}$$

が成り立つことに注意する．実際，枝の集合 E', E'' を

$$E' = \{(u,v) \in E \mid p(u) - p(v) > k(u,v),\ u \in V \setminus S, v \in S\},$$
$$E'' = \{(u,v) \in E \mid p(u) - p(v) < k(u,v),\ u \in S, v \in V \setminus S\}$$

と定義して，実数 $\bar{\varepsilon}$ を

$$\bar{\varepsilon} = \min\left[\min_{(u,v) \in E'}\{p(u) - p(v) - k(u,v)\},\right.$$
$$\left.\min_{(u,v) \in E''}\{-p(u) + p(v) + k(u,v)\}\right] \quad (5.14)$$

と定めると $\bar{\varepsilon} > 0$ であり，$0 < \varepsilon \leq \bar{\varepsilon}$ の範囲にある任意の $\varepsilon \in \mathbb{R}$ に対して式 (5.13) が成り立つ．

式 (5.13) より，ポテンシャル p が最適ならば，任意の $S \subseteq V$ に対して $I(p, S) \leq 0$ が成り立つ．実は，この逆も正しく，次の定理が成り立つ（証明は 5.4.3 項）．

定理 5.18 問題 (5.11) においてポテンシャル $p \in \mathbb{R}^V$ が最適であるための必要十分条件は，任意の $S \subseteq V$ に対して $I(p, S) \leq 0$ が成り立つことである．

なお，式 (5.12) を用いて計算すると，$I(p, S)$ は

$$I(p, S) = \sum_{v \in S} b(v) + \sum_{(u,v) \in E'} c(u,v) - \sum_{(u,v) \in E'''} c(u,v) \quad (5.15)$$

と表される．ここで

$$E''' = \{(u,v) \in E \mid p(u) - p(v) \geq k(u,v),\ u \in S, v \in V \setminus S\}$$

である．

5.4.3 最適性定理の証明

まず最初に，式 (5.12) の関数 g は，任意の $p \in \mathbb{R}^V$ と $\lambda \in \mathbb{R}$ に対して

$$g(p + \lambda \mathbf{1}) = g(p) \quad (5.16)$$

を満たすことに注意する．ここで，$\mathbf{1} = (1, 1, \ldots, 1)$ である．実際，式 (5.12) において p を $p + \lambda \mathbf{1}$ に置き換えたとき，式 (5.12) の右辺の第 1 項については $\sum_{u \in V} b(u) = 0$ より

$$\sum_{u \in V} b(u)(p(u) + \lambda) = \sum_{u \in V} b(u)p(u)$$

であり，右辺の第 2 項の値は変数の差 $p(u) - p(v)$ により決まるので不変である．

一変数関数 $\varphi : \mathbb{R} \to \mathbb{R}$ は，任意の $t_1, t_2 \in \mathbb{R}$ と $0 \leq \lambda \leq 1$ である任意の $\lambda \in \mathbb{R}$ に対して

$$\lambda \varphi(t_1) + (1 - \lambda) \varphi(t_2) \leq \varphi(\lambda t_1 + (1 - \lambda) t_2) \tag{5.17}$$

を満たすとき，凹関数[*8)]と呼ばれる．このとき，$t_1 < t_2$ を満たす任意の $t_1, t_2 \in \mathbb{R}$ と $0 \leq \varepsilon \leq t_2 - t_1$ を満たす任意の $\varepsilon \in \mathbb{R}$ に対して

$$\varphi(t_1 + \varepsilon) + \varphi(t_2 - \varepsilon) \geq \varphi(t_1) + \varphi(t_2) \tag{5.18}$$

が成り立つ．各 $(u, v) \in E$ に対して

$$\varphi_{uv}(t) = c(u, v) \min\{0, t + k(u, v)\} \quad (t \in \mathbb{R})$$

とおくと，$c(u, v) \geq 0$ なので関数 φ_{uv} は凹関数であり，

$$g(p) = \sum_{u \in V} b(u) p(u) + \sum_{(u,v) \in E} \varphi_{uv}(-p(u) + p(v)) \tag{5.19}$$

と書ける．

定理 5.18 の証明：必要性についてはすでに述べた．十分性を証明するために，以下ではポテンシャル p が最適でないと仮定し，ある $S \subseteq V$ に対して $I(p, S) > 0$ が成り立つことを示す．

問題 (5.11) の最適解を p_* とする．式 (5.16) より，$p_* \geq p$ と仮定してよい．このような最適解の中で，$\beta = \max_{u \in V}\{p_*(u) - p(u)\}$ を最小にする p_* をとると，$\min_{u \in V}\{p_*(u) - p(u)\} = 0$ が成り立つ．ここで，$S = \{v \in V \mid p_*(v) - p(v) = \beta\}$ とおくと，$p_* \neq p$ なので $S \neq V$ である．以下で示すように，この S と十分小さい任意の正数 ε に対して

$$g(p + \varepsilon e_S) + g(p_* - \varepsilon e_S) \geq g(p) + g(p_*) \tag{5.20}$$

が成り立つ．また，ポテンシャル p_* の最適性より $g(p_*) \geq g(p_* - \varepsilon e_S)$ が成り立つが，p_* の決め方より $g(p_*) > g(p_* - \varepsilon e_S)$ が得られる．これと不等式 (5.20) より，

[*8)] 凹関数を上に凸な関数ということもある．

5.4 最小費用流問題の双対問題　　79

$g(p + \varepsilon e_S) - g(p) > 0$ が成り立つので，式 (5.13) より所望の不等式 $I(p, S) > 0$ が得られる．

以下，不等式 (5.20) を証明する．式 (5.19) より

$$g(p + \varepsilon e_S) + g(p_* - \varepsilon e_S) - g(p) - g(p_*)$$
$$= \sum_{(u,v) \in E(S, V \setminus S)} [\varphi_{uv}(-p(u) - \varepsilon + p(v)) + \varphi_{uv}(-p_*(u) + \varepsilon + p_*(v))$$
$$- \varphi_{uv}(-p(u) + p(v)) - \varphi_{uv}(-p_*(u) + p_*(v))]$$
$$+ \sum_{(u,v) \in E(V \setminus S, S)} [\varphi_{uv}(-p(u) + p(v) + \varepsilon) + \varphi_{uv}(-p_*(u) + p_*(v) - \varepsilon)$$
$$- \varphi_{uv}(-p(u) + p(v)) - \varphi_{uv}(-p_*(u) + p_*(v))] \quad (5.21)$$

が成り立つ（$E(S, V \setminus S)$ および $E(V \setminus S, S)$ の定義は式 (4.6) を参照）．また，集合 S の定義より，任意の $(u, v) \in E(S, V \setminus S)$ に対して $\beta = p_*(u) - p(u) > p_*(v) - p(v)$ が成り立つので，$-p_*(u) + p_*(v) < -p(u) + p(v)$ である．したがって，不等式 (5.18) を $\varphi = \varphi_{uv}$ に適用すると，$0 \le \varepsilon \le \beta - (p_*(v) - p(v))$ を満たす ε に対して

$$\varphi_{uv}(-p(u) - \varepsilon + p(v)) + \varphi_{uv}(-p_*(u) + \varepsilon + p_*(v))$$
$$- \varphi_{uv}(-p(u) + p(v)) - \varphi_{uv}(-p_*(u) + p_*(v)) \ge 0$$

が成り立つ．同様にして，各 $(u, v) \in E(V \setminus S, S)$ に対して

$$\varphi_{uv}(-p(u) + p(v) + \varepsilon) + \varphi_{uv}(-p_*(u) + p_*(v) - \varepsilon)$$
$$- \varphi_{uv}(-p(u) + p(v)) - \varphi_{uv}(-p_*(u) + p_*(v)) \ge 0$$

を示すことができる．これらの不等式と式 (5.21) より，不等式 (5.20) が得られる．

5.4.4　ハッシンのアルゴリズム

最小費用流問題の双対問題に対し，最適性条件（定理 5.18）に基づいたハッシン (Hassin) のアルゴリズム[*9)]を説明する．

ステップ 0： ポテンシャルの初期値を $p := \mathbf{0}$ とおく．
ステップ 1： $I(p, S) \le 0\ (\forall S \subseteq V)$ ならば，現在のポテンシャル p を出力し，終了する．

[*9)] カット消去アルゴリズムと呼ばれることもある．

ステップ2：$I(p,S) > 0$ を満たす $S \subseteq V$ を求め，ポテンシャル p を $p := p + \bar{\varepsilon} e_S$ により更新する（$\bar{\varepsilon}$ の定義は式 (5.14) 参照）．ステップ1に戻る．

このアルゴリズムにはステップ2における S の選び方に自由度があるが，本書では $I(p,S)$ を最大化する S（の中で極小なもの）を用いることとし，これをハッシンのアルゴリズムと呼ぶ．$I(p,S)$ を最大化する S を求める問題は，あるグラフの最小 s-t カット問題に帰着できるので，効率的に解くことができる．

命題 5.19 ハッシンのアルゴリズムは有限回の反復で終了する[*10]．

（証明）証明の概略のみ示す．まず，$I(p,S)$ は式 (5.15) のように $b(v)$ と $c(u,v)$ の和や差で表現されているので，有限個の値しかとらないことに注意する．次に，第 k 回目の反復の開始時におけるポテンシャルを p_k とし，ステップ2で得られた S を S_k とすると，値 $I(p_k, S_k)$ は k に関して単調減少（非増加）であることが示される．さらに，$I(p_k, S_k) = I(p_{k+1}, S_{k+1})$ が成り立つときには，$S_k \subsetneq S_{k+1}$ が成り立つ．以上のことから，このアルゴリズムが有限回の反復で終了することがわかる． ∎

5.4.5 最適ポテンシャルの整数性

前項で示したハッシンのアルゴリズムから，最適ポテンシャルの整数性が得られる．

定理 5.20 最小費用流問題の双対問題において費用の値 $k(e)$ ($e \in E$) がすべて整数ならば，整数値の最適ポテンシャルが存在する．

（証明）命題 5.19 より，ハッシンのアルゴリズムは有限回の反復の後に最適解を出力する．したがって，アルゴリズムの各反復でポテンシャル p が整数値をとることを示せば十分である．まず，アルゴリズムの開始時には $p = \mathbf{0}$ である．また，各反復の開始の時点でポテンシャル p の各成分が整数値をとるならば，$k(e)$ が整数値なので，ステップ2における $\bar{\varepsilon}$ の値が整数値となる．したがって，次の反復の開始時にも p は整数ベクトルである．以上より，最適ポテンシャルの整数性が証明された． ∎

[*10] この命題では，問題の入力に関する整数性の仮定を必要としないことに注意する．

5.5 最小費用流問題の一般化

これまで扱ってきた最小費用流問題では，目的関数がフロー x に関する線形関数であった．本節では，これを一般化して，目的関数が凸関数の和の形で与えられる場合を考える．この一般化された最小費用流問題に対して，5.2 節で示した様々な性質と 5.3 節で示したアルゴリズムが自然な形で拡張できることを説明する．以下では，説明を簡単にするために整数値フローに関する問題を扱う．

5.5.1 定 式 化

グラフ $G = (V, E)$ と，各枝のフローの費用を与える離散凸関数 $\varphi_e : \mathbb{Z} \to \mathbb{R} \cup \{+\infty\}$ $(e \in E)$ が与えられているとする．なお，一変数関数 φ_e が離散凸関数であることの定義は，関数の定義域 $D = \{t \mid \varphi_e(t) < +\infty\}$ がある（有界または非有界の）区間（に含まれる整数点全体の集合）であって，条件

$$\varphi_e(t-1) + \varphi_e(t+1) \geq 2\varphi_e(t) \quad (\forall t \in D) \tag{5.22}$$

を満たすこととする．さらに，非負整数値の総流量 $f \in \mathbb{Z}$ が与えられたとして，次の問題を考える：

$$\begin{aligned}
&\text{最小化} && \sum_{e \in E} \varphi_e(x(e)) \\
&\text{制約条件} && \partial x(u) = 0 \quad (\forall u \in V \setminus \{s, t\}), \\
&&& \partial x(s) = +f, \quad \partial x(t) = -f, \\
&&& x \in \mathbb{Z}^E.
\end{aligned} \tag{5.23}$$

この問題を**最小凸費用流問題**と呼ぶ．各枝のフローの上下限制約が，費用関数 φ_e の定義域によって暗に表現されていることに注意したい．本節では，フロー x が問題 (5.23) の制約条件を満たし，かつフローの費用 $\sum_{e \in E} \varphi_e(x(e))$ が有限値のとき，x を許容フローと呼ぶ．

上記の最小凸費用流問題は，5.1.1 項の最小費用流問題を特殊ケースとして含んでいる．実際，問題 (5.23) において関数 φ_e を

$$\varphi_e(t) = \begin{cases} k(e)t & (0 \leq t \leq c(e)), \\ +\infty & (\text{それ以外}) \end{cases}$$

と定めると，5.1.1 項の最小費用流問題に一致する．

5.5.2 最適性条件とアルゴリズム

最小凸費用流問題に対して，5.2 節と同様に残余ネットワークを適切に定義すると，最小費用フローの特徴づけを与えることができる．

許容フロー $x \in \mathbb{Z}^E$ が与えられたとき，x に関する残余ネットワークは，頂点集合を V，枝集合を E_x とする有向グラフ $G_x = (V, E_x)$ であり，枝集合 E_x は以下のように定義される：

$$E_x = E_x^{\mathrm{f}} \cup E_x^{\mathrm{b}},$$
$$E_x^{\mathrm{f}} = \{(u,v) \mid (u,v) \in E,\ \varphi_e(x(u,v)+1) < +\infty\},$$
$$E_x^{\mathrm{b}} = \{(v,u) \mid (u,v) \in E,\ \varphi_e(x(u,v)-1) < +\infty\}.$$

また，各枝の費用 $k_x(e)$ は

$$k_x(u,v) = \varphi_e(x(u,v)+1) - \varphi_e(x(u,v)) \quad ((u,v) \in E_x^{\mathrm{f}}),$$
$$k_x(v,u) = \varphi_e(x(u,v)-1) - \varphi_e(x(u,v)) \quad ((v,u) \in E_x^{\mathrm{b}})$$

と定める．

許容フロー x に関する残余ネットワーク G_x に負閉路 C が存在するとき，$y = e_C$ (e_C は C の特性ベクトル) とおき，式 (4.13) によって x を更新すると，より費用の小さい新たな許容フロー $x' \in \mathbb{Z}^E$ を得ることができる．したがって，x が最小費用フローならば，残余ネットワーク G_x に負閉路は存在しない．

この逆の主張についても，命題 5.3 と同様にして証明することができ，次の定理を得る．

定理 5.21 最小凸費用流問題の許容フロー $x \in \mathbb{Z}^E$ が最小費用フローであるための必要十分条件は，x に関する残余ネットワーク G_x が負閉路をもたないことである．

この定理に基づき，最小凸費用流問題に対しても 5.3.1 項の負閉路消去アルゴリズムを自然な形で拡張することができる．とくに，各枝の費用関数 φ_e の定義域が有界ならば，負閉路消去アルゴリズムが有限回の反復で最小費用フローを求めることを示すことができる．

5.6 最小費用流問題の双対問題の一般化

5.4 節の最小費用流問題の双対問題 (5.11) では,目的関数が凹関数の和で書けることを説明した.この事実に基づき,本節では問題 (5.11) を一般化した問題を考える.この一般化された問題に対して,5.4.2 項と 5.4.4 項で示した最適性条件とアルゴリズムが自然な形で拡張できることを説明する.以下では,説明を簡単にするために整数値ポテンシャルに関する問題を扱う.

5.6.1 定 式 化

グラフ $G = (V, E)$ と,$\sum_{u \in V} b(u) = 0$ を満たすベクトル $b \in \mathbb{R}^V$,および各枝 $(u, v) \in E$ に対応する離散凸関数 $\psi_{uv} : \mathbb{Z} \to \mathbb{R} \cup \{+\infty\}$ が与えられたとき,次の問題を考える[*11]:

$$\text{最小化} \quad -\sum_{u \in V} b(u)p(u) + \sum_{(u,v) \in E} \psi_{uv}(-p(u) + p(v)) \tag{5.24}$$
$$\text{制約条件} \quad p \in \mathbb{Z}^V.$$

この問題を**最小凸費用テンション問題**と呼ぶ[*12].各枝 (u, v) でのポテンシャルの差 $-p(u) + p(v)$ に対する上下限制約が,関数 ψ_{uv} の定義域によって暗に表現されていることに注意したい.

以下では,最小凸費用テンション問題の目的関数を

$$g(p) = -\sum_{u \in V} b(u)p(u) + \sum_{(u,v) \in E} \psi_{uv}(-p(u) + p(v)) \tag{5.25}$$

とおく.本節では,目的関数値 $g(p)$ が有限値のとき,p を許容ポテンシャルと呼ぶ.

最小凸費用テンション問題 (5.24) は,最小費用流問題の双対問題 (5.11) を特殊ケースとして含んでいる.実際,問題 (5.24) において関数 ψ_{uv} を

$$\psi_{uv}(t) = -c(u,v) \min\{0, t + k(u,v)\} \quad (t \in \mathbb{Z})$$

[*11] 離散凸関数の定義は 5.5.1 項の式 (5.22) を参照.
[*12] ポテンシャルの差で表されるベクトル $(-p(u) + p(v) \mid (u, v) \in E)$ はテンションと呼ばれる.

と選び，目的関数の符号を反転して最大化問題に書き換えると，問題 (5.11) に一致する．

5.6.2 最適性条件とアルゴリズム

許容ポテンシャル $p \in \mathbb{Z}^V$ および部分集合 $S \subseteq V$ に対して

$$I(p, S) = g(p + e_S) - g(p) \tag{5.26}$$

とおく．この値は次のように具体的に書くこともできる：

$$I(p,S) = -\sum_{v \in S} b(v) + \sum_{(u,v) \in E(S, V \setminus S)} [\psi_{uv}(-p(u) - 1 + p(v)) - \psi_{uv}(-p(u) + p(v))]$$
$$+ \sum_{(u,v) \in E(V \setminus S, S)} [\psi_{uv}(-p(u) + p(v) + 1) - \psi_{uv}(-p(u) + p(v))].$$

$I(p, S) < 0$ のとき，その定義より $g(p + e_S) < g(p)$ なので，目的関数値のより小さいポテンシャル $p' = p + e_S$ がある．したがって，p が最適ポテンシャルならば，任意の $S \subseteq V$ に対して $I(p, S) \geq 0$ が成り立つ．この逆の主張についても，定理 5.18 と同様にして証明することができる．

定理 5.22 最小凸費用テンション問題においてポテンシャル $p \in \mathbb{Z}^V$ が最適であるための必要十分条件は，任意の $S \subseteq V$ に対して $I(p, S) \geq 0$ が成り立つことである．

この定理に基づき，最小凸費用テンション問題に対しても 5.4.4 項のハッシンのアルゴリズムを自然な形で拡張することができる．とくに，各枝の費用関数 ψ_{uv} の定義域が有界ならば，ハッシンのアルゴリズムの拡張が有限回の反復で最適ポテンシャルを求めることを示すことができる．

5.7 章末ノート：離散凸解析への展望

5.1.2 項では複数の供給点と需要点をもつ最小費用流問題を考えたが，フローの最小費用で定義される関数は M 凸性をもつ（第 9 章参照）．また，5.4 節で扱った双対問題の目的関数 (5.12) は L 凹関数であり，5.6 節で扱った最小凸費用テンション問題の目的関数 (5.25) は L 凸関数である（第 9 章参照）．

5.7 章末ノート：離散凸解析への展望

最小費用流問題とその双対問題は，5.5 節と 5.6 節において最小凸費用流問題と最小凸費用テンション問題へと一般化されたが，この一般化においてもある種の双対性が成り立つ．このことは第 10 章において M 凸関数と L 凸関数の双対性（共役性）として，より一般的な形で示される．

定理 5.4 では，残余ネットワークにおいて負閉路が存在しないという性質によりフローの最適性が特徴づけられたが，これは局所的な最適性による大域的最適性の特徴づけと見ることができる．この性質は M 凸関数の和の最小化問題の最適性条件と深い関係をもつ（第 15 章参照）．また，5.4 節で扱った最小費用流問題の双対問題や 5.6 節で扱った最小凸費用テンション問題に対して，定理 5.18 や定理 5.22 では目的関数の導関数に対応するものを用いてポテンシャルの最適性を特徴づけたが，これも局所的な最適性による大域的最適性の特徴づけと見ることができる．この性質は第 10 章において $L^\natural$ 凸関数最小化問題の最適性条件という形に一般化される．

定理 5.5 ではある種のポテンシャルが最小費用フローに対する最適性の証拠となることを示した．このような最適性の証拠の存在は，第 10 章において M 凸関数に関する最適化問題に対して一般化される．

最小費用流問題は実数値フローに関する最適化問題であるが，枝容量が整数値のときは，定理 5.8 により整数値フローに関する最適化問題とみなせる．このような関係は，連続変数の M 凸関数（第 11 章）と整数変数の M 凸関数（第 9 章）の関係に当たる．

最小費用流問題についてより詳しくは文献[1, 7, 10, 16, 23, 46, 48, 49]などを，また最小凸費用テンション問題については文献[16, 46]を参照されたい．

6

資源配分問題

6.1 資源配分問題の定義

　資源配分問題とは，限られた資源（機械，お金，労働力など），および資源の配分先であるいくつかの活動（地域，組織，プロジェクトなど）が与えられたときに，ある基準（経費，損失，満足度，利益など）を最小または最大にする配分を求める問題である．資源配分問題といっても様々な種類が存在するが，本章では，資源が1種類のみで離散的な場合（家や自動車のように分割できない資源）を扱う．
　まず，次の形に定式化される（単純な）資源配分問題 (SRA)[*1)]を考えよう：

$$
\begin{aligned}
\text{(SRA)} \quad &\text{最小化} \quad \sum_{i=1}^{n} f_i(x(i)) \\
&\text{制約条件} \quad \sum_{i=1}^{n} x(i) = r, \\
&\qquad\qquad x(i) \ (i=1,2,\ldots,n) \text{ は非負整数}.
\end{aligned}
$$

ここで，n は配分先である活動の数を表し，r は配分する資源の総数を表す．また，関数 $f_i : \mathbb{Z}_+ \to \mathbb{R}$ は活動 i に配分された資源量 $x(i)$ に対する評価値を表すとし，離散凸関数と仮定する[*2)]．以下では，ベクトル $x \in \mathbb{Z}^n$ に対し

$$f(x) = \sum_{i=1}^{n} f_i(x(i)) \qquad (6.1)$$

とおく．
　単純な資源配分問題 (SRA) の具体例を2つ挙げる．

[*1)] SRA は Simple Resource Allocation を表している．
[*2)] $f_i : \mathbb{Z}_+ \to \mathbb{R}$ が離散凸関数であることの定義は 5.5.1 項の式 (5.22) を参照．なお，$\mathbb{Z}_+$ は非負整数の全体を表す．

6.1 資源配分問題の定義

第1の例として，n 人の子供に r 個のリンゴを配分する問題を考えよう．ただし，リンゴを切り分けることはせず，1個ずつ配るものとする．配分方法には様々な案が考えられるが，ここでは各々の子供が受け取ったリンゴに対する満足度の合計を最大にすることを目的とする．各々の子供 $i = 1, 2, \ldots, n$ の満足度は，自分自身に配分されたリンゴの数 t に応じて実数値 $g_i(t)$ で表されることとする．各 g_i は非負整数から実数への関数である．

ここで，関数 g_i の満たすべき性質について考える．一般に，最初にもらったリンゴの嬉しさに比べると，2個目，3個目のリンゴに対する嬉しさは徐々に減少していくのが自然である[*3]．したがって，関数 g_i の関数値の差分 $g_i(t+1) - g_i(t)$ は非負整数 t に関して単調減少[*4]である．このことは，関数 $f_i = -g_i$ が離散凸関数であることと同値である．このような関数 g_i は**離散凹関数**と呼ばれる．

以上をまとめると，リンゴ配分問題は次のように定式化できる．

$$\begin{aligned}\text{最大化} \quad & \sum_{i=1}^{n} g_i(x(i)) \\ \text{制約条件} \quad & \sum_{i=1}^{n} x(i) = r, \\ & x(i) \ (i = 1, 2, \ldots, n) \text{ は非負整数}.\end{aligned}$$

この問題を，関数 f_i を使って最小化問題として書き直すと，問題 (SRA) に一致することがわかる．

次の例として，国会や都道府県議会などの議員総数を各選挙区に適切に配分する問題を考える．この問題は**議員定数配分問題**と呼ばれ，実際にも重要な問題である．ここでは，n 選挙区に議員総数 r を配分することとする．また，第 i 選挙区 $i = 1, 2, \ldots, n$ の人口を $p(i)$ とする．議員数配分の際には，各地区の議員数 $x(i)$ $(i = 1, 2, \ldots, n)$ が各選挙区の人口に比例することが望ましいとされている．しかし，議員数が離散値であることから，この条件を厳密に満たすことは一般には不可能である．

代わりに，各選挙区での人口1人当りの議員数 $x(i)/p(i)$ と全選挙区での人口1人当りの議員数 $a = r/\sum_{i=1}^{n} p(i)$ の差の二乗和を考え，これを最小にする配分

[*3] この性質は，経済学では限界効用逓減の法則と呼ばれる．
[*4] $g_i(t+1) - g_i(t)$ が t に関して単調減少とは，任意の非負整数 t に対して $g_i(t+1) - g_i(t) \geq g_i(t+2) - g_i(t+1)$ が成り立つことを意味する．この不等式には等号が含まれるので，厳密には「単調非増加」と書くべきであるが，わかりやすさのために本書では「単調減少」とする．

$x(i)$ $(i = 1, 2, \ldots, n)$ を求めることにすると，次の問題になる：

$$\text{最小化} \quad \sum_{i=1}^{n} \left(\frac{x(i)}{p(i)} - a \right)^2$$

$$\text{制約条件} \quad \sum_{i=1}^{n} x(i) = r,$$

$$x(i) \ (i = 1, 2, \ldots, n) \text{ は非負整数}.$$

関数 $f_i(x(i)) = (x(i)/p(i) - a)^2$ は離散凸関数なので，この問題は (SRA) の一例となっている．なお，目的関数を絶対値の和 $\sum_{i=1}^{n} |x(i)/p(i) - a|$ に置き換えたり，また各選挙区の人口で重み付けした $\sum_{i=1}^{n} p(i)(x(i)/p(i) - a)^2$ に置き換えても，一変数離散凸関数の和の形になっているので，依然として (SRA) の枠組に含まれる．

本章では，6.2 節において単純な資源配分問題 (SRA) のアルゴリズムを説明し，6.3 節では (SRA) に付加的な制約の付いた問題に対するアルゴリズムを説明する．

6.2 単純な資源配分問題のアルゴリズム

本節では，単純な資源配分問題 (SRA) に対する貪欲アルゴリズムと，その高速化手法について説明する．以下では $N = \{1, 2, \ldots, n\}$ とおく．また，第 i 軸方向の単位ベクトルを e_i と表す．たとえば，$i = 1$ なら $e_i = (1, 0, \ldots, 0)$ である．便宜上，$i = 0$ のときには $e_i = (0, 0, \ldots, 0)$ と約束する．

6.2.1 貪欲アルゴリズム

各 $i \in N$ および非負整数 t に対し，

$$d_i(t) = f_i(t+1) - f_i(t) \tag{6.2}$$

とおく．関数 f_i は離散凸関数と仮定しているので，$d_i(t)$ は t に関して単調増加[*5)]である．

[*5)] $d_i(t)$ が t に関して単調増加とは，任意の非負整数 t に対して $d_i(t) \leq d_i(t+1)$ が成り立つことを意味する．この不等式には等号が含まれるので，厳密には「単調非減少」と書くべきであるが，わかりやすさのために本書では「単調増加」とする．

配分を表すベクトル $x = (x(1), \ldots, x(n))$ に対し，活動 i の資源配分量を $x(i)$ から 1 だけ増やして $x(i) + 1$ とした場合の目的関数値 $f(x)$ の変化量が $d_i(x(i))$ である[*6]．したがって，最適な資源配分を求めるためには，$d_i(x(i))$ が最小の活動 $i = i_* \in N$ を選んで，その配分量を 1 増やすことを繰り返していけば（直観的には）よさそうである．

[単純な資源配分問題に対する貪欲アルゴリズム]
ステップ 0：初期解を $x := \mathbf{0}$ とする．
ステップ 1：$\sum_{i=1}^n x(i) = r$ ならば x を出力して終了．
ステップ 2：$d_i(x(i))$ を最小にする $i = i_* \in N$ を選び，$x := x + e_{i_*}$ とおき，ステップ 1 に戻る．

このアルゴリズムの反復回数は明らかに r である．各反復では $i_* \in N$ を選ぶ必要があるが，これは単純に考えても n に比例する時間で実行可能であり，さらに，ヒープというデータ構造を使うと，より高速に $\log n$ に比例する時間で実現可能である[15]．

貪欲アルゴリズムにより最適配分が求められることを証明するために，(SRA) の最適性条件を示す．

定理 6.1 (SRA) の許容解 x が最適解であるための必要十分条件は，ある実数 λ が存在して，次の条件を満たすことである：

(i) 任意の $i \in N$ に対して $d_i(x(i)) \geq \lambda$,

(ii) $x(j) > 0$ を満たす任意の $j \in N$ に対して $d_j(x(j) - 1) \leq \lambda$.

(証明) まず，必要性を示すために，(i) および (ii) を満たす実数 λ が存在しないと仮定し，許容解 x が最適でないことを証明する．このとき，ある $i \in N$ と $x(j) > 0$ を満たす $j \in N$ が存在して，$d_i(x(i)) < d_j(x(j) - 1)$ が成り立つ．ここで，$x' = x + e_i - e_j$ という新たなベクトルを考えると，これは (SRA) の許容解であり，かつ

$$f(x') - f(x) = [f_i(x'(i)) - f_i(x(i))] + [f_j(x'(j)) - f_j(x(j))]$$
$$= d_i(x(i)) - d_j(x(j) - 1) < 0 \qquad (6.3)$$

[*6] 関数 f の定義は式 (6.1) を参照.

が成り立つ．よって，x は (SRA) の最適解ではない．

次に十分性を示す．任意の許容解 y に対して $f(y) \geq f(x)$ が成り立つことを，$\Phi(y) = \sum_{i=1}^{n} |y(i) - x(i)|$ の値に関する帰納法で証明する．$\Phi(y) = 0$ のときは $y = x$ となるので，以下では $\Phi(y) > 0$ を仮定し，証明を行う．

$\sum_{i=1}^{n} x(i) = \sum_{i=1}^{n} y(i) = r$ および $x \neq y$ が成り立つので，ある相異なる $i, j \in N$ が存在して $x(i) < y(i)$ および $x(j) > y(j)$ を満たす．ベクトル $y' \in \mathbb{Z}^n$ を $y' = y - e_i + e_j$ により定めると，y' は (SRA) の許容解である．また，$\Phi(y') = \Phi(y) - 2$ が成り立つので，帰納法の仮定より $f(y') \geq f(x)$ が導かれる．さらに，式 (6.3) と同様にして

$$f(y) - f(y') = d_i(y'(i)) - d_j(y'(j) - 1)$$

が得られるが，f_i と f_j の離散凸性と不等式 $y'(i) \geq x(i), y'(j) \leq x(j)$ より

$$d_i(y'(i)) - d_j(y'(j) - 1) \geq d_i(x(i)) - d_j(x(j) - 1) \geq \lambda - \lambda = 0$$

が成り立つ．なお，最後の不等式では条件 (i) と (ii) を使っている．以上より，$f(y) \geq f(y') \geq f(x)$ が得られる．∎

上の定理より，貪欲アルゴリズムによって (SRA) の最適解が得られることがわかる．実際，アルゴリズム終了直前の反復で選んだ $i_* \in N$ に対し，$\lambda = d_{i_*}(x(i_*))$ とおくと，各関数 f_i が離散凸関数であることを使って，定理 6.1 の条件 (i), (ii) が成り立つことを示すことができる．

6.2.2 貪欲アルゴリズムの高速化

貪欲アルゴリズムの反復回数は r であるが，この値 r は資源の総量で，一般に大きい値なので，計算時間が大きくなってしまう．貪欲アルゴリズムの計算時間を削減するには様々な方法が提案されているが，ここでは問題 (SRA) の特殊性を生かした方法を説明する．

$n \times r$ 個の実数 $d_i(t)$ ($i \in N$, $0 \leq t \leq r - 1$) の集合を D とおくと，貪欲アルゴリズムの動きは，D の中から小さい順に r 個の要素を選ぶことに相当する．したがって，集合 D の中で r 番目に小さい要素を見つけさえすれば，その値を λ として，定理 6.1 の条件 (i), (ii) から (SRA) の最適解を容易に定めることができる．

集合 D の中で r 番目に小さい要素を求める際には，よく知られた線形時間のア

ルゴリズムを使うことが可能であるが,集合 D の大きさ nr に比例した時間が必要となり,あまり効率が良くない.ここで,各 f_i が離散凸関数であることから,各 i に対して $d_i(t)$ $(t=0,1,\ldots,r-1)$ が単調増加数列を成すという事実を使うと計算時間の削減が可能となり,$n + n\log(r/n)$ に比例する時間で計算することができる[15].

貪欲アルゴリズムを高速化するための手法としては,他にはスケーリングや連続緩和の手法がある.これらの適用については第 14 章において詳しく述べる.

6.3 劣モジュラ制約付き資源配分問題

本節では,(SRA) に付加的な制約を加えた問題に対するアルゴリズムについて説明する.以下ではベクトル $x \in \mathbb{Z}^n$ と集合 $S \subseteq N$ に対して $x(S) = \sum_{i \in S} x(i)$ とおく.

6.3.1 様々な制約

単純な資源配分問題 (SRA) に対して以下のような付加的な制約を考える.

- 上界制約:非負ベクトル $u \in \mathbb{Z}^n$ が与えられたとき,$x(i) \leq u(i)$ $(\forall i \in N)$ のように記述される制約
- 一般上界制約:N の分割を成す m 個の非空な集合 $X_1, X_2, \ldots, X_m$ (つまり,$\bigcup_{j=1}^m X_j = N$ かつ相異なる j, j' に対して $X_j \cap X_{j'} = \emptyset$) および非負整数 u_j $(j = 1, 2, \ldots, m)$ が与えられたとき,

$$x(X_j) \leq u_j \quad (j = 1, 2, \ldots, m) \tag{6.4}$$

のように記述される制約

- 入れ子制約:$\emptyset \neq X_1 \subsetneq X_2 \subsetneq \cdots \subsetneq X_m \subseteq N$ を満たす m 個の集合 $X_1, X_2, \ldots, X_m$ および非負整数 u_j $(j = 1, 2, \ldots, m)$ が与えられたとき,式 (6.4) のように記述される制約
- 木制約:N の部分集合から成る集合族 $\mathcal{F}$ は,任意の $X, Y \in \mathcal{F}$ に対して $X \subseteq Y$,$X \supseteq Y$,または $X \cap Y = \emptyset$ を満たすとき,層族と呼ばれる.層族 $\{X_1, X_2, \ldots, X_m\}$ および非負整数 u_j $(j = 1, 2, \ldots, m)$ が与えられたとき,式 (6.4) のように記述される制約

本節では,これらの制約の共通の一般化である劣モジュラ制約を扱う.集合 N の部分集合をすべて集めた集合族を 2^N と書く.2^N 上で定義される関数 $\rho: 2^N \to \mathbb{Z}$ は,次の条件を満たすとき劣モジュラ関数と呼ばれる:

$$\rho(X) + \rho(Y) \geq \rho(X \cap Y) + \rho(X \cup Y) \quad (X, Y \in 2^N). \tag{6.5}$$

式 (6.5) は劣モジュラ不等式と呼ばれる.また,$X \subseteq Y$ を満たす任意の $X, Y \in 2^N$ に対して不等式 $\rho(X) \leq \rho(Y)$ が成り立つとき,関数 ρ は単調増加であるという.劣モジュラ制約とは,$\rho(\emptyset) = 0$ を満たし,かつ非負整数値をとる単調増加な劣モジュラ関数 ρ に対して

$$x(S) \leq \rho(S) \quad (\forall S \in 2^N)$$

と記述される制約のことである.本節では,単純な資源配分問題 (SRA) に劣モジュラ制約を付加した問題を**一般資源配分問題 (GRA)**[*7)]と呼ぶ.一般性を失うことなく $\rho(N) = r$ と仮定する[*8)].ここで,

$$B(\rho) = \{x \in \mathbb{Z}^n \mid x(Y) \leq \rho(Y) \ (\forall Y \in 2^N),\ x(N) = \rho(N)\} \tag{6.6}$$

とおくと,一般資源配分問題 (GRA) は

$$\text{最小化} \quad \sum_{i=1}^{n} f_i(x(i)) \qquad \text{制約条件} \quad x \in B(\rho) \cap \mathbb{Z}_+^n$$

と書くことができる[*9)].(GRA) の許容解集合 $B(\rho) \cap \mathbb{Z}_+^n$ は,任意の単調増加な劣モジュラ関数に対して非空であることが知られている.

先に述べた 4 種類の制約は,単調増加な劣モジュラ関数 $\rho: 2^N \to \mathbb{Z}_+$ を適切に定めることによって,劣モジュラ制約として表現できる.たとえば,上界制約は

$$\rho(S) = u(S) \quad (S \in 2^N)$$

と定義される劣モジュラ関数 ρ により表現できる.また,一般上界制約は

$$\rho(S) = \sum_{j \in J_S} u_j$$

と定義される劣モジュラ関数 ρ により表現できる.ここで,各 $S \in 2^N$ に対して $J_S = \{j \mid 1 \leq j \leq m,\ S \cap X_j \neq \emptyset\}$ とおいている.

[*7)] GRA は General Resource Allocation を表している.
[*8)] $\rho(N) < r$ の場合は (GRA) は許容解をもたない.また,$\rho(N) > r$ の場合は $\rho(N) = r$ と再定義すればよい.
[*9)] 実は,$B(\rho) \subseteq \mathbb{Z}_+^n$ が成り立つので,(GRA) の制約条件は単に $x \in B(\rho)$ と書ける.

6.3.2 貪欲アルゴリズム

問題 (GRA) は (SRA) より複雑な制約をもつが,これも貪欲アプローチにより解くことができる.制約を定める単調増加な劣モジュラ関数 ρ に対し,

$$P(\rho) = \{x \in \mathbb{Z}^n \mid x \geq \mathbf{0},\ x(Y) \leq \rho(Y)\ (\forall Y \in 2^N)\} \tag{6.7}$$

とおく.

問題 (GRA) の最適解は以下のように特徴づけられる.これは定理 6.1 の一般化となっている.

定理 6.2 (GRA) の許容解 x が最適解であるための必要十分条件は,$x + e_i - e_j$ が許容解であるような任意の $i, j \in N$ に対して,$d_i(x(i)) \geq d_j(x(j) - 1)$ が成り立つことである[*10].

(証明) この定理は後で述べる定理 14.1 の特殊ケースであるので,証明は省略する. ■

一般資源配分問題の貪欲アルゴリズムは以下のように記述される.

[一般資源配分問題に対する貪欲アルゴリズム]
ステップ 0: $x := \mathbf{0}$ とおく.
ステップ 1: $x(N) = r\ (= \rho(N))$ ならば現在の x を出力し,終了する.
ステップ 2: $x + e_i \in P(\rho)$ の条件の下で $d_i(x(i))$ を最小にする $i = i_* \in N$ を選び,$x := x + e_{i_*}$ とおく.ステップ 1 に戻る.

このアルゴリズムは r 回の反復で終了する.各反復では与えられたベクトルが集合 $P(\rho)$ に含まれるか否かの判定を n 回行うが,集合 $P(\rho)$ が一般の劣モジュラ関数 ρ で与えられるときでも,(少々複雑ではあるが) 問題の入力サイズ[*11]に関する多項式時間で判定可能である.また,$P(\rho)$ が (一般) 上界制約,入れ子制約,木制約などで与えられる場合には,より効率的に判定が可能である.

次の命題より,貪欲アルゴリズムの出力が (GRA) の許容解であることがわかる.

命題 6.3 ベクトル $x \in P(\rho)$ に対し,$x + e_i \notin P(\rho)\ (\forall i \in N)$ ならば,$x(N) = \rho(N)$ が成り立つ.

[*10) d_i, d_j の定義は式 (6.2) を参照.
[*11) 一般資源配分問題の入力サイズとは,次元 n および $\log r$ (整数 r のビット長) のことである.

(証明) まず，$Y, Y' \in 2^N$ に対し $x(Y) = \rho(Y)$ および $x(Y') = \rho(Y')$ が成り立つとき，劣モジュラ性から

$$x(Y \cup Y') + x(Y \cap Y') = x(Y) + x(Y') = \rho(Y) + \rho(Y')$$
$$\geq \rho(Y \cup Y') + \rho(Y \cap Y')$$

が成り立つ．これと不等式

$$x(Y \cup Y') \leq \rho(Y \cup Y'), \quad x(Y \cap Y') \leq \rho(Y \cap Y')$$

より，$x(Y \cup Y') = \rho(Y \cup Y')$（および $x(Y \cap Y') = \rho(Y \cap Y')$）が導かれる．この事実を使って $x(N) = \rho(N)$ を証明する．

各 $i \in N$ に対して，$x + e_i \notin P(\rho)$ であることから，$i \in Y_i$ および $x(Y_i) = \rho(Y_i)$ を満たす $Y_i \in 2^N$ が存在する．すると，上記の性質より $\bigcup_{i \in N} Y_i$ に対して等式 $x(\bigcup_{i \in N} Y_i) = \rho(\bigcup_{i \in N} Y_i)$ が成り立つが，ここで $\bigcup_{i \in N} Y_i = N$ であるから $x(N) = \rho(N)$ である． ■

定理 6.4 貪欲アルゴリズムの出力は (GRA) の最適解である．

(証明) アルゴリズムの出力を x_* として，これが定理 6.2 の条件を満たすことを，背理法により示す．ある $h, j \in N$ に対して，$x_* + e_h - e_j$ は許容解であり，かつ $d_h(x_*(h)) < d_j(x_*(j) - 1)$ が成り立つと仮定する．ベクトル x の成分 $x(j)$ が $x_*(j) - 1$ から $x_*(j)$ へと変化した時点の反復を考え，その反復のステップ 2 の直前での x を $\tilde{x}$ とおく．すると，$\tilde{x}(j) = x_*(j) - 1$ および $\tilde{x}(h) \leq x_*(h)$ が成り立つので，関数 f_h の離散凸性より次の不等式が導かれる：

$$d_h(\tilde{x}(h)) \leq d_h(x_*(h)) < d_j(x_*(j) - 1) = d_j(\tilde{x}(j)).$$

また，$\tilde{x} + e_h \leq x_* + e_h - e_j$ より $\tilde{x} + e_h \in P(\rho)$ が成り立つ．よって，$\tilde{x} + e_i \in P(\rho)$ の条件の下で $d_i(\tilde{x}(i))$ を最小にする i は j とは異なることになるが，これは $\tilde{x}$ の選び方に矛盾する． ■

注意 6.5 単調増加な劣モジュラ関数 $\rho : 2^N \to \mathbb{R}$ に対し，

$$\overline{P}(\rho) = \{x \in \mathbb{R}^n \mid x \geq \mathbf{0},\ x(Y) \leq \rho(Y)\ (\forall Y \in 2^N)\} \tag{6.8}$$

と定義される多面体はポリマトロイドと呼ばれ，とくに ρ が整数値関数のときは

整ポリマトロイドと呼ばれる．関数 ρ が整数値の場合，式 (6.7) で定義される集合 $P(\rho)$ との間に $P(\rho) = \overline{P}(\rho) \cap \mathbb{Z}^n$ という関係が成り立つ．また，

$$\overline{B}(\rho) = \{x \in \mathbb{R}^n \mid x(Y) \leq \rho(Y) \ (\forall Y \in 2^N), \ x(N) = \rho(N)\} \quad (6.9)$$

により定義される多面体は基多面体と呼ばれ，とくに ρ が整数値関数のときは整基多面体と呼ばれる．関数 ρ が整数値の場合，式 (6.6) で定義される集合 $B(\rho)$ との間に $B(\rho) = \overline{B}(\rho) \cap \mathbb{Z}^n$ という関係が成り立つ． ∎

6.4 章末ノート：離散凸解析への展望

注意 6.5 に述べたポリマトロイドおよび基多面体は良い組合せ構造をもつ多面体であり，第 9 章に現れる $M^\natural$(エム・ナチュラル) 凸集合や M 凸集合の概念と密接な関係をもつ．本章で扱った資源配分問題はいずれも，第 9 章で扱う M 凸関数の最小化，または $M^\natural$ 凸関数の制約付き最小化と見ることができる．第 14 章で説明するように，M 凸関数や $M^\natural$ 凸関数の最小化問題はいくつかの貪欲アルゴリズムによって効率よく解くことが可能であるが，本章で説明した資源配分問題のアルゴリズムは，そのアルゴリズムを特殊化したものと見ることができる．また，第 12 章で説明する様々な最適化アプローチは資源配分問題に対しても適用可能であり，スケーリングアプローチや連続緩和アプローチの資源配分問題への適用について，14.4.2 項と 14.5.3 項で議論する．

資源配分問題についてより詳しくは文献[11, 15, 21]などを参照されたい．

第 II 部
離散凸解析の概要

7

凸　解　析

　離散凸解析の概要を説明する前に，その理論の基盤となる凸解析の基本事項を説明する．連続最適化における凸性の意義を理解することが目的である．

7.1　凸集合と凸関数

　集合 $S \subseteq \mathbb{R}^n$ が凸集合であることは，S に含まれる任意の 2 点 x, y に対して，x と y を結ぶ線分が S に含まれることと定義される（図 7.1 参照）．式で書けば，S が凸集合とは，S が条件

$$x, y \in S, \ 0 \leq t \leq 1 \implies tx + (1-t)y \in S \tag{7.1}$$

を満たすことである．
　関数 $f : \mathbb{R}^n \to \mathbb{R} \cup \{-\infty, +\infty\}$ に対して，

$$\mathrm{dom}\, f = \{x \in \mathbb{R}^n \mid -\infty < f(x) < +\infty\} \tag{7.2}$$

を f の実効定義域という．関数 $f : \mathbb{R}^n \to \mathbb{R} \cup \{+\infty\}$ は，不等式

$$tf(x) + (1-t)f(y) \geq f(tx + (1-t)y) \tag{7.3}$$

が，任意の $x, y \in \mathrm{dom}\, f$ および $0 \leq t \leq 1$ の範囲の任意の t に対して成り立つときに凸関数と呼ばれる[*1]（図 7.2 参照）．関数 $h : \mathbb{R}^n \to \mathbb{R} \cup \{-\infty\}$ は，その符号を変えた関数 $f = -h$ が凸関数のとき，凹関数であるという．関数が凹であることを，上に凸ということもある．

注意 7.1　凸関数 f の実効定義域 $\mathrm{dom}\, f$ は凸集合である．実際，$x, y \in \mathrm{dom}\, f$

[*1] 本書では，$+\infty \geq +\infty$ の形の不等式は成り立つものとする．なお，$f(x) = +\infty$ はベクトル x が実質的に定義域の外にあることを意味する．

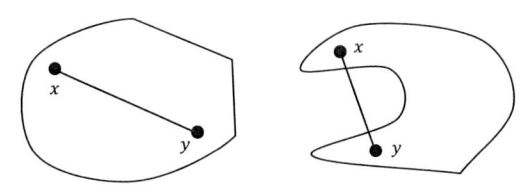

図 **7.1** 凸集合と凸でない集合．左図は凸集合，右図は凸でない集合である．

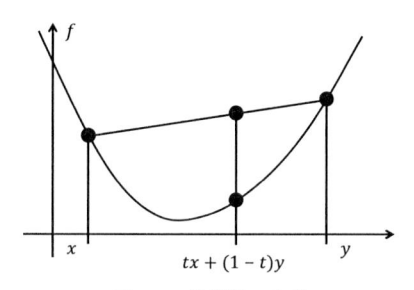

図 **7.2** 凸関数の条件

とすると，式 (7.3) の左辺は有限値 ($< +\infty$) であるから，右辺も有限値であり，$tx + (1-t)y \in \mathrm{dom}\, f$ が導かれる． ∎

注意 7.2 集合 S に対して，関数 $\delta_S : \mathbb{R}^n \to \mathbb{R} \cup \{+\infty\}$ を

$$\delta_S(x) = \begin{cases} 0 & (x \in S), \\ +\infty & (x \notin S) \end{cases} \tag{7.4}$$

と定義し，これを S の標示関数と呼ぶ．このとき，

$$S \text{ が凸集合} \iff \delta_S \text{ が凸関数} \tag{7.5}$$

が成り立つ． ∎

7.2 最小解

点 x が関数 $f : \mathbb{R}^n \to \mathbb{R} \cup \{+\infty\}$ の最小解であるとは，

$$y \in \mathbb{R}^n \implies f(x) \leq f(y) \tag{7.6}$$

が成り立つことをいう（$x \in \mathrm{dom}\, f$ とする）．これに対して，点 x が極小解であるとは，ある（小さな）$\delta > 0$ が存在して，

$$y \in \mathbb{R}^n, \ \|x-y\| \leq \delta \implies f(x) \leq f(y) \tag{7.7}$$

が成り立つことをいう（$\|\cdot\|$ はノルムを表す）．任意の関数において最小解は必ず極小解であるが，一般には，この逆は成り立たない．しかし，凸関数においては，極小解と最小解は一致する．

定理 7.3 関数 $f: \mathbb{R}^n \to \mathbb{R} \cup \{+\infty\}$ が凸ならば，f の極小解は f の最小解である．

関数 f の最小解全体の集合を $\arg\min f$（または $\arg\min_x f(x)$）という記号で表す：

$$\arg\min f = \{x \in \mathbb{R}^n \mid f(x) \leq f(y) \ (\forall y \in \mathbb{R}^n)\}. \tag{7.8}$$

式 (7.3) からわかるように，関数 f が凸関数ならば，$\arg\min f$ は凸集合になる．

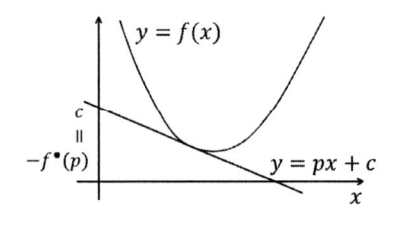

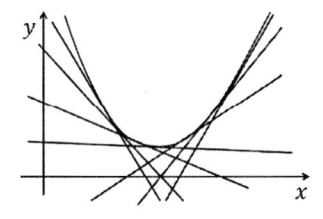

7.3 ルジャンドル変換

ルジャンドル変換は，最適化だけでなく数理科学のいろいろな分野に現れる重要な考え方である．まず，これを一変数の場合に説明しよう．

図 7.3 に示すように，凸関数 $f(x)$ のグラフは，その接線全体の包絡線としても表される．傾き p の接線の方程式を $y = px + c$ とすると，y 切片 c は p の関数となるから，これを $c = c(p)$ と書くことにする．元の関数 $f(x)$ が包絡線に等しいことを式で表すと

$$f(x) = \sup_p (p\,x + c(p)) \tag{7.9}$$

である．関数 $f(x)$ のグラフがその接線の全体から復元できるのであるから，関数 $c(p)$ は元の関数 $f(x)$ と同じ情報をもっているはずである．これがルジャンド

図 7.3 ルジャンドル変換

ル変換の基本的な発想であり，以下に見るように，$f(x)$ のルジャンドル変換は $-c(p)$ に等しい．

関数 $c(p)$ の具体形を求めよう．直線 $y = px + c$ が $y = f(x)$ の接線とすると，これはグラフの下側にあるので，任意の x に対して

$$px + c \leq f(x)$$

が成り立つ．この範囲で c を最大にすることによって

$$c(p) = \inf_x(f(x) - px) = -\sup_x(px - f(x)) \tag{7.10}$$

が得られる．

凸とは限らない一般の関数 $f : \mathbb{R} \to \mathbb{R} \cup \{+\infty\}$ に対して[*2]，

$$f^\bullet(p) = \sup\{px - f(x) \mid x \in \mathbb{R}\} \quad (p \in \mathbb{R}) \tag{7.11}$$

と定義し，これを f のルジャンドル (Legendre) 変換あるいはルジャンドル・フェンシェル (Fenchel) 変換と呼ぶ．また，変換後の関数 $f^\bullet : \mathbb{R} \to \mathbb{R} \cup \{+\infty\}$ を，f の共役関数あるいは凸共役関数と呼ぶ．共役関数 $f^\bullet$ は凸関数である．なぜなら，各 x に対して $y = px - f(x)$ は p の 1 次関数であり，一般に複数の 1 次関数の最大値として定義される関数は凸関数だからである．

式 (7.10), (7.11) より，$c(p) = -f^\bullet(p)$ が成り立つ．これを式 (7.9) に代入すると，凸関数 f に対する (7.11) の逆変換

$$f(x) = \sup\{px - f^\bullet(p) \mid p \in \mathbb{R}\} \quad (x \in \mathbb{R}) \tag{7.12}$$

が得られる．すなわち，$(f^\bullet)^\bullet = f$ となっており，ルジャンドル変換を 2 回施すと元の関数に戻る（正確な記述は，定理 7.5 に与える）．

注意 7.4 関数と共役関数の関係は最小費用流問題とその双対問題の間に見ることができる．5.5.1 項において最小費用流問題の枝 e を流れるフローの費用関数を

$$\varphi_e(x) = \begin{cases} k(e)x & (0 \leq x \leq c(e)), \\ +\infty & (\text{それ以外}) \end{cases}$$

とおいたが，φ_e は凸関数であり，その共役関数は

[*2] $\mathrm{dom}\, f \neq \emptyset$ と仮定する．

$$\varphi_e^\bullet(p) = -c(e)\min\{0, -p + k(e)\} \quad (p \in \mathbb{R})$$

となる．最小費用流問題の双対問題を最小費用テンション問題として再定式化したときに用いた関数 ψ_e との間には，$\psi_e(p) = \varphi_e^\bullet(-p)$ という関係がある（5.6.1 項参照）． ∎

多変数の関数 $f: \mathbb{R}^n \to \mathbb{R} \cup \{+\infty\}$ に対してもルジャンドル変換は自然に拡張され，

$$f^\bullet(p) = \sup\{p^\top x - f(x) \mid x \in \mathbb{R}^n\} \quad (p \in \mathbb{R}^n) \tag{7.13}$$

と定義される（$\mathrm{dom}\, f \neq \emptyset$ とする）．変換後の関数 $f^\bullet : \mathbb{R}^n \to \mathbb{R} \cup \{+\infty\}$ を，f の共役関数あるいは凸共役関数と呼ぶ．

一変数の場合に式 (7.12) で見た $(f^\bullet)^\bullet = f$ という関係は，多変数の凸関数 f に対しても拡張され，次の定理が成り立つ．

定理 7.5 $f: \mathbb{R}^n \to \mathbb{R} \cup \{+\infty\}$ を $\mathrm{dom}\, f$ が非空な凸関数とする．このとき，f の共役関数 $f^\bullet$ は凸関数であり，（ある仮定[*3]の下で）$(f^\bullet)^\bullet = f$ が成り立つ．

7.4 分 離 定 理

関数の**分離定理**とは，図 7.4 左図のように，凸関数 f と凹関数 h に対して，各点 x で $f(x) \geq h(x)$ が成り立つときに，f と h を分離するような 1 次関数 $y = \alpha_* + p_*^\top x$ の存在を主張する定理であり，凸性をもつ連続最適化問題の双対性を幾何学的に表現したものである．図 7.4 右図では，h が凹関数でないので，各点 x で $f(x) \geq h(x)$ が成り立っていても f と h を分離する 1 次関数は存在しない．

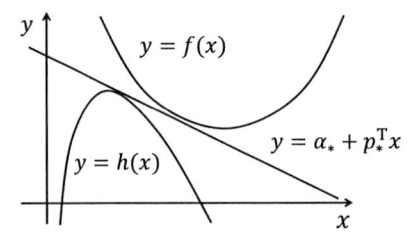

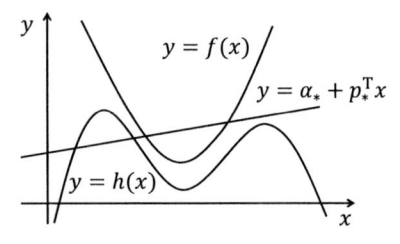

図 **7.4** 凸関数と凹関数の分離定理

[*3] f のエピグラフ $\{(x, y) \in \mathbb{R}^{n+1} \mid y \geq f(x)\}$ が閉集合という仮定．

定理 7.6 (関数の分離定理) $f : \mathbb{R}^n \to \mathbb{R} \cup \{+\infty\}$ を凸関数, $h : \mathbb{R}^n \to \mathbb{R} \cup \{-\infty\}$ を凹関数とする.(f と h に関するある仮定[*4]の下で)すべての $x \in \mathbb{R}^n$ に対して $f(x) \geq h(x)$ ならば,ある $\alpha_* \in \mathbb{R}$, $p_* \in \mathbb{R}^n$ が存在して,

$$f(x) \geq \alpha_* + p_*^\top x \geq h(x) \quad (\forall x \in \mathbb{R}^n) \tag{7.14}$$

が成り立つ.

7.5 フェンシェル双対性

関数 $f : \mathbb{R}^n \to \mathbb{R} \cup \{+\infty\}$(ただし $\mathrm{dom}\, f \neq \emptyset$)の凸共役関数 $f^\bullet : \mathbb{R}^n \to \mathbb{R} \cup \{+\infty\}$(式 (7.13) 参照)と同様に,関数 $h : \mathbb{R}^n \to \mathbb{R} \cup \{-\infty\}$(ただし $\mathrm{dom}\, h \neq \emptyset$)に対して

$$h^\circ(p) = \inf\{p^\top x - h(x) \mid x \in \mathbb{R}^n\} \quad (p \in \mathbb{R}^n) \tag{7.15}$$

と定義して,この $h^\circ : \mathbb{R}^n \to \mathbb{R} \cup \{-\infty\}$ を h の凹共役関数と呼ぶ.関数 h° は凹関数であり,凸共役関数との間に関係式

$$h^\circ(p) = -(-h)^\bullet(-p) \tag{7.16}$$

が成り立つ.

共役関数の定義 (7.13), (7.15) により,任意の x と任意の p に対して

$$p^\top x - h(x) \geq h^\circ(p),$$
$$p^\top x - f(x) \leq f^\bullet(p)$$

が成り立つ.ここで,上の式から下の式を引くと

$$f(x) - h(x) \geq h^\circ(p) - f^\bullet(p) \tag{7.17}$$

となる.これから直ちに

$$\inf\{f(x) - h(x) \mid x \in \mathbb{R}^n\} \geq \sup\{h^\circ(p) - f^\bullet(p) \mid p \in \mathbb{R}^n\} \tag{7.18}$$

という不等式(**弱双対性**)が得られるが,これが等式になるというのが,次に述べるフェンシェル双対定理である.

[*4] $\mathrm{dom}\, f$ の相対的内部と $\mathrm{dom}\, h$ の相対的内部が共通部分をもつという仮定.

定理 7.7 (フェンシェル双対定理) $f : \mathbb{R}^n \to \mathbb{R} \cup \{+\infty\}$ を凸関数，$h : \mathbb{R}^n \to \mathbb{R} \cup \{-\infty\}$ を凹関数とする．このとき (f と h に関するある仮定[*5])の下で) 次の等式が成り立つ:

$$\inf\{f(x) - h(x) \mid x \in \mathbb{R}^n\} = \sup\{h^\circ(p) - f^\bullet(p) \mid p \in \mathbb{R}^n\}. \tag{7.19}$$

フェンシェル双対性 (7.19) は，2 つの凸関数 f, g を用いて

$$\inf\{f(x) + g(x) \mid x \in \mathbb{R}^n\} = \sup\{-g^\bullet(-p) - f^\bullet(p) \mid p \in \mathbb{R}^n\} \tag{7.20}$$

と表現されることも多い．式 (7.20) の左辺は，2 つの凸関数の和 $f(x) + g(x)$ を最小にする問題を表している．定理 7.7 をこの状況に翻訳すると，次の定理が得られる．

定理 7.8 $f, g : \mathbb{R}^n \to \mathbb{R} \cup \{+\infty\}$ を凸関数とする．このとき (f と g に関するある仮定[*6])の下で) 次が成り立つ．

(i) $x_* \in \text{dom}\, f \cap \text{dom}\, g$ が $f + g$ の最小解であるための必要十分条件は，ある $p_* \in \mathbb{R}^n$ が存在して，$x = x_*$ が $f(x) - p_*^\top x$ と $g(x) + p_*^\top x$ の両方の最小解になることである．

(ii) 上の p_* に対して

$$\arg\min(f + g) = \arg\min_x(f(x) - p_*^\top x) \cap \arg\min_x(g(x) + p_*^\top x) \tag{7.21}$$

が成り立つ．

定理 7.8 (i) における p_* を，x_* に対する**最適性の証拠**と呼ぶ．ここで，いくつか注意すべき点がある．まず，(i) は最適解 x_* の存在を主張している訳ではない．実際，$f(x) = g(x) = \exp(-x)$ の例が示すように，x_* が存在しないことがある．次は，p_* の非一意性についてである．1 つの x_* に対して p_* は一意に定まるものではないし，最適解 x_* も 1 つとは限らない．どれかの最適解 x_* に対して最適性の証拠となりうる p_* の全体は，式 (7.20) の右辺の sup を達成する $p = p_*$ の全体と一致する．このような p_* を 1 つ見つければ $f + g$ の最小解の全体が把握できる，というのが定理 7.8 (ii) の内容である．

[*5)] $\text{dom}\, f$ の相対的内部と $\text{dom}\, h$ の相対的内部が共通部分をもつという仮定．
[*6)] $\text{dom}\, f$ の相対的内部と $\text{dom}\, g$ の相対的内部が共通部分をもつという仮定．

7.6 章末ノート

凸解析の数学的に厳密な取り扱いについては,文献[13,45]などの専門書を参照されたい.たとえば,本書では詳しく説明しなかった定理 7.7 や定理 7.8 における仮定の詳細について詳しい説明がある.なお,このような仮定は最適化問題における許容解領域の境界に関する条件であり,些細なことのように見えるかもしれないが,最適化問題において最適解はある意味で端に存在するので,些細なことが最適化においては実は本質的である.

8

一変数の離散凸関数

離散凸解析の概要を理解するためのウォーミングアップとして,まずは一変数関数の場合に限定して,離散凸性の概略を述べる.一変数の場合は数学的にやさしく,直観的にも理解しやすいからである.

8.1 定　　義

5.5.1 項で定義したように,整数上で定義された関数 $f: \mathbb{Z} \to \mathbb{R} \cup \{+\infty\}$ の定義域 $D = \{x \mid f(x) < +\infty\}$ が(有界または非有界の)区間(に含まれる整数点全体の集合)であって,条件

$$f(x-1) + f(x+1) \geq 2f(x) \quad (\forall x \in D) \tag{8.1}$$

を満たすとき,f を**離散凸関数**と呼ぶ.不等式 (8.1) は

$$f(x) - f(x-1) \leq f(x+1) - f(x) \quad (\forall x \in D) \tag{8.2}$$

と書き直せるので,関数値の差分 $f(x+1) - f(x)$ は区間 D において単調増加[*1]であり,離散凸性はこの性質により特徴づけられる.なお,関数値の差分の単調増加性は次の形に書き換えることができる:

$$f(x) + f(y) \geq f(x-1) + f(y+1) \quad (\forall x, y \in D, \ x > y). \tag{8.3}$$

なお,この不等式を繰り返し使うことにより,次の不等式が得られる:

$$f(x) + f(y) \geq f(x-\alpha) + f(y+\alpha) \quad (x, y \in D, \ x > y, 0 \leq \alpha \leq x - y). \tag{8.4}$$

一変数の離散凸関数 f が与えられたとき,点 $(x, f(x))$ を順に線分でつなげば,凸

[*1] 厳密には「単調非減少」と書くべきであるが,わかりやすさのために本書では「単調増加」とする.

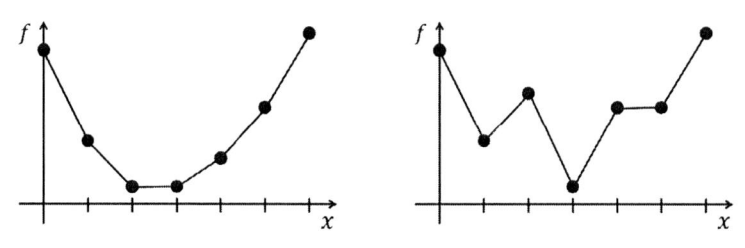

図 8.1 離散関数の凸拡張．左図は凸拡張できる関数．右図は凸拡張できない関数

関数のグラフができる (図 8.1 の左側)．このように，ある凸関数 $\overline{f}: \mathbb{R} \to \mathbb{R} \cup \{+\infty\}$ が存在して

$$\overline{f}(x) = f(x) \quad (\forall x \in \mathbb{Z}) \tag{8.5}$$

が成り立つとき，f は凸拡張可能であるといい，$\overline{f}$ を f の凸拡張と呼ぶ．図 8.1 の右側は，凸拡張できない関数の例である．一変数関数では，離散凸性と凸拡張可能性は等価である．

定理 8.1 関数 $f: \mathbb{Z} \to \mathbb{R} \cup \{+\infty\}$ に対して，離散凸性 (8.1) と凸拡張可能性 (8.5) は同値である．

8.2 最　小　解

離散凸関数では，極小解が最小解に一致する．局所的な性質（極小性）から大域的な性質（最小性）が導かれることが離散凸関数の重要な性質である．

定理 8.2 離散凸関数 $f: \mathbb{Z} \to \mathbb{R} \cup \{+\infty\}$ に対し，整数 x が f の最小解であるためには，$f(x) \leq \min\{f(x-1), f(x+1)\}$ が成り立つことが必要十分である．

8.3 離散ルジャンドル変換

整数値をとる離散変数関数 $f: \mathbb{Z} \to \mathbb{Z} \cup \{+\infty\}$ に対して

$$f^{\bullet}(p) = \sup\{px - f(x) \mid x \in \mathbb{Z}\} \quad (p \in \mathbb{Z}) \tag{8.6}$$

と定義し，これを**離散ルジャンドル変換**と呼ぶ[*2)]．ここで，$f(x)$ が有限値となる $x \in \mathbb{Z}$ が存在するという（自然な）仮定をおくと，変換後の関数 $f^{\bullet}$ も $\mathbb{Z} \cup \{+\infty\}$ に値をとる関数 $f^{\bullet}: \mathbb{Z} \to \mathbb{Z} \cup \{+\infty\}$ となるので，その離散ルジャンドル変換 $(f^{\bullet})^{\bullet}$ が定義される．

定理 8.3 整数値の離散凸関数 $f: \mathbb{Z} \to \mathbb{Z} \cup \{+\infty\}$ に対し，$f^{\bullet}$ は整数値の離散凸関数で，$(f^{\bullet})^{\bullet} = f$ が成り立つ．

離散ルジャンドル変換は離散構造の理論において様々な形をとって現れる．

注意 8.4 注意 7.4 では実数値フローに関する最小費用流問題とその双対問題の間に見られるルジャンドル変換について説明したが，整数値フローに関する最小費用流問題とその双対問題を考えると，それらの間に離散ルジャンドル変換を見ることができる．5.5.1 項の最小費用流問題において，枝 e の容量 $c(e)$ と費用 $k(e)$ がすべて整数の場合を考える．最小費用流問題では，枝 e を流れるフローの費用関数を

$$\varphi_e(x) = \begin{cases} k(e)x & (0 \leq x \leq c(e)), \\ +\infty & (\text{それ以外}) \end{cases}$$

とおいたが，フロー x を整数値に限定した場合，関数 φ_e は整数値をとる離散凸関数である．関数 φ_e の離散ルジャンドル変換は

$$\varphi_e^{\bullet}(p) = -c(e)\min\{0, -p + k(e)\} \quad (p \in \mathbb{Z})$$

となる．この関数は整数値をとる離散凸関数であり，最小費用流問題の双対問題を最小費用テンション問題として再定式化したときに用いた関数 ψ_e との間に $\psi_e(p) = \varphi_e^{\bullet}(-p)$ という関係をもつ（5.6.1 項参照）． ■

8.4 離散分離定理

双対性の1つの表現形式として，**離散分離定理** が成立する（図 8.2 参照）．

定理 8.5 $f: \mathbb{Z} \to \mathbb{R} \cup \{+\infty\}$ を離散凸関数，$h: \mathbb{Z} \to \mathbb{R} \cup \{-\infty\}$ を離散凹関数

[*2)] 式 (7.11) とは異なり，p は整数であり，x の動く範囲も整数であることに注意．

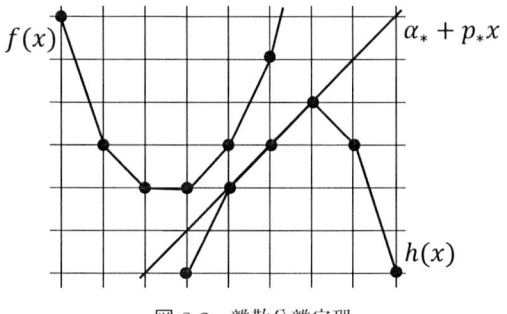

図 8.2 離散分離定理

(すなわち，$-h$ が離散凸関数) とする．すべての $x \in \mathbb{Z}$ に対して $f(x) \geq h(x)$ ならば，ある $\alpha_* \in \mathbb{R}, p_* \in \mathbb{R}$ に対して $f(x) \geq \alpha_* + p_* x \geq h(x)(\forall x \in \mathbb{Z})$ が成り立つ．さらに，f, h が整数値関数のときには，$\alpha_* \in \mathbb{Z}, p_* \in \mathbb{Z}$ にとれる．

8.5 離散フェンシェル双対性

整数値関数 $f : \mathbb{Z} \to \mathbb{Z} \cup \{+\infty\}$ と $h : \mathbb{Z} \to \mathbb{Z} \cup \{-\infty\}$ に対し，非線形の整数計画問題

$$\text{最小化} \quad f(x) - h(x) \qquad \text{制約条件} \quad x \in \mathbb{Z}$$

を考える．この問題に対し，フェンシェル型の双対定理が成り立つ．関数 f に対する離散ルジャンドル変換 $f^{\bullet}$ (式 (8.6) 参照) と同様に，関数 h に対して

$$h^{\circ}(p) = \inf\{px - h(x) \mid x \in \mathbb{Z}\} \quad (p \in \mathbb{Z})$$

と定義する．

定理 8.6 離散凸関数 $f : \mathbb{Z} \to \mathbb{Z} \cup \{+\infty\}$ と離散凹関数 $h : \mathbb{Z} \to \mathbb{Z} \cup \{-\infty\}$ に対し，$f(x)$ と $h(x)$ がともに有限値となる $x \in \mathbb{Z}$ が存在するとき，次の等式が成り立つ：

$$\inf\{f(x) - h(x) \mid x \in \mathbb{Z}\} = \sup\{h^{\circ}(p) - f^{\bullet}(p) \mid p \in \mathbb{Z}\}.$$

以上のように，一変数関数の場合には，式 (8.1) で離散凸性を定義することによって，凸拡張性，局所最適と大域最適の同値性，離散ルジャンドル変換，離散分離定理など，離散凸関数がもつべき性質が得られる．しかし，これを多変数関

数に拡張することは自明でない．離散凸解析は，組合せ論的な考察に基づいて M 凸関数と L 凸関数の概念を定義し，この拡張を実現した理論体系である．

8.6 章末ノート

一変数の離散凸関数は，離散最適化の分野でもいろいろな文脈で用いられてきた．5.5 節の最小凸費用流問題や第 6 章の資源配分問題がその典型例である．離散最適化問題の目的関数が一変数離散凸関数の和で表されるとき，その目的関数は非線形関数ではあるが比較的扱いやすい．そのため，線形な目的関数の問題に対する結果を非線形な目的関数に一般化する際の最初のステップにおいて，しばしば用いられる．

9

離散凸解析の基本概念

「離散と連続」という視点を凸解析にもち込むことによって作られた理論が離散凸解析である．離散凸解析における離散と連続の関係は双方向的であり，「凸関数と類似した離散構造」（連続→離散）と「離散構造を兼ね備えた凸関数」（離散→連続）が考察の対象である．本章では，離散凸解析の枠組において基本的な役割を果たす M 凸性と L 凸性の概念を説明する．

9.1 M 凸 関 数

9.1.1 M 凸関数の定義

離散変数の凸関数の概念として，M 凸関数と M$^\natural$ 凸関数を説明する（M$^\natural$ は「エム・ナチュラル」と読む）．以下では，整数格子点上で定義される関数 $f: \mathbb{Z}^n \to \mathbb{R} \cup \{-\infty, +\infty\}$ に対して，実効定義域 $\mathrm{dom}\, f$ と最小化集合 $\arg\min f$ を

$$\mathrm{dom}\, f = \{x \in \mathbb{Z}^n \mid -\infty < f(x) < +\infty\}, \tag{9.1}$$

$$\arg\min f = \{x \in \mathbb{Z}^n \mid f(x) \leq f(y)\ (\forall y \in \mathbb{Z}^n)\} \tag{9.2}$$

と定義する．また，$N = \{1, 2, \ldots, n\}$ とおく．

連続世界の凸関数 $f: \mathbb{R}^n \to \mathbb{R} \cup \{+\infty\}$ では，$0 \leq \alpha \leq 1$ の範囲にある任意の実数 α に対して

$$f(x) + f(y) \geq f(x - \alpha(x - y)) + f(y + \alpha(x - y)) \tag{9.3}$$

が成り立つ[*1]．この不等式は，図 9.1 のように，2 点 x, y を結ぶ線分上で同じ距離だけ近づいた 2 点 $x' = x - \alpha(x - y)$，$y' = y + \alpha(x - y)$ における関数値の和 $f(x') + f(y')$ が，$f(x) + f(y)$ 以下であることを示している．

[*1] 本書では，$+\infty \geq +\infty$ の形の不等式は成り立つものとする．

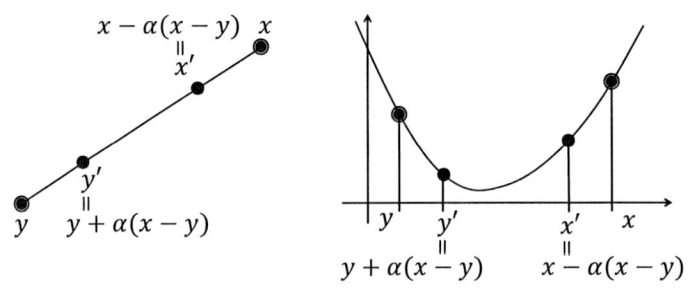

図 9.1 凸関数の性質

離散世界の関数 $f: \mathbb{Z}^n \to \mathbb{R} \cup \{+\infty\}$ の場合には，x', y' が整数ベクトルになるとは限らないから，式 (9.3) の右辺は必ずしも定義されない．そこで，座標軸に沿った方向で接近した整数ベクトルで x', y' を近似することを考える．

式 (9.3) の右辺の近似は，具体的には次のようにする．ベクトル $x-y$ の第 i 成分が正である番号 i と，第 j 成分が負である番号 j に着目する ($x(i) > y(i)$, $x(j) < y(j)$)．新しい 2 点としては，

$$x' = x - e_i, \qquad y' = y + e_i$$

の形，あるいは

$$x'' = x - e_i + e_j, \qquad y'' = y + e_i - e_j$$

の形で書けるものに制限し（図 9.2 参照）[*2]，条件 (9.3) の離散版として，

任意の $x, y \in \mathrm{dom}\, f$ と任意の $i \in \mathrm{supp}^+(x-y)$ に対して，ある $j \in \mathrm{supp}^-(x-y) \cup \{0\}$ が存在して

$$f(x) + f(y) \geq f(x - e_i + e_j) + f(y + e_i - e_j) \tag{9.4}$$

という条件を考える．ただし，

$\mathrm{supp}^+(x-y)$ は $x-y$ の第 i 成分が正であるような i の全体，$\qquad$ (9.5)

$\mathrm{supp}^-(x-y)$ は $x-y$ の第 j 成分が負であるような j の全体 $\qquad$ (9.6)

である[*3]．上の条件を交換公理と呼び，これを満たす関数 $f: \mathbb{Z}^n \to \mathbb{R} \cup \{+\infty\}$ を $\mathrm{M}^\natural$ 凸関数と定義する．なお，関数値の符号を変えると $\mathrm{M}^\natural$ 凸になる関数を $\mathrm{M}^\natural$ 凹関数という．

[*2] e_i は第 i 単位ベクトルを表す (6.2 節参照)．また，$e_0 = (0, 0, \ldots, 0)$ と約束する．
[*3] $n = 1$ のときには必然的に $i = 1$, $j = 0$ であり，式 (9.4) は式 (8.3) に一致する．

9.1 M♮凸関数

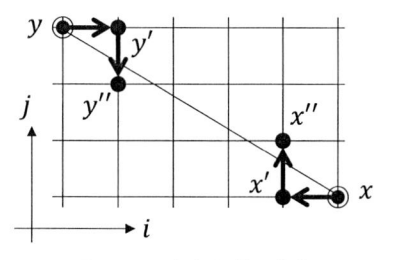

図 9.2 M♮凸関数の定義

M♮凸関数の交換公理 (9.4) において，j を選ぶ範囲を $j \in \mathrm{supp}^-(x-y)$ に狭めた条件を満たす関数 $f: \mathbb{Z}^n \to \mathbb{R} \cup \{+\infty\}$ を **M凸関数** という．M凸関数の交換公理の方が強い条件となっているので，M凸関数は M♮凸関数の特殊ケースである．しかし，実は，両者は本質的に等価であって，n 変数の M♮凸関数は $n+1$ 変数の M凸関数と（実質的に 1 対 1 に）対応する．なお，関数値の符号を変えると M凸になる関数を **M凹関数** という．

注意 9.1 M♮凸関数と M凸関数は次のように対応する．まず，M♮凸関数 $f: \mathbb{Z}^n \to \mathbb{R} \cup \{+\infty\}$ に対して，$n+1$ 変数の関数 $\tilde{f}: \mathbb{Z}^{n+1} \to \mathbb{R} \cup \{+\infty\}$ を

$$\tilde{f}(x_0, x) = \begin{cases} f(x) & (x_0 = -\sum_{i=1}^n x(i)), \\ +\infty & (\text{それ以外}) \end{cases}$$

により定義すると，$\tilde{f}$ は M凸関数である．逆に，M凸関数 $f: \mathbb{Z}^n \to \mathbb{R} \cup \{+\infty\}$ に対して，ある整数 r が存在して $\mathrm{dom}\, f \subseteq \{x \in \mathbb{Z}^n \mid x(N) = r\}$ が成り立つこと（下記の命題 9.2 と定理 9.4 を参照）に着目して，$n-1$ 変数の関数 $\check{f}: \mathbb{Z}^{n-1} \to \mathbb{R} \cup \{+\infty\}$ を

$$\check{f}(y(1), \ldots, y(n-1)) = f(y(1), \ldots, y(n-1), r - \sum_{i=1}^{n-1} y(i))$$

により定義すると，$\check{f}$ は M♮凸関数である． ■

次に，集合に対する M凸性と M♮凸性を説明する．整数ベクトルの集合 S に対して，その標示関数 $\delta_S: \mathbb{Z}^n \to \mathbb{R} \cup \{+\infty\}$ を式 (7.4) と同様に定義する．このとき，δ_S が M♮凸関数となるような集合 S を **M♮凸集合** と呼び，δ_S が M凸関数となるような集合 S を **M凸集合** と呼ぶ．

M♮凸関数の交換公理 (9.4) を標示関数に特殊化することにより，M♮凸集合の

交換公理を得る：

> 任意の $x, y \in S$ と任意の $i \in \mathrm{supp}^+(x-y)$ に対して，ある $j \in \mathrm{supp}^-(x-y) \cup \{0\}$ が存在して $x - e_i + e_j \in S$, $y + e_i - e_j \in S$.

同様に，M凸集合は上記の交換公理において，j を選ぶ範囲を $j \in \mathrm{supp}^-(x-y)$ に狭めたものにより特徴づけられる．このことから，M$^{\natural}$ 凸関数と M$^{\natural}$ 凸集合および M 凸関数と M 凸集合の間の次の関係がわかる．

命題 9.2 関数 $f: \mathbb{Z}^n \to \mathbb{R} \cup \{+\infty\}$ に対し，f が M$^{\natural}$ 凸関数ならば実効定義域 $\mathrm{dom}\, f$ は M$^{\natural}$ 凸集合であり，f が M 凸関数ならば $\mathrm{dom}\, f$ は M 凸集合である．

注意 9.3 0-1 ベクトルからなる M 凸集合は，マトロイド（の基族）と本質的に等価である．実際，集合 N の部分集合からなる集合族 $\mathcal{F}$ に対するマトロイドの交換公理[*4]は，$\mathcal{F}$ に対応する 0-1 ベクトルの集合 $\{e_X \mid X \in \mathcal{F}\}$ に対して M 凸集合の交換公理を書き直したものに一致する[*5]．同様に，0-1 ベクトルからなる M$^{\natural}$ 凸集合は，一般化マトロイドと呼ばれる概念と等価である． ■

M 凸集合に対し，劣モジュラ関数を使った多面体表現が知られている．

定理 9.4 集合 $S \subseteq \mathbb{Z}^n$ が M 凸集合であるための必要十分条件は，$\rho(\emptyset) = 0$ および $\rho(N) < +\infty$ を満たす整数値劣モジュラ関数 $\rho: 2^N \to \mathbb{Z} \cup \{+\infty\}$ が存在して $S = B(\rho)$ が成り立つことである[*6]．

M$^{\natural}$ 凸集合に対しても同様の多面体表現が知られている．

注意 9.5 一般の（関数値の整数性や単調増加性を仮定しない）劣モジュラ関数 $\rho: 2^N \to \mathbb{R} \cup \{+\infty\}$ で $\rho(\emptyset) = 0$ および $\rho(N) < +\infty$ を満たすものに対して，式 (6.9) で定義される多面体 $\overline{B}(\rho) \subseteq \mathbb{R}^n$ は ρ の定める基多面体と呼ばれる．定理 9.4 より，M 凸集合は整数値劣モジュラ関数の定める基多面体に含まれる整数ベクトルの集合として特徴づけられる．同様に，M$^{\natural}$ 凸集合は（ある種の整数性をもつ）一般化ポリマトロイドに含まれる整数ベクトルの集合として特徴づけら

[*4] マトロイドの交換公理については 1.5 節を参照．
[*5] N の部分集合 X に対して，$e_X \in \{0,1\}^n$ は X の特性ベクトル（$i \in X$ に対して $e_X(i) = 1$, $i \notin X$ に対して $e_X(i) = 0$）を表す．
[*6] 劣モジュラ関数の定義は式 (6.5)，集合 $B(\rho)$ の定義は式 (6.6) を参照．

れる. ∎

9.1.2 M凸関数の例

第I部で扱った離散最適化問題から生じるM凸関数やM凸集合, $M^\natural$凸関数や$M^\natural$凸集合の例を示す.

例 9.6 (最小木問題) 最小木問題が無向グラフ $G = (V, E)$ および枝長 d によって与えられたとする. このとき,

$$S_1 = \{e_X \mid X \text{ は全域木の枝集合}\},$$
$$S_2 = \{e_X \mid X \text{ は閉路を含まない枝集合}\}$$

とする. 定理1.6 (iii) より, 集合 S_1 はM凸集合の交換公理を満たすので, S_1 はM凸集合である. 同様にして, S_2 が $M^\natural$凸集合であることも示せる.

また, 関数 $f_1 : \mathbb{Z}^E \to \mathbb{R} \cup \{+\infty\}$ を

$$f_1(x) = \begin{cases} d(X) & (x = e_X \in S_1), \\ +\infty & (\text{それ以外}) \end{cases}$$

によって定義すると, 関数 f_1 は S_1 を実効定義域とするM凸関数である. 上の定義において, S_1 を S_2 に置き換えて得られる関数を f_2 とすると, これは $M^\natural$凸関数である.

関数 f_1 がM凸関数の交換公理を満たすことは, 次のように証明される. 実効定義域 $\mathrm{dom}\, f_1 = S_1$ に含まれるベクトル $x = e_X$, $y = e_Y$ および $i \in \mathrm{supp}^+(x-y) = X \setminus Y$ を任意に選ぶ. 集合 S_1 はM凸集合なので, ある $j \in \mathrm{supp}^-(x-y) = Y \setminus X$ が存在して

$$x' = x - e_i + e_j \in S_1, \quad y' = y + e_i - e_j \in S_1$$

が成り立つ. ここで $X' = X - i + j$, $Y' = Y + i - j$ とおくと, $x' = e_{X'}$ および $y' = e_{Y'}$ が成り立ち, さらに次の等式が得られる:

$$f_1(x') + f_1(y') = d(X') + d(Y') = d(X) + d(Y) = f_1(x) + f_1(y).$$

つまり, 関数 $f = f_1$ は不等式 (9.4) を等号で満たす. ∎

注意 9.7 一般に, 非空な集合 $S \subseteq \mathbb{Z}^n$ とベクトル $d \in \mathbb{R}^n$ が与えられたとき, S

上の線形関数

$$f(x) = \begin{cases} d^\top x & (x \in S), \\ +\infty & (それ以外) \end{cases}$$

は，S が M 凸集合のときには M 凸関数となり，S が M$^\natural$ 凸集合のときには M$^\natural$ 凸関数となる． ∎

例 9.8 (2 部グラフのマッチング問題) 2 部グラフ $G = (V_1, V_2; E)$ と各枝の重み $w(e) \in \mathbb{R}$ が与えられたとする．G のマッチング M に対して，M の枝の端点となっている V_1 の頂点の集合を $\partial_1 M$ とおく．すると，集合

$$S = \{e_U \in \{0,1\}^{V_1} \mid \partial_1 M = U \text{ となるマッチング } M \text{ が存在}\}$$

は M$^\natural$ 凸集合である．また，関数 $f: \mathbb{Z}^{V_1} \to \mathbb{R} \cup \{-\infty\}$ を

$$f(x) = \begin{cases} \max\{w(M) \mid M \subseteq E : \text{マッチング}, \partial_1 M = U\} & (x = e_U \in S), \\ -\infty & (それ以外) \end{cases}$$

と定義すると，f は M$^\natural$ 凹関数である．

以下では，集合 S が M$^\natural$ 凸集合の交換公理を満たすことと，関数 f が M$^\natural$ 凹関数の交換公理を満たすことを証明する．V_1 の部分集合 U, W は $e_U, e_W \in S$ を満たすとし，マッチング M, N は $\partial_1 M = U$ および $\partial_1 N = W$ を満たすとする．集合 $\mathrm{supp}^+(e_U - e_W) = U \setminus W$ から頂点 i を任意に選ぶ．すると，i には M の枝が接続するが，N の枝は接続しない．マッチング M と N の対称差 $M \triangle N$ が交互路と交互閉路に分解できることから，頂点 i を端点とする交互路 P が存在することがわかる．この交互路 P のもう一方の端点を j とする．

まず，$j \in V_1$ のときは，P は枝数が偶数の交互路であって，P から得られる新たなマッチング $M \triangle P$ と $N \triangle P$ は

$$\partial_1(M \triangle P) = U - i + j, \qquad \partial_1(N \triangle P) = W + i - j$$

を満たす．つまり，$e_U - e_i + e_j \in S$ および $e_W + e_i - e_j \in S$ が成り立つ．さらに，

$$f(e_U - e_i + e_j) + f(e_W + e_i - e_j) \geq w(M \triangle P) + w(N \triangle P)$$
$$= w(M) + w(N) = f(e_U) + f(e_W)$$

が得られる.

一方，$j \in V_2$ のとき，P は N に関する増加路であって，P から得られる新たなマッチング $M \Delta P$ と $N \Delta P$ は

$$\partial_1(M \Delta P) = U - i, \qquad \partial_1(N \Delta P) = W + i$$

を満たす．つまり，$e_U - e_i \in S$ および $e_W + e_i \in S$ が成り立つ．さらに，

$$f(e_U - e_i) + f(e_W + e_i) \geq w(M \Delta P) + w(N \Delta P)$$
$$= w(M) + w(N) = f(e_U) + f(e_W)$$

が得られる．以上のことから，S に対する $\mathrm{M}^\natural$ 凸集合の交換公理および f に対する $\mathrm{M}^\natural$ 凹関数の交換公理が証明された． ∎

例 9.9 (一般のグラフのマッチング問題) 一般のグラフ $G = (V, E)$ が与えられたとする．このグラフの最大マッチングの枝数を $\overline{k}$ とおき，マッチング M の枝の端点となっている頂点の集合を ∂M とおく．すると，集合

$$S = \{e_U \in \{0,1\}^V \mid \partial M = U \text{ かつ } |M| = \overline{k} \text{ となるマッチング } M \text{ が存在}\}$$

は M 凸集合である．さらに，各枝の重み $w(e) \in \mathbb{R}$ が与えられたとして，関数 $f : \mathbb{Z}^V \to \mathbb{R} \cup \{-\infty\}$ を

$$f(x) = \begin{cases} \max\{w(M) \mid M \subseteq E : \text{マッチング}, \partial M = U\} & (x = e_U \in S), \\ -\infty & (\text{それ以外}) \end{cases}$$

と定義すると，f は M 凹関数である．

集合 S に対する M 凸集合の交換公理と関数 f に対する M 凹関数の交換公理については，例 9.8 の証明と同様にして示すことができる．その証明では，G の任意の2つの最大マッチング M, N に対し，その対称差 $M \Delta N$ に含まれる交互路の長さは必ず偶数になるという事実が重要である． ∎

注意 9.10 上記の例 9.9 の S の定義において「$|M| = \overline{k}$」という条件を外して得られる集合は M 凸集合でも $\mathrm{M}^\natural$ 凸集合でもないが，ジャンプシステムと呼ばれる組合せ構造をもつことが知られている[2]．同様に，関数 f の定義において「$|M| = \overline{k}$」という条件を外して得られる関数は M 凹関数でも $\mathrm{M}^\natural$ 凹関数でもないが，類似の組合せ構造をもつことが知られている[38]． ∎

例 9.11 (資源配分問題) 6.1 節の単純な資源配分問題 (SRA) が非負整数 r と分離凸関数 $\sum_{i=1}^{n} f_i(x(i))$ （各 $f_i : \mathbb{Z} \to \mathbb{R}$ は一変数離散凸関数）によって与えられたとき，関数 $f_S : \mathbb{Z}^n \to \mathbb{R} \cup \{+\infty\}$ を

$$f_S(x) = \begin{cases} \sum_{i=1}^{n} f_i(x(i)) & (x \geq \mathbf{0} \text{ かつ } \sum_{i=1}^{n} x(i) = r), \\ +\infty & (\text{それ以外}) \end{cases}$$

によって定義すると，関数 f_S は M 凸関数である．一方，関数 f_S の定義における等式 $\sum_{i=1}^{n} x(i) = r$ を不等式 $\sum_{i=1}^{n} x(i) \leq r$ に置き換えて得られる関数は $\mathrm{M}^\natural$ 凸関数である．

同様に，6.3 節の一般資源配分問題 (GRA) が，単調増加な非負整数値の劣モジュラ関数 $\rho : 2^N \to \mathbb{Z}$ および分離凸関数 $\sum_{i=1}^{n} f_i(x(i))$ によって与えられたとき，関数 $f_G : \mathbb{Z}^n \to \mathbb{R} \cup \{+\infty\}$ を

$$f_G(x) = \begin{cases} \sum_{i=1}^{n} f_i(x(i)) & (x \in B(\rho)), \\ +\infty & (\text{それ以外}) \end{cases} \tag{9.7}$$

によって定義すると，関数 f_G は M 凸関数である．一方，関数 f_G の定義における $B(\rho)$ を集合 $P(\rho) \subseteq \mathbb{Z}^n$ に置き換えて得られる関数は $\mathrm{M}^\natural$ 凸関数である[*7]．なお，$P(\rho)$ は $\mathrm{M}^\natural$ 凸集合である．

以下では，$B(\rho)$ が M 凸集合であるという事実（定理 9.4）を使って，関数 f_G が M 凸関数の交換公理を満たすことを証明する．ベクトル $x, y \in B(\rho)$ および $i \in \mathrm{supp}^+(x-y)$ を任意に選んだとき，集合 $B(\rho)$ が M 凸集合であることから，ある $j \in \mathrm{supp}^-(x-y)$ が存在して

$$x' = x - e_i + e_j \in B(\rho), \qquad y' = y + e_i - e_j \in B(\rho)$$

が成り立つ．ここで，$x(i) > y(i)$ および $x(j) < y(j)$ であることに注意すると，関数 f_i と f_j は離散凸関数なので，次の不等式が成り立つ（式 (8.3) 参照）：

$$f_i(x(i) - 1) + f_i(y(i) + 1) \leq f_i(x(i)) + f_i(y(i)),$$
$$f_j(x(j) + 1) + f_j(y(j) - 1) \leq f_j(x(j)) + f_j(y(j)).$$

[*7] $B(\rho)$ の定義は式 (6.6), $P(\rho)$ の定義は式 (6.7) を参照．

これより，次の不等式を得る：

$$[f(x') + f(y')] - [f(x) + f(y)]$$
$$= \Big([f_i(x(i)-1) + f_i(y(i)+1)] - [f_i(x(i)) + f_i(y(i))] \Big)$$
$$+ \Big([f_j(x(j)+1) + f_j(y(j)-1)] - [f_j(x(j)) + f_j(y(j))] \Big) \leq 0.$$

∎

注意 9.12 一般に，非空な集合 $S \subseteq \mathbb{Z}^n$ と n 個の一変数凸関数 $f_i : \mathbb{Z} \to \mathbb{R}$ ($i = 1, 2, \ldots, n$) が与えられたとき，関数

$$f(x) = \begin{cases} \sum_{i=1}^n f_i(x(i)) & (x \in S), \\ +\infty & (\text{それ以外}) \end{cases}$$

は，S が M 凸集合のときには M 凸関数となり，S が $\text{M}^\natural$ 凸集合のときには $\text{M}^\natural$ 凸関数となる． ∎

例 9.13 (最大流問題と最小凸費用流問題) 4.4 節の需要供給条件を満たすフローの存在性判定問題を考える．有向グラフ $G = (V, E)$ と各枝 $e \in E$ の非負整数値の容量 $c(e) \in \mathbb{Z}$ が与えられたとき，容量条件 (4.15) および需要供給条件 (4.14) を満たす整数値フローが存在するような需要供給ベクトル $b \in \mathbb{Z}^V$ の全体の集合を S とすると，S は M 凸集合である．

また，5.5 節の最小凸費用流問題のように，各枝 e のフローの費用を定める一変数離散凸関数 $\varphi_e : \mathbb{Z} \to \mathbb{R}$ が与えられたとき，関数 $f : \mathbb{Z}^V \to \mathbb{R} \cup \{+\infty\}$ を次のように定義する：

$$f(b) = \begin{cases} \min\{\sum_{e \in E} \varphi_e(x(e)) \mid x \in \mathbb{Z}^E \text{ は } b \text{ に関する条件 (4.14)} \\ \qquad\qquad \text{と条件 (4.15) を満たす }\} & (b \in S), \\ +\infty & (\text{それ以外}). \end{cases}$$

この関数 f は M 凸関数である．なお，各枝の費用関数 φ_e の代わりに，

$$\tilde{\varphi}_e(t) = \begin{cases} \varphi_e(t) & (0 \leq t \leq c(e)), \\ +\infty & (\text{それ以外}) \end{cases}$$

と定義される一変数関数 $\tilde{\varphi}_e : \mathbb{Z} \to \mathbb{R} \cup \{+\infty\}$ を用いると，その実効定義域によっ

て容量条件 (4.15) を表現できるので，関数 f を次のように簡潔に書き換えること
ができる：

$$f(b) = \min\left\{\sum_{e \in E} \tilde{\varphi}_e(x(e)) \;\middle|\; x \in \mathbb{Z}^E,\, \partial x = b\right\} \quad (b \in \mathbb{Z}^V). \tag{9.8}$$

以下では，集合 S が M 凸集合の交換公理を満たすことと，関数 f が M 凸関数
の交換公理を満たすことを証明する．

ベクトル $b, b' \in S$ および頂点 $i \in \mathrm{supp}^+(b - b')$ を任意に選ぶ．また，フロー
$x, x' \in \mathbb{Z}^E$ は容量条件 (4.15) および条件

$$\partial x = b, \quad \partial x' = b', \quad f(b) = \sum_{e \in E} \varphi_e(x(e)), \quad f(b') = \sum_{e \in E} \varphi_e(x'(e))$$

を満たすとする．

フロー x と x' に対し，x に関する残余ネットワーク $G_x = (V, E_x)$ 上のフロー
$y \in \mathbb{Z}^{E_x}$ を式 (4.10) により定める．すると，頂点 i に対し，

$$\sum_{(i,v) \in \delta_x^+ i} y(i, v) - \sum_{(u,i) \in \delta_x^- i} y(u, i) = \partial x'(i) - \partial x(i) = b'(i) - b(i) < 0$$

が成り立つ[*8)]．よって，定理 4.3 をフロー y に適用することにより，頂点 i を終
点とし，

$$\sum_{(j,v) \in \delta_x^+ j} y(j, v) - \sum_{(u,j) \in \delta_x^- j} y(u, j) > 0 \tag{9.9}$$

を満たす頂点 j を始点とする G_x 上の有向路 P で，任意の $e \in P$ に対して $y(e) > 0$
であるものが存在することがわかる．なお，式 (9.9) は $b(j) < b'(j)$ と等価であ
り，$P \subseteq \{e \in E_x \mid y(e) > 0\}$ より次の不等式が得られる：

$$(u, v) \in P \cap E_x^{\mathrm{f}} \quad \text{ならば} \quad x(u, v) < x'(u, v), \tag{9.10}$$

$$(v, u) \in P \cap E_x^{\mathrm{b}} \quad \text{ならば} \quad x(u, v) > x'(u, v). \tag{9.11}$$

この有向路 P を使ってフロー $\tilde{x}, \tilde{x}' \in \mathbb{Z}^E$ を次のように定める：

[*8)] $\delta_x^+ i$ と $\delta_x^- i$ の定義は命題 4.5 を参照．

$$\tilde{x}(u,v) = \begin{cases} x(u,v)+1 & ((u,v) \in P \cap E_x^{\mathrm{f}}), \\ x(u,v)-1 & ((v,u) \in P \cap E_x^{\mathrm{b}}), \\ x(u,v) & (\text{それ以外}), \end{cases}$$

$$\tilde{x}'(u,v) = \begin{cases} x'(u,v)-1 & ((u,v) \in P \cap E_x^{\mathrm{f}}), \\ x'(u,v)+1 & ((v,u) \in P \cap E_x^{\mathrm{b}}), \\ x'(u,v) & (\text{それ以外}). \end{cases}$$

すると，式 (9.10) と式 (9.11) より，フロー $\tilde{x}, \tilde{x}'$ は容量条件 (4.15) を満たす．また，

$$\partial \tilde{x} = b - e_i + e_j, \qquad \partial \tilde{x}' = b' + e_i - e_j$$

が成り立つ．ゆえに，集合 S に対して M 凸集合の交換公理が成り立つ．

さらに，各枝 $e \in E$ に対して，関数 φ_e の離散凸性および式 (9.10) と式 (9.11) より，次の不等式が得られる（式 (8.3) 参照）：

$$\varphi_e(x(e)) + \varphi_e(x'(e)) \geq \varphi_e(\tilde{x}(e)) + \varphi_e(\tilde{x}'(e)).$$

ゆえに，次の不等式が成り立つ：

$$\begin{aligned} f(b) + f(b') &= \sum_{e \in E} \varphi_e(x(e)) + \sum_{e \in E} \varphi_e(x'(e)) \\ &\geq \sum_{e \in E} \varphi_e(\tilde{x}(e)) + \sum_{e \in E} \varphi_e(\tilde{x}'(e)) \\ &\geq f(b - e_i + e_j) + f(b' + e_i - e_j). \end{aligned}$$

したがって，関数 f に対して M 凸関数の交換公理が成り立つ． ∎

9.2 L 凸関数

9.2.1 L 凸関数の定義

離散変数の関数に対する 2 つ目の凸関数概念として，L 凸関数と $\mathrm{L}^{\natural}$ 凸関数を説明する（$\mathrm{L}^{\natural}$ は「エル・ナチュラル」と読む）．

連続世界の凸関数では，式 (7.3) で $t = 1/2$ として，

$$g(p) + g(q) \geq g\left(\frac{p+q}{2}\right) + g\left(\frac{p+q}{2}\right) \quad (p, q \in \mathbb{R}^n) \tag{9.12}$$

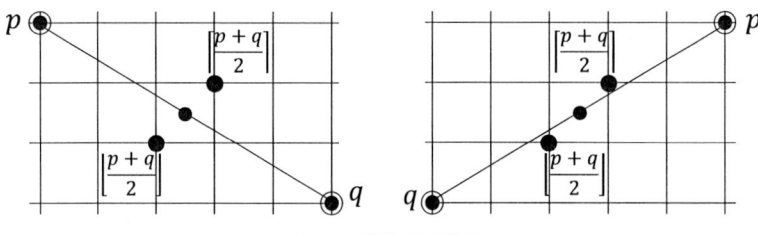

図 **9.3** 離散中点凸性

が成り立つ[*9]. これを中点凸性と呼ぶ. 離散変数の関数 $g : \mathbb{Z}^n \to \mathbb{R} \cup \{+\infty\}$ の場合には, 整数格子点 p, q の中点 $\frac{p+q}{2}$ は整数格子点とは限らないので, 式 (9.12) のままでは具合が悪い. そこで, $\frac{p+q}{2}$ の各成分を切り上げた整数ベクトル $\left\lceil \frac{p+q}{2} \right\rceil$ と切り捨てた整数ベクトル $\left\lfloor \frac{p+q}{2} \right\rfloor$ を考えて,

$$g(p) + g(q) \geq g\left(\left\lceil \frac{p+q}{2} \right\rceil\right) + g\left(\left\lfloor \frac{p+q}{2} \right\rfloor\right) \quad (p, q \in \mathbb{Z}^n) \tag{9.13}$$

という条件を考える（図 9.3 参照）. これを離散中点凸性と呼び, この性質をもつ関数 $g : \mathbb{Z}^n \to \mathbb{R} \cup \{+\infty\}$ を $\mathbf{L}^\natural$ 凸関数という. なお, 関数値の符号を変えると $\mathrm{L}^\natural$ 凸になる関数を $\mathbf{L}^\natural$ 凹関数という.

$\mathrm{L}^\natural$ 凸関数の特徴づけ（同値な定義）はいろいろあるが, 劣モジュラ性によるものが重要である. これを説明しよう.

ベクトル p, q に対して, 成分ごとに最大値, 最小値をとって得られるベクトルを $p \vee q, p \wedge q$ と表す. たとえば, $p = (0, 3)$, $q = (5, 0)$ のとき $p \vee q = (5, 3)$, $p \wedge q = (0, 0)$ である（図 9.4 参照）. 形式的に書けば,

$$(p \vee q)(i) = \max(p(i), q(i)), \qquad (p \wedge q)(i) = \min(p(i), q(i)) \tag{9.14}$$

である.

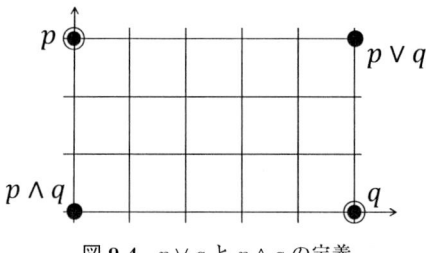

図 **9.4** $p \vee q$ と $p \wedge q$ の定義

[*9] この節では, 関数を表す記号を f ではなく g とし, 変数も x, y でなく p, q とする.

関数 $g : \mathbb{Z}^n \to \mathbb{R} \cup \{+\infty\}$ が**劣モジュラ**であるとは，任意の $p, q \in \mathbb{Z}^n$ に対して不等式

$$g(p) + g(q) \geq g(p \vee q) + g(p \wedge q) \tag{9.15}$$

が成り立つことをいう．より強く，任意の $p, q \in \mathbb{Z}^n$ と任意の非負整数 α に対して不等式

$$g(p) + g(q) \geq g((p - \alpha \mathbf{1}) \vee q) + g(p \wedge (q + \alpha \mathbf{1})) \tag{9.16}$$

が成り立つとき[*10]，関数 g は**並進劣モジュラ**であるという．式 (9.16) で $\alpha = 0$ としたものが通常の劣モジュラ性 (9.15) である．関数 $g : \mathbb{Z}^n \to \mathbb{R} \cup \{+\infty\}$ に対して，並進劣モジュラ性は離散中点凸性と同値であることが知られている．

並進劣モジュラ性は劣モジュラ性よりも強い条件であるが，変数の数を 1 つ増やして考えると，実は等価になる．すなわち，n 変数の関数 $g : \mathbb{Z}^n \to \mathbb{R} \cup \{+\infty\}$ が与えられたとき，$n+1$ 変数の関数 $\tilde{g} : \mathbb{Z}^{n+1} \to \mathbb{R} \cup \{+\infty\}$ を

$$\tilde{g}(p_0, p) = g(p - p_0 \mathbf{1}) \tag{9.17}$$

(ただし $p_0 \in \mathbb{Z}, p \in \mathbb{Z}^n$) によって定義すると，関数 g の並進劣モジュラ性は，関数 $\tilde{g}$ の劣モジュラ性と同値である．

上に述べたことは，次のようにまとめられる．

定理 9.14 関数 $g : \mathbb{Z}^n \to \mathbb{R} \cup \{+\infty\}$ に対して，3 つの条件

(i) 離散中点凸性 (9.13)，

(ii) 並進劣モジュラ性 (9.16)，

(iii) 式 (9.17) で定義される $\tilde{g}$ の劣モジュラ性 (9.15)

は同値である．この (i), (ii), (iii) の 1 つ（したがって全部）が，g が $L^{\natural}$ 凸関数であるための必要十分条件である．

$L^{\natural}$ 凸関数 $g : \mathbb{Z}^n \to \mathbb{R} \cup \{+\infty\}$ が，さらに，**方向 1 の線形性**と呼ばれる性質：
ある実数 r が存在して，任意の $p \in \mathbb{Z}^n$ に対して

$$g(p + \mathbf{1}) = g(p) + r \tag{9.18}$$

をもつとき，**L 凸関数**という．関数 $g : \mathbb{Z}^n \to \mathbb{R} \cup \{+\infty\}$ が L 凸関数であるため

[*10] $\mathbf{1} = (1, 1, \ldots, 1)$ である．

の必要十分条件は，g が劣モジュラ性 (9.15) と方向 **1** の線形性 (9.18) をもつことである．上の定義より，L 凸関数は $L^{\natural}$ 凸関数の特殊ケースであるが，実は，両者は本質的に等価であって，n 変数の $L^{\natural}$ 凸関数は $n+1$ 変数の L 凸関数と（実質的に 1 対 1 に）対応する．なお，関数値の符号を変えると L 凸になる関数を **L 凹関数** という．

注意 9.15 $L^{\natural}$ 凸関数と L 凸関数は次のように対応する．まず，$L^{\natural}$ 凸関数 $g : \mathbb{Z}^n \to \mathbb{R} \cup \{+\infty\}$ に対して，$n+1$ 変数の関数 $\tilde{g} : \mathbb{Z}^{n+1} \to \mathbb{R} \cup \{+\infty\}$ を式 (9.17) によって定義すると，$\tilde{g}$ は L 凸関数である．逆に，L 凸関数 $g : \mathbb{Z}^n \to \mathbb{R} \cup \{+\infty\}$ に対しては，方向 **1** の線形性 (9.18) が成り立つことに着目して，$n-1$ 変数の関数 $\breve{g} : \mathbb{Z}^{n-1} \to \mathbb{R} \cup \{+\infty\}$ を

$$\breve{g}(q(1), \ldots, q(n-1)) = g(q(1), \ldots, q(n-1), 0)$$

と定義すると，$\breve{g}$ は $L^{\natural}$ 凸関数である． ■

次に，集合に対する L 凸性と $L^{\natural}$ 凸性の定義を説明する．整数ベクトルの集合 S に対し，δ_S が $L^{\natural}$ 凸関数となるとき，S を **$L^{\natural}$ 凸集合** と呼び，その標示関数 δ_S が L 凸関数となるとき，S を **L 凸集合** と呼ぶ．$L^{\natural}$ 凸関数や L 凸関数の性質を標示関数に特殊化することにより，$L^{\natural}$ 凸集合や L 凸集合の特徴づけを得ることができる．

定理 9.16 $S \subseteq \mathbb{Z}^n$ を非空な集合とする．

(i) S が $L^{\natural}$ 凸集合であるための必要十分条件は，任意の $p, q \in S$ と任意の非負整数 α に対して次が成り立つことである：

$$(p - \alpha\mathbf{1}) \vee q \in S, \qquad p \wedge (q + \alpha\mathbf{1}) \in S. \tag{9.19}$$

(ii) S が L 凸集合であるための必要十分条件は，次の 2 条件が成り立つことである：

- $p, q \in S$ ならば $p \vee q \in S$ かつ $p \wedge q \in S$，
- 任意の $p \in S$ に対して $p + \mathbf{1} \in S$ かつ $p - \mathbf{1} \in S$．

L 凸集合および $L^{\natural}$ 凸集合は簡潔な不等式で記述できることが知られている．

定理 9.17 S を整数ベクトルの非空な集合とする．

(i) S が L 凸集合であるための必要十分条件は，ある整数 $\gamma(i,j) \in \mathbb{Z} \cup \{+\infty\}$ $(i,j=1,2,\ldots,n; i \neq j)$ が存在して

$$S = \{p \in \mathbb{Z}^n \mid p(j) - p(i) \leq \gamma(i,j) \quad (i,j=1,2,\ldots,n; i \neq j)\} \quad (9.20)$$

が成り立つことである．

(ii) S が $\mathrm{L}^{\natural}$ 凸集合であるための必要十分条件は，ある整数 $\alpha(i) \in \mathbb{Z} \cup \{-\infty\}$，$\beta(i) \in \mathbb{Z} \cup \{+\infty\}$，$\gamma(i,j) \in \mathbb{Z} \cup \{+\infty\}$ $(i,j=1,2,\ldots,n; i \neq j)$ が存在して

$$S = \{p \in \mathbb{Z}^n \mid \alpha(i) \leq p(i) \leq \beta(i), \ p(j) - p(i) \leq \gamma(i,j) $$
$$(i,j=1,2,\ldots,n; i \neq j)\} \quad (9.21)$$

が成り立つことである．

9.2.2 L 凸関数の例

第 I 部で扱った離散最適化問題から生じる L 凸関数や L 凸集合，$\mathrm{L}^{\natural}$ 凸関数や $\mathrm{L}^{\natural}$ 凸集合の例を示す．

例 9.18 (最短路問題) 有向グラフ $G = (V, E)$ および整数値の枝長 $\ell(e)$ $(e \in E)$ が与えられたとき，頂点 s からすべての頂点への最短路を同時に求める問題を考える．この最短路問題における整数値ポテンシャルの集合を

$$S = \{p \in \mathbb{Z}^V \mid p(v) - p(u) \leq \ell(u,v) \ (\forall (u,v) \in E)\}$$

とおく．定理 9.17 (i) より，$S \neq \emptyset$ ならば L 凸集合である．なお，集合 S が非空であることの必要十分条件は，グラフ G に負閉路が存在しないことである（注意 2.10 参照）．

次に，集合 S は非空と仮定して，関数 $g: \mathbb{Z}^V \to \mathbb{Z} \cup \{-\infty\}$ を

$$g(p) = \begin{cases} \sum_{v \in V}(p(v) - p(s)) & (p \in S), \\ -\infty & (\text{それ以外}) \end{cases}$$

によって定義すると，これは実効定義域を S とする L 凹関数である．関数 g の L 凹性を示すには，$p, q \in S$ に対して**離散中点凹性**

$$g(p) + g(q) \leq g\left(\left\lceil \frac{p+q}{2} \right\rceil\right) + g\left(\left\lfloor \frac{p+q}{2} \right\rfloor\right) \quad (9.22)$$

が成り立つことを示せばよいが，g が S 上の線形関数であることを使うと，この

不等式が等号で成り立つことがわかる.

なお，関数 g を最大化する $p_* \in S$ に対し，値 $p_*(v) - p_*(s)$ は頂点 s から頂点 v への最短路長に一致する．よって，関数 g の最大化問題を解くことによって，頂点 s から各頂点への最短路長を求めることができる．

このことは，以下のようにして証明できる．頂点 s から各頂点 v への最短路長を $d(v)$ とおくと，枝の長さが整数なので $d(v)$ は整数であり，命題 2.9 により d はポテンシャルとなるので，$d \in S$ が成り立つ．一方，命題 2.5 により，任意のポテンシャル $p \in S$ と各頂点 v に対して $p(v) - p(s) \leq d(v) - d(s)$ であるので，

$$g(p) = \sum_{v \in V} (p(v) - p(s)) \leq \sum_{v \in V} (d(v) - d(s)) = g(d)$$

が成り立つ．よって，ベクトル d は関数 g の最大化問題の最適解であり，また任意の最適解 p_* に対して $p_*(v) - p_*(s) = d(v) - d(s) = d(v)$ が成り立つ．つまり，値 $p_*(v) - p_*(s)$ は頂点 s から頂点 v への最短路長に一致する． ∎

例 9.19 (最小 s-t カット問題) 4.2 節で扱った最小 s-t カットを求める問題を考える．問題の入力として，有向グラフ $G = (V, E)$ と相異なる 2 頂点 $s, t \in V$，および各枝の非負値の容量 $c(e) \in \mathbb{R}$ が与えられたとき，$V' = V \setminus \{s, t\}$ とおいて関数 $g: \mathbb{Z}^{V'} \to \mathbb{R} \cup \{+\infty\}$ を次のように定める[11]:

$$g(p) = \begin{cases} c(S \cup \{s\}, V \setminus (S \cup \{s\})) & (p = e_S \text{ かつ } S \subseteq V'), \\ +\infty & (\text{それ以外}). \end{cases}$$

このとき，g は $\mathrm{L}^\natural$ 凸関数である．

関数 g が $\mathrm{L}^\natural$ 凸関数であることを証明するために，離散中点凸性 (9.13) が成り立つことを示す．ある $S, U \subseteq V'$ に対して $p = e_S$, $q = e_U$ である場合を考えればよい．このとき，

$$\left\lceil \frac{p+q}{2} \right\rceil = e_{S \cup U}, \quad \left\lfloor \frac{p+q}{2} \right\rfloor = e_{S \cap U}$$

が成り立つので，$\tilde{S} = S \cup \{s\}$, $\tilde{U} = U \cup \{s\}$ とおくと，離散中点凸性 (9.13) は

$$c(\tilde{S}, V \setminus \tilde{S}) + c(\tilde{U}, V \setminus \tilde{U}) \geq c(\tilde{S} \cup \tilde{U}, V \setminus (\tilde{S} \cup \tilde{U})) + c(\tilde{S} \cap \tilde{U}, V \setminus (\tilde{S} \cap \tilde{U})) \quad (9.23)$$

と書き換えられる．以下，この不等式を示す．

---

[11] カット容量 c の定義は式 (4.7) を参照．また，e_S は S の特性ベクトル．

9.2 L 凸 関 数   127

グラフ G の各枝 (u,v) に対し，式 (9.23) の両辺において枝容量 $c(u,v)$ が加算された回数は，次の表のとおりになる（$X_1 = \tilde{S} \cap \tilde{U}$, $X_2 = \tilde{S} \setminus \tilde{U}$, $X_3 = \tilde{U} \setminus \tilde{S}$, $X_4 = V \setminus (\tilde{S} \cup \tilde{U})$ である）：

(a) 左辺での回数

$u \setminus v$	X_1	X_2	X_3	X_4
X_1	0	1	1	2
X_2	0	0	1	1
X_3	0	1	0	1
X_4	0	0	0	0

(b) 右辺での回数

$u \setminus v$	X_1	X_2	X_3	X_4
X_1	0	1	1	2
X_2	0	0	0	1
X_3	0	0	0	1
X_4	0	0	0	0

上記の 2 つの表は，$(u,v) \in (X_2, X_3)$ と $(u,v) \in (X_3, X_2)$ の欄（四角で囲まれたところ）を除いて一致していることに注意する．このように，各枝に対して「左辺での回数 $\geq$ 右辺での回数」が成り立ち，各枝の容量は非負なので，不等式 (9.23) が得られる． ∎

注意 9.20 例 9.19 は，集合関数 $\rho(S) = c(S \cup \{s\}, V \setminus (S \cup \{s\}))$ $(S \in 2^{V'})$ が劣モジュラ関数であることを意味している．一般に，集合関数 $\rho: 2^N \to \mathbb{R}$ に対し，関数 $g: \mathbb{Z}^n \to \mathbb{R} \cup \{+\infty\}$ を

$$g(p) = \begin{cases} \rho(S) & (p = e_S \text{ かつ } S \subseteq N), \\ +\infty & (\text{それ以外}) \end{cases}$$

により定めると，ρ が劣モジュラ関数であることと g が $L^{\natural}$ 凸関数であることは等価である． ∎

例 9.21 (最小凸費用テンション問題) 5.6 節で扱った最小凸費用テンション問題 (5.24) の目的関数 $g: \mathbb{Z}^V \to \mathbb{R} \cup \{+\infty\}$ は，グラフ $G = (V, E)$ と，$\sum_{u \in V} b(u) = 0$ を満たすベクトル $b \in \mathbb{R}^V$，および各枝 $(u,v) \in E$ に対応する離散凸関数 $\psi_{uv}: \mathbb{Z} \to \mathbb{R} \cup \{+\infty\}$ を用いて

$$g(p) = -\sum_{u \in V} b(u)p(u) + \sum_{(u,v) \in E} \psi_{uv}(-p(u) + p(v)) \quad (p \in \mathbb{Z}^V)$$

と定義されるが，これは $\mathrm{dom}\, g \neq \emptyset$ のとき，L 凸関数である．さらに，各枝だけでなく，各頂点 u に対しても離散凸関数 $\psi_u: \mathbb{Z} \to \mathbb{R} \cup \{+\infty\}$ が与えられたとき，関数 $h: \mathbb{Z}^V \to \mathbb{R} \cup \{+\infty\}$ を

$$h(p) = \sum_{u \in V} \psi_u(p(u)) + \sum_{(u,v) \in E} \psi_{uv}(-p(u) + p(v)) \quad (p \in \mathbb{Z}^V)$$

により定義すると，$\mathrm{dom}\, h \neq \emptyset$ ならば h は $\mathrm{L}^{\natural}$ 凸関数である．

以下では，$\mathrm{dom}\, g \neq \emptyset$ を仮定して g が L 凸関数であることを証明する．なお，関数 h が $\mathrm{L}^{\natural}$ 凸関数であることの証明は，定理 9.14 (iii) を使うことによって，関数 g の L 凸性の証明と同様に行うことができる．

まず，$p \in \mathbb{Z}^V$ に対して $p' = p + \mathbf{1}$ とすると，

$$g(p') = -\sum_{u \in V} b(u) p'(u) + \sum_{(u,v) \in E} \psi_{uv}(-p'(u) + p'(v))$$
$$= -\sum_{u \in V} b(u) p(u) - \sum_{u \in V} b(u) + \sum_{(u,v) \in E} \psi_{uv}(-p(u) + p(v)) \;=\; g(p)$$

が成り立つ．なお，2 番目の等号では $\sum_{u \in V} b(u) = 0$ を用いている．

次に，g に対する劣モジュラ不等式

$$g(p) + g(q) \geq g(\tilde{p}) + g(\tilde{q})$$

を示す．ここで，$\tilde{p} = p \vee q$, $\tilde{q} = p \wedge q$ である．

$$\sum_{u \in V} b(u) p(u) + \sum_{u \in V} b(u) q(u) = \sum_{u \in V} b(u) \tilde{p}(u) + \sum_{u \in V} b(u) \tilde{q}(u)$$

が成り立つので，各枝 $(u,v) \in E$ に対して以下の不等式を示せば十分である：

$$\psi_{uv}(-p(u) + p(v)) + \psi_{uv}(-q(u) + q(v))$$
$$\geq \; \psi_{uv}(-\tilde{p}(u) + \tilde{p}(v)) + \psi_{uv}(-\tilde{q}(u) + \tilde{q}(v)). \tag{9.24}$$

一般性を失うことなく $p(u) \geq q(u)$ と仮定する．すると，$\tilde{p}(u) = p(u)$ および $\tilde{q}(u) = q(u)$ が成り立つ．まず，$p(v) \geq q(v)$ の場合は，$\tilde{p}(v) = p(v)$ かつ $\tilde{q}(v) = q(v)$ となるので，不等式 (9.24) は等号で成り立つ．次に，$p(v) < q(v)$ の場合は，$\tilde{p}(v) = q(v)$ かつ $\tilde{q}(v) = p(v)$ となる．ここで

$$x = -q(u) + q(v), \quad y = -p(u) + p(v), \quad \alpha = q(v) - p(v)$$

とおくと，$x > y$, $0 < \alpha \leq x - y$ で，式 (9.24) は

$$\psi_{uv}(y) + \psi_{uv}(x) \geq \psi_{uv}(y + \alpha) + \psi_{uv}(x - \alpha)$$

と書き直せるので，一変数離散凸関数の性質 (8.4) より，不等式 (9.24) が導かれる．∎

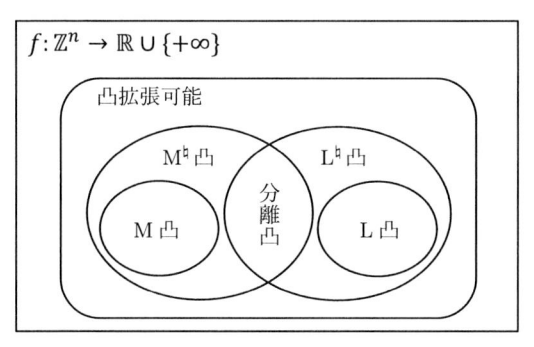

図 9.5 離散変数の凸関数のクラス

9.3 離散凸関数のクラス

離散凸関数のクラスを図 9.5 に整理しておく．$M^♮$ 凸関数は M 凸関数を特殊ケースとして含み，$L^♮$ 凸関数は L 凸関数を特殊ケースとして含む．後の定理 10.1 と定理 10.2 により，$M^♮$ 凸関数も $L^♮$ 凸関数も凸拡張可能な関数のクラスに含まれる．中央部分の「分離凸」という部分は，分離凸関数のクラスであり，これは $M^♮$ 凸関数と $L^♮$ 凸関数の共通部分に一致する．ここで分離凸関数とは，条件 (8.1) を満たす一変数離散凸関数 φ_i を用いて

$$f(x) = \sum_{i=1}^{n} \varphi_i(x(i)) \tag{9.25}$$

の形に表現される関数 $f(x)$ のことである．後に 10.3 節の定理 10.5 で述べることであるが，整数値をとる M 凸関数と L 凸関数（および $M^♮$ 凸関数と $L^♮$ 凸関数）は表裏一体の関係にあり，離散ルジャンドル変換によって移り合う．

9.4 章末ノート：離散凸解析の歴史

M 凸関数，L 凸関数に至る離散凸関数概念の歴史を簡単に述べる．マトロイドの概念はホイットニー (Whitney) によって 1935 年に導入された[56]．1960 年代の終わりにエドモンズによってポリマトロイド交わり定理が発見された[5]のを契機として劣モジュラ集合関数の研究が盛んになり，劣モジュラ関数と凸関数と

の類似性が議論された．1980年代はじめ，藤重，フランク (Frank)，ロヴァース (Lovász) らの研究により，劣モジュラ集合関数のもつ凸性と離散性が明確になった[8,9,24]．1990年代にはいって，ドレス (Dress) とヴェンツェル (Wenzel) により，付値マトロイドの概念が導入された[3,4]．数年後，室田により付値マトロイドに関する双対定理が示され[31]，離散凸性との関連が認識された．これらとは独立に，ファヴァティ (Favati) とタルデラ (Tardella) により，整凸関数の概念が考察された[6]．M凸関数，L凸関数の概念と「離散凸解析」の名称は，1998年頃に室田によって提唱された[30,32]．また，M凸関数，L凸関数と等価な概念として，$M^{\natural}$ 凸関数，$L^{\natural}$ 凸関数の概念が提案された[12,41]．その後，M凸関数，L凸関数の概念は，連続変数の関数に対しても拡張されている[42,43]．「離散凸解析」全般については文献[35,36,39] に解説されており，劣モジュラ関数の理論との関係は文献[11]に，ゲーム理論への応用は文献[53] に詳しい．

M凸関数，L凸関数の概念について詳しくは，専門書[11,35,36,39,53] を参照されたい．

10

離散凸解析の基本定理

 本章では，M凸関数およびL凸関数のもつ様々な性質を説明する．これらの性質より，M凸関数およびL凸関数が離散凸性としてふさわしい概念であることがわかる．

10.1 離散関数の凸拡張

 8.1 節では，整数上で定義された一変数離散凸関数が凸拡張可能であることを説明した．本節では，多変数関数の凸拡張可能性について考える．多変数関数 $f : \mathbb{Z}^n \to \mathbb{R} \cup \{+\infty\}$ の場合には，ある凸関数 $\overline{f} : \mathbb{R}^n \to \mathbb{R} \cup \{+\infty\}$ が存在して

$$\overline{f}(x) = f(x) \quad (\forall x \in \mathbb{Z}^n) \tag{10.1}$$

が成り立つとき，関数 f は凸拡張可能であるといい，$\overline{f}$ を f の凸拡張と呼ぶ．ただし，一変数の場合とは異なり，凸拡張可能性の条件を式 (8.1) のような簡単な形で書くことはできない．次の定理は，$M^\natural$ 凸関数や $L^\natural$ 凸関数が離散凸関数と呼ぶに相応しいものであること（の一端）を示すものである．

定理 10.1 $M^\natural$ 凸関数 $f : \mathbb{Z}^n \to \mathbb{R} \cup \{+\infty\}$ は凸拡張可能である．

定理 10.2 $L^\natural$ 凸関数 $g : \mathbb{Z}^n \to \mathbb{R} \cup \{+\infty\}$ は凸拡張可能である．

10.2 最 小 解

 $M^\natural$ 凸関数および $L^\natural$ 凸関数に対し，その（大域的な）最小解は局所的な性質（方向微分の離散版）で特徴づけられる．これは，通常の凸関数の場合の定理 7.3 に対応するとともに，一変数離散凸関数の場合の定理 8.2 の多変数関数への一般化

となっている．

定理 10.3 関数 $f: \mathbb{Z}^n \to \mathbb{R} \cup \{+\infty\}$ が $\mathrm{M}^\natural$ 凸関数のとき，$x \in \mathrm{dom}\, f$ が f の最小解であるためには，任意の $i, j \in \{0, 1, \ldots, n\}$ に対して

$$f(x) \leq f(x - e_i + e_j)$$

となることが必要十分である[*1)]．

定理 10.4 関数 $g: \mathbb{Z}^n \to \mathbb{R} \cup \{+\infty\}$ が $\mathrm{L}^\natural$ 凸関数のとき，$p \in \mathrm{dom}\, g$ が g の最小解であるためには，任意の $q \in \{0, 1\}^n$ に対して

$$g(p) \leq \min\{g(p - q), g(p + q)\}$$

となることが必要十分である．

10.3 離散ルジャンドル変換と共役性定理

8.3 節では一変数の離散変数関数に対する離散ルジャンドル変換について議論したが，本節では多変数関数の場合を考える．整数値をとる多変数の離散変数関数 $f: \mathbb{Z}^n \to \mathbb{Z} \cup \{+\infty\}$ に対して

$$f^\bullet(p) = \sup\{p^\top x - f(x) \mid x \in \mathbb{Z}^n\} \quad (p \in \mathbb{Z}^n) \tag{10.2}$$

と定義し，これを**離散ルジャンドル変換**と呼ぶ[*2)]．また，変換後の関数 $f^\bullet: \mathbb{Z}^n \to \mathbb{Z} \cup \{+\infty\}$ を，f の**離散共役関数**と呼ぶ．ここで，$f(x)$ が有限値となる $x \in \mathbb{Z}^n$ が存在するという（自然な）仮定をおくと，変換後の関数 $f^\bullet$ も $\mathbb{Z} \cup \{+\infty\}$ に値をとる関数 $f^\bullet: \mathbb{Z}^n \to \mathbb{Z} \cup \{+\infty\}$ となるので，その離散共役関数 $(f^\bullet)^\bullet$ が定義される．

通常の連続世界の凸解析においては，凸関数に M や L の区別はなく，凸関数の共役は再び凸関数である（定理 7.5）．これに対して，離散凸解析では，M と L の 2 種類の凸性が区別され，それらが離散ルジャンドル変換 $f \mapsto f^\bullet$ によって移り合うという状況になる．これを**共役性定理**と呼ぶ．

[*1)] e_i は第 i 単位ベクトルを表す（6.2 節参照）．また，$e_0 = (0, 0, \ldots, 0)$ と約束する．
[*2)] 式 (7.13) とは異なり，p は整数ベクトルであり，x の動く範囲も整数ベクトルであることに注意．

定理 10.5 (共役性定理) $f, g : \mathbb{Z}^n \to \mathbb{Z} \cup \{+\infty\}$ とする.

(i) 離散ルジャンドル変換 (10.2): $f \mapsto f^{\bullet} = g$, $g \mapsto g^{\bullet} = f$ は, 整数値 $\mathrm{M}^{\natural}$ 凸関数 f と整数値 $\mathrm{L}^{\natural}$ 凸関数 g の間の 1 対 1 対応を与える. さらに, $(f^{\bullet})^{\bullet} = f$, $(g^{\bullet})^{\bullet} = g$ が成り立つ.

(ii) 離散ルジャンドル変換 (10.2): $f \mapsto f^{\bullet} = g$, $g \mapsto g^{\bullet} = f$ は, 整数値 M 凸関数 f と整数値 L 凸関数 g の間の 1 対 1 対応を与える. さらに, $(f^{\bullet})^{\bullet} = f$, $(g^{\bullet})^{\bullet} = g$ が成り立つ.

例 10.6 (最小費用流問題と最小費用テンション問題) 例 9.13 の最小凸費用流問題と例 9.21 の最小凸費用テンション問題の間の共役性について説明する.

例 9.13 の最小凸費用流問題から得られる関数

$$f(b) = \min\left\{\sum_{e \in E} \tilde{\varphi}_e(x(e)) \;\middle|\; x \in \mathbb{Z}^E,\; \partial x = -b \right\} \quad (b \in \mathbb{Z}^V) \tag{10.3}$$

(式 (9.8) における b の符号を反転してある) は ($\mathrm{dom}\, f$ が非空ならば) M 凸関数であるが, 各枝の費用関数 $\tilde{\varphi}_e$ が整数値関数 $\tilde{\varphi}_e : \mathbb{Z} \to \mathbb{Z} \cup \{+\infty\}$ の場合には f も整数値関数となる. このとき, f の離散共役関数 $f^{\bullet}$ の具体形を計算すると,

$$\begin{aligned}
f^{\bullet}(p) &= \sup\{p^{\top} b - f(b) \mid b \in \mathbb{Z}^V\} \\
&= \sup\left\{p^{\top} b - \min\left\{\sum_{e \in E} \tilde{\varphi}_e(x(e)) \;\middle|\; x \in \mathbb{Z}^E,\, \partial x = -b\right\} \;\middle|\; b \in \mathbb{Z}^V\right\} \\
&= \sup\left\{-p^{\top}(\partial x) - \sum_{e \in E} \tilde{\varphi}_e(x(e)) \;\middle|\; x \in \mathbb{Z}^E\right\} \\
&= \sup\left\{\sum_{(u,v) \in E}(p(v) - p(u))x(u,v) - \sum_{(u,v) \in E} \tilde{\varphi}_{uv}(x(u,v)) \;\middle|\; x \in \mathbb{Z}^E\right\} \\
&= \sum_{(u,v) \in E} \sup\{(p(v) - p(u))x(u,v) - \tilde{\varphi}_{uv}(x(u,v)) \mid x(u,v) \in \mathbb{Z}\}
\end{aligned}$$

となる. ここで,

$$\sup\{(p(v) - p(u))t - \tilde{\varphi}_{uv}(t) \mid t \in \mathbb{Z}\} = (\tilde{\varphi}_{uv})^{\bullet}(p(v) - p(u))$$

であるので, $\psi_{uv} = (\tilde{\varphi}_{uv})^{\bullet}$ とおくと, ψ_{uv} は整数値の一変数離散凸関数であり,

$$f^{\bullet}(p) = \sum_{(u,v) \in E} \psi_{uv}(p(v) - p(u))$$

と書ける．この関数は，例 9.21 の最小凸費用テンション問題において $b = \mathbf{0}$ としたときの目的関数であり，L 凸関数である．

逆に，各枝 $(u,v) \in E$ に対応する整数値離散凸関数 $\psi_{uv} : \mathbb{Z} \to \mathbb{Z} \cup \{+\infty\}$ によって定義される関数

$$g(p) = \sum_{(u,v) \in E} \psi_{uv}(p(v) - p(u)) \quad (p \in \mathbb{Z}^V)$$

は整数値 L 凸関数であるが，その離散共役関数 $f = g^{\bullet}$ は，$\tilde{\varphi}_e = \psi_e^{\bullet}$ とおくことによって，式 (10.3) により与えられる．このことは，上記の式展開を逆にたどることによって示すことができる． ∎

10.4 離散分離定理

連続世界の凸解析における分離定理（定理 7.6）に相当するものを離散関数の世界で考える．すなわち，関数 $f : \mathbb{Z}^n \to \mathbb{R} \cup \{+\infty\}$ と関数 $h : \mathbb{Z}^n \to \mathbb{R} \cup \{-\infty\}$ が各点 x で $f(x) \geq h(x)$ を満たすとき，両者を分離するような 1 次関数 $\alpha_* + p_*^\top x$ が存在するかどうかを考える．

一般に，次の形の命題が成り立つとき，これを**離散分離定理**と呼ぶ．

[離散分離定理の一般形] $f : \mathbb{Z}^n \to \mathbb{R} \cup \{+\infty\}$ を「離散凸関数」，$h : \mathbb{Z}^n \to \mathbb{R} \cup \{-\infty\}$ を「離散凹関数」とし，$\operatorname{dom} f \cap \operatorname{dom} h \neq \emptyset$ を仮定する．

(i) すべての $x \in \mathbb{Z}^n$ に対して $f(x) \geq h(x)$ ならば，ある $\alpha_* \in \mathbb{R}$, $p_* \in \mathbb{R}^n$ に対して

$$f(x) \geq \alpha_* + p_*^\top x \geq h(x) \quad (\forall x \in \mathbb{Z}^n) \tag{10.4}$$

が成り立つ．

(ii) f, h が整数値関数 ($f : \mathbb{Z}^n \to \mathbb{Z} \cup \{+\infty\}$, $h : \mathbb{Z}^n \to \mathbb{Z} \cup \{-\infty\}$) のときには，$\alpha_* \in \mathbb{Z}$, $p_* \in \mathbb{Z}^n$ にとれる．

上の一般形においては「離散凸関数」と「離散凹関数」の意味は特定されておらず，この命題が成り立つかどうかは「離散凸関数」と「離散凹関数」の定義の仕方に依存して決まることに注意されたい．最初の主張 (i) は，連続世界の分離定理（定理 7.6）と同じ形であるが，主張 (ii) では，関数 f と h が整数値関数の

場合には，関数値の離散性が 1 次関数を定義する α_* と p_* の離散性に反映されることを要請している[*3]．一変数の離散凸関数については離散分離定理が成り立つ（定理 8.5）．

実は，M 凸関数の世界，L 凸関数の世界のそれぞれにおいて，離散分離定理が成り立つことが知られている．

定理 10.7 (M 分離定理) $M^\natural$ 凸関数 $f : \mathbb{Z}^n \to \mathbb{R} \cup \{+\infty\}$ と $M^\natural$ 凹関数 $h : \mathbb{Z}^n \to \mathbb{R} \cup \{-\infty\}$ に対して，離散分離定理が成り立つ．

定理 10.8 (L 分離定理) $L^\natural$ 凸関数 $f : \mathbb{Z}^n \to \mathbb{R} \cup \{+\infty\}$ と $L^\natural$ 凹関数 $h : \mathbb{Z}^n \to \mathbb{R} \cup \{-\infty\}$ に対して，離散分離定理が成り立つ．

離散分離定理は，見かけは通常の分離定理によく似ているが，その本質は組合せ論的に深い内容を含んでいる．実際，グラフ理論やマトロイド理論で知られている双対定理の多くが，M 分離定理と L 分離定理から導出できる．

10.5 離散フェンシェル双対性

10.5.1 基本形

フェンシェル双対定理（定理 7.7）に相当するものを離散関数の世界で考える．整数値をとる離散変数関数 $f : \mathbb{Z}^n \to \mathbb{Z} \cup \{+\infty\}$ に対して，離散ルジャンドル変換

$$f^\bullet(p) = \sup\{p^\top x - f(x) \mid x \in \mathbb{Z}^n\} \quad (p \in \mathbb{Z}^n) \tag{10.5}$$

によって，関数 $f^\bullet : \mathbb{Z}^n \to \mathbb{Z} \cup \{+\infty\}$ が得られる（10.3 節）．同様に，整数値をとる離散変数関数 $h : \mathbb{Z}^n \to \mathbb{Z} \cup \{-\infty\}$ に対して，離散変数関数 $h^\circ : \mathbb{Z}^n \to \mathbb{Z} \cup \{-\infty\}$ を

$$h^\circ(p) = \inf\{p^\top x - h(x) \mid x \in \mathbb{Z}^n\} \quad (p \in \mathbb{Z}^n) \tag{10.6}$$

で定義する．ただし，$\mathrm{dom}\, f \neq \emptyset$, $\mathrm{dom}\, h \neq \emptyset$ を仮定している．

この場合にも，連続変数の場合と同様の議論により，任意の $x \in \mathbb{Z}^n$ と $p \in \mathbb{Z}^n$ に対して，不等式

$$f(x) - h(x) \geq h^\circ(p) - f^\bullet(p) \tag{10.7}$$

[*3] この要請は自然であるばかりでなく，最適化との関連で有用であることがわかっている．

が成り立つ(式 (7.17) 参照). したがって, この不等号を等号にする $x \in \mathbb{Z}^n$ と $p \in \mathbb{Z}^n$ が存在するかどうかに関心がある. これが成り立つことを示す定理を, 一般に, **離散フェンシェル双対定理**と呼ぶ.

[**離散フェンシェル双対定理の一般形**] $f : \mathbb{Z}^n \to \mathbb{Z} \cup \{+\infty\}$ を整数値「離散凸関数」, $h : \mathbb{Z}^n \to \mathbb{Z} \cup \{-\infty\}$ を整数値「離散凹関数」とし, $\operatorname{dom} f \cap \operatorname{dom} h \neq \emptyset$ または $\operatorname{dom} f^{\bullet} \cap \operatorname{dom} h^{\circ} \neq \emptyset$ を仮定する. このとき,

$$\inf\{f(x) - h(x) \mid x \in \mathbb{Z}^n\} = \sup\{h^{\circ}(p) - f^{\bullet}(p) \mid p \in \mathbb{Z}^n\} \qquad (10.8)$$

が成り立つ. さらに, この両辺が有限値ならば, inf を達成する x と sup を達成する p が存在する.

一変数の離散凸関数については離散フェンシェル双対定理が成り立つ(定理 8.6). 実は, 「離散凸関数」の意味を $\mathrm{M}^{\natural}$ 凸関数あるいは $\mathrm{L}^{\natural}$ 凸関数とすれば, 離散フェンシェル双対定理が成り立つ.

定理 10.9

(i) 整数値 $\mathrm{M}^{\natural}$ 凸関数 f と整数値 $\mathrm{M}^{\natural}$ 凹関数 h に対して, 離散フェンシェル双対定理が成り立つ.

(ii) 整数値 $\mathrm{L}^{\natural}$ 凸関数 f と整数値 $\mathrm{L}^{\natural}$ 凹関数 h に対して, 離散フェンシェル双対定理が成り立つ.

離散世界の共役性(定理 10.5)により, 定理 10.9 の 2 つの主張 (i) と (ii) は, 実は, 同じ内容を述べている. つまり, 定理 10.5 を使うことで, 主張 (i) と (ii) が等価であることが示せる.

10.5.2 和の最小化

連続世界においてフェンシェル双対性(定理 7.7)から和の最小化に関する定理 (定理 7.8) が導かれたのと同様にして, 離散フェンシェル双対性(定理 10.9)から $\mathrm{M}^{\natural}$ 凸関数の和, $\mathrm{L}^{\natural}$ 凸関数の和のそれぞれについて以下の定理が成り立つ[*4].

定理 10.10 $\mathrm{M}^{\natural}$ 凸関数 $f, g : \mathbb{Z}^n \to \mathbb{R} \cup \{+\infty\}$ に対して, 次の (i), (ii) が成り

[*4] ($\mathrm{M}^{\natural}$ 凸関数 + $\mathrm{L}^{\natural}$ 凸関数) の形に対しては, このような定理はない.

立つ．

(i) $x_* \in \mathrm{dom}\, f \cap \mathrm{dom}\, g$ が $f+g$ の最小解であるための必要十分条件は，ある $p_* \in \mathbb{R}^n$ が存在して，$x = x_*$ が $f(x) - p_*^\top x$ と $g(x) + p_*^\top x$ の両方の最小解になることである．このとき，

$$\arg\min(f+g) = \arg\min_x(f(x) - p_*^\top x) \cap \arg\min_x(g(x) + p_*^\top x) \quad (10.9)$$

が成り立つ．

(ii) f と g が整数値関数 ($f, g: \mathbb{Z}^n \to \mathbb{Z} \cup \{+\infty\}$) のときには，$p_*$ を整数ベクトル ($p_* \in \mathbb{Z}^n$) に選ぶことができる．

定理 10.11 L♮ 凸関数 $f, g: \mathbb{Z}^n \to \mathbb{R} \cup \{+\infty\}$ に対して，定理 10.10 の (i), (ii) が成り立つ．

定理 10.10 において，M♮ 凸関数の和は M♮ 凸関数とは限らないことに注意する必要がある．とくに，M♮ 凸関数の和に対しては，定理 10.3 の形の「極小＝最小」の定理は成り立たない．これとは対照的に，L♮ 凸関数の和は L♮ 凸関数なので，L♮ 凸関数の和に対して定理 10.4 が適用できる．この意味で定理 10.11 より定理 10.10 の方がより重要であり，定理 10.10 は **M 凸交わり定理** と呼ばれる[*5)]．
M♮ 凸関数の和に対する「極小＝最小」の定理は，次のようになる．

定理 10.12 関数 $f, g: \mathbb{Z}^n \to \mathbb{R} \cup \{+\infty\}$ が M♮ 凸関数のとき，$x \in \mathrm{dom}\, f \cap \mathrm{dom}\, g$ が $f+g$ の最小解であるための必要十分条件は，$A \cap B = \emptyset, |A| - |B| \in \{-1, 0, +1\}$ を満たす任意の $A, B \subseteq \{1, 2, \ldots, n\}$ に対して

$$f(x) + g(x) \le f(x - e_A + e_B) + g(x - e_A + e_B)$$

となることである[*6)]．

10.6 章末ノート

本章では定理の証明は省略したが，その詳細については文献[11, 35, 36, 39, 40]を参

[*5)] 3 つ以上の M♮ 凸関数に対しては，定理 10.10 のような定理はない．
[*6)] 記号 $e_A \in \{0, 1\}^n$ は A の特性ベクトルを表す．$A = \emptyset$ のとき，$e_A = \mathbf{0}$ である．

照されたい．文献[35,36)]では離散凸解析に関する 2000 年頃までの研究成果が書かれており，それ以降の比較的新しい成果については文献[39,40)]で述べられている．また，文献[11)]では劣モジュラ関数の理論との関係が述べられている．

11

連続変数の離散凸関数

M凸性およびL凸性は離散変数の関数に対して定義された概念であったが，これらの定義を適切に拡張することにより，「離散構造を兼ね備えた凸関数」として，連続変数に関するM凸関数とL凸関数が得られる．本章では，これらの概念を説明する．

11.1 M 凸 関 数

交換公理を「連続化」することによって，M$^\natural$凸関数の概念を連続変数の関数 $f: \mathbb{R}^n \to \mathbb{R} \cup \{+\infty\}$ に対しても定義することができる．すなわち，

任意の $x, y \in \mathbb{R}^n$ と任意の $i \in \mathrm{supp}^+(x-y)$ に対して，ある $j \in \mathrm{supp}^-(x-y) \cup \{0\}$ が存在し，十分小さいすべての実数 $\alpha \geq 0$ に対して[*1]

$$f(x) + f(y) \geq f(x - \alpha(e_i - e_j)) + f(y + \alpha(e_i - e_j))$$

という条件を考え，これを満たす凸関数 $f: \mathbb{R}^n \to \mathbb{R} \cup \{+\infty\}$ を **M$^\natural$凸関数** と定義する．ここで，j を選ぶ範囲を狭めて $j \in \mathrm{supp}^-(x-y)$ にすることによって，**M凸関数** が定義される[*2]．

例9.13では，整数値フローに関する最小費用流問題から離散変数に関するM凸関数が得られることを示したが，以下の例では，実数値フローに関する最小費用流問題から連続変数に関するM凸関数が得られることを示す．この例は，離散変数に関するM凸関数と連続変数に関するM凸関数の関係を示す典型となって

[*1] 「十分小さいすべての実数 $\alpha \geq 0$ に対して」の意味を詳しく書くと，「ある正の実数 α_0 が存在し，$0 \leq \alpha \leq \alpha_0$ である任意の実数 α に対して」ということである．
[*2] supp^+ と supp^- の定義は式 (9.5) と式 (9.6) により与えられる．e_i は第 i 単位ベクトルであり，$e_0 = (0, 0, \ldots, 0)$ である．

例 11.1 (最小凸費用流問題) 有向グラフ $G = (V, E)$ と各枝 $e \in E$ の非負実数値の容量 $c(e) \in \mathbb{R}$ が与えられたとき,容量条件 (4.15) および需要供給条件 (4.14) を満たす実数値フローが存在するような需要供給ベクトル $b \in \mathbb{R}^V$ の全体の集合を S とする[*3].さらに,各枝 e のフローの費用を与える凸関数 $\varphi_e : \mathbb{R} \to \mathbb{R}$ が与えられたとして,関数 $f : \mathbb{R}^V \to \mathbb{R} \cup \{+\infty\}$ を次のように定義する:

$$f(b) = \begin{cases} \min\left\{\sum_{e \in E} \varphi_e(x(e)) \;\middle|\; \begin{array}{l} x \in \mathbb{R}^E \text{ は } b \text{ に関する条件 (4.14)} \\ \text{と条件 (4.15) を満たす} \end{array}\right\} & (b \in S), \\ +\infty & (それ以外). \end{cases}$$

この関数 f は(普通の意味での)凸関数であり,さらに M 凸関数でもある.関数 f の M 凸性は,例 9.13 での証明と同様にして示すことができる. ■

例 11.2 (離散変数の $\mathrm{M}^\natural$ 凸関数の凸閉包) 離散変数の関数 $f : \mathbb{Z}^n \to \mathbb{R} \cup \{+\infty\}$ に対し,その凸閉包 $\overline{f} : \mathbb{R}^n \to \mathbb{R} \cup \{\pm\infty\}$ は

$$\overline{f}(x) = \sup\{p^\top x + \alpha \mid p^\top y + \alpha \le f(y) \; (\forall y \in \mathbb{Z}^n)\} \quad (x \in \mathbb{R}^n)$$

と定義される関数である.関数 f が $\mathrm{M}^\natural$ 凸関数のとき,その凸閉包 $\overline{f}$ は常に $\overline{f}(x) > -\infty$ を満たす(普通の意味での)凸関数であり,さらに連続変数に関する $\mathrm{M}^\natural$ 凸関数でもある.このとき,凸閉包の定義域 $\mathrm{dom}\,\overline{f}$ は元の関数の定義域 $\mathrm{dom}\,f$ の凸包[*4]となっていて,$\overline{f}$ は f の凸拡張(定理 10.1 参照)となっている.同様に,f が M 凸関数ならば,その凸閉包 $\overline{f}$ は連続変数に関する M 凸関数である. ■

11.2 L 凸関数

並進劣モジュラ性に基づいて,$\mathrm{L}^\natural$ 凸関数の概念を連続変数の関数 $g : \mathbb{R}^n \to \mathbb{R} \cup \{+\infty\}$ に対しても定義することができる.凸関数 $g : \mathbb{R}^n \to \mathbb{R} \cup \{+\infty\}$ を考

[*3] 集合 S は基多面体であり(定義は注意 9.5 を参照),整数ベクトルに関する M 凸集合と同様の組合せ構造をもつ.

[*4] 集合 $S \subseteq \mathbb{R}^n$ の凸包とは,S に含まれる有限個のベクトルの凸結合をすべて集めた集合である.

える．任意の $p, q \in \mathbb{R}^n$ と非負実数 α に対して不等式

$$g(p) + g(q) \geq g((p - \alpha\mathbf{1}) \vee q) + g(p \wedge (q + \alpha\mathbf{1})) \tag{11.1}$$

が成り立つとき，関数 g を $\mathrm{L}^\natural$ 凸関数と定義する．式 (11.1) は，離散変数の場合の式 (9.16) と同じ形であるが，変数のとりうる範囲が異なっている．式 (11.1) の性質も並進劣モジュラ性と呼ぶ．

注意 11.3 連続変数の $\mathrm{L}^\natural$ 凸関数を定義する際には，離散変数の $\mathrm{L}^\natural$ 凸関数の定義で使われた性質のうち，どれを「連続化」するかということが重要である．たとえば，離散変数の $\mathrm{L}^\natural$ 凸関数は離散中点凸性 (9.13) によっても定義されるが，これを「連続化」すると中点凸性 (9.12) となり，その結果得られる関数は普通の凸関数となる． ∎

連続変数の **L 凸関数**は，$\mathrm{L}^\natural$ 凸関数 $g: \mathbb{R}^n \to \mathbb{R} \cup \{+\infty\}$ であって，さらに，方向 $\mathbf{1}$ の線形性の連続版の性質：

ある実数 r が存在して，任意の $p \in \mathbb{R}^n$ と任意の $\alpha \in \mathbb{R}$ に対して

$$g(p + \alpha\mathbf{1}) = g(p) + \alpha r \tag{11.2}$$

をもつ関数と定義される．

例 9.21 では，整数値ポテンシャルに関する最小凸費用テンション問題から離散変数に関する L 凸関数が得られることを示したが，以下の例では，実数値ポテンシャルに関する最小凸費用テンション問題から連続変数に関する L 凸関数が得られることを示す．この例は，離散変数に関する L 凸関数と連続変数に関する L 凸関数の関係を示す典型となっている．

例 11.4 (最小凸費用テンション問題) 5.6 節で扱った最小凸費用テンション問題は整数値ポテンシャルに関する最適化問題であったが，実数値ポテンシャルに対しても自然な形で拡張できる．グラフ $G = (V, E)$ と，$\sum_{u \in V} b(u) = 0$ を満たすベクトル $b \in \mathbb{R}^V$，および各枝 $(u, v) \in E$ に対応する凸関数 $\psi_{uv}: \mathbb{R} \to \mathbb{R} \cup \{+\infty\}$ を用いて関数 $g: \mathbb{R}^V \to \mathbb{R} \cup \{+\infty\}$ を

$$g(p) = -\sum_{u \in V} b(u) p(u) + \sum_{(u,v) \in E} \psi_{uv}(-p(u) + p(v)) \quad (p \in \mathbb{R}^V)$$

と定義すると，最小凸費用テンション問題は，関数 g を最小化する実数値ポテンシャル $p \in \mathbb{R}^V$ を求める問題として定式化される．ここで $\text{dom}\, g \neq \emptyset$ のとき，関数 g は（普通の意味での）凸関数であり，また L 凸関数でもある．さらに，各枝だけでなく，各頂点 u に対しても凸関数 $\psi_u : \mathbb{R} \to \mathbb{R} \cup \{+\infty\}$ が与えられたとして，関数 $h : \mathbb{R}^V \to \mathbb{R} \cup \{+\infty\}$ を

$$h(p) = \sum_{u \in V} \psi_u(p(u)) + \sum_{(u,v) \in E} \psi_{uv}(-p(u) + p(v)) \quad (p \in \mathbb{R}^V)$$

と定義すると，$\text{dom}\, h \neq \emptyset$ ならば，h は $\text{L}^\natural$ 凸関数である．関数 g の L 凸性と h の $\text{L}^\natural$ 凸性の証明は，例 9.21 での証明と同様である．■

例 11.5（離散変数の $\text{L}^\natural$ 凸関数の凸閉包）　離散変数の関数 $g : \mathbb{Z}^n \to \mathbb{R} \cup \{+\infty\}$ が $\text{L}^\natural$ 凸関数のとき，その凸閉包 $\overline{g}$ は常に $\overline{g}(p) > -\infty$ を満たす（普通の意味での）凸関数であり，さらに連続変数に関する $\text{L}^\natural$ 凸関数でもある．このとき，凸閉包の定義域 $\text{dom}\, \overline{g}$ は元の関数の定義域 $\text{dom}\, g$ の凸包となっていて，$\overline{g}$ は g の凸拡張（定理 10.2 参照）となっている．同様に，g が L 凸関数ならば，その凸閉包 $\overline{g}$ は連続変数に関する L 凸関数である．■

連続変数に関する M 凸関数と L 凸関数は，離散変数に関する M 凸関数と L 凸関数と類似した性質をもつことが知られている．

離散変数の M 凸関数と L 凸関数の共役関係を定理 10.5 で述べたが，連続変数の場合にも同様の共役関係が成り立つ．ただし，その主張を厳密に述べるために少し準備が必要である．関数 $f : \mathbb{R}^n \to \mathbb{R} \cup \{+\infty\}$ が**閉真凸関数**であるとは，f が凸関数であって，そのエピグラフ $\{(x, y) \in \mathbb{R}^{n+1} \mid y \geq f(x)\}$ が非空な閉集合であることをいう．また，閉真凸関数であると同時に M 凸関数である関数のことを閉真 M 凸関数と呼ぶ．閉真 L 凸関数，閉真 $\text{M}^\natural$ 凸関数，閉真 $\text{L}^\natural$ 凸関数についても同様に定義する．

定理 11.6（共役性定理）　$f, g : \mathbb{R}^n \to \mathbb{R} \cup \{+\infty\}$ を閉真凸関数とする．

(i)　ルジャンドル変換 (7.13)：$f \mapsto f^\bullet = g$, $g \mapsto g^\bullet = f$ は，閉真 $\text{M}^\natural$ 凸関数 f と閉真 $\text{L}^\natural$ 凸関数 g の間の 1 対 1 対応を与える．さらに，$(f^\bullet)^\bullet = f$, $(g^\bullet)^\bullet = g$ が成り立つ．

(ii)　ルジャンドル変換 (7.13)：$f \mapsto f^\bullet = g$, $g \mapsto g^\bullet = f$ は，閉真 M 凸関数 f

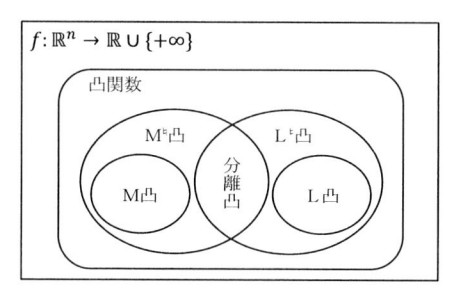

図 11.1 連続変数の凸関数のクラス

と閉真 L 凸関数 g の間の 1 対 1 対応を与える．さらに，$(f^\bullet)^\bullet = f$，$(g^\bullet)^\bullet = g$ が成り立つ．

注意 11.7 図 11.1 に，連続変数の凸関数のクラスを整理しておく．定理 11.6 で述べたように，M 凸関数と L 凸関数（および $M^\natural$ 凸関数と $L^\natural$ 凸関数）は，ルジャンドル変換によって移り合う．図 11.1 と図 9.5 を比較すると，連続世界と離散世界が同じ構造になっていることが理解しやすい． ∎

11.3 章末ノート

最小凸費用流問題に関する例 11.1 の事実は，文献[35]では非線形抵抗からなる電気回路の文脈で議論している．非線形抵抗からなる電気回路の例は文献[16,46]にも見られるが，これは「離散構造を兼ね備えた凸関数」という構造が M 凸関数，L 凸関数が導入される以前に実在していることを示すものである．連続変数の M 凸関数と L 凸関数の概念は，まず多面体的凸関数に対して導入され[42]，その後一般の非線形関数に対して拡張された[43]．連続変数に関する離散凸関数の詳細については，文献[11,35,36,39]を参照してほしい．

第 III 部
離散凸最適化のアルゴリズム

12

離散凸関数最小化の手法

本章では，整数格子点上で定義される離散凸関数の最小化に対する基本的な手法を説明する．ここで説明される手法は，後の章で M 凸関数最小化および L 凸関数最小化に対して適用される．

離散凸関数の最小化手法のアイディアを説明するために，各節ではまず，一変数の離散凸関数の場合を考え，手法を説明する．その後で，各アプローチを多変数の離散凸関数 $f : \mathbb{Z}^n \to \mathbb{R} \cup \{+\infty\}$ に拡張する上での問題点について議論する．

12.1 貪欲アプローチ

貪欲アプローチでは，アルゴリズムの各反復において現在の解 x の近傍 $N(x)$ を調べ，近傍の中で関数値が最小の解（もしくは関数値がより小さい解）に移動することを繰り返す（図 12.1 参照）．近傍 $N(x)$ は前もって適切に定めることになる．この手法は局所探索アプローチや最急降下アプローチとも呼ばれる．より具体的には，以下のように記述される．

ステップ 0： 初期解 $x \in \mathrm{dom}\, f$ を適切に選ぶ．
ステップ 1： $f(x) = \min\{f(y) \mid y \in N(x)\}$ ならば x を出力して終了．
ステップ 2： $f(y_*) = \min\{f(y) \mid y \in N(x)\}$ なる $y_* \in N(x)$ を選び，$x := y_*$ とおき，ステップ 1 に戻る．

貪欲アプローチでは，各反復において関数値が減少することから，$\mathrm{dom}\, f$ が有界ならばアルゴリズムは有限回の反復で終了する．重要なポイントは，近傍 $N(x)$ の選び方である．出力される解は近傍 $N(x)$ に関する局所的最小解で，大域的に最小とは限らないが，離散凸関数のクラスによっては，近傍を適切に選ぶことにより「局所的最小＝大域的最小」を保証できる場合もある．また，近傍の大きさ

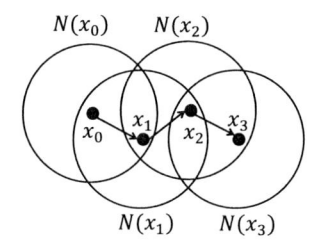

図12.1 貪欲アプローチのイメージ．黒い点は各反復の解 x，大きな円は近傍 $N(x)$ を，それぞれ表す．

によって，近傍内での局所的最小解を求めるための計算時間とアルゴリズムの反復回数が大きく変わりうる．

12.1.1 一変数離散凸関数の場合

一変数離散凸関数の場合，大域的な最小性は局所的な条件により特徴づけられる．一変数の離散凸関数 $f: \mathbb{Z} \to \mathbb{R} \cup \{+\infty\}$ は

$$2f(x) \leq f(x-1) + f(x+1) \quad (\forall x \in \mathbb{Z})$$

という性質によって定義されることと次の事実（定理 8.2）を思い出そう．

命題 12.1 $x \in \mathbb{Z}$ が f の最小解であることの必要十分条件は

$$f(x) \leq \min\{f(x-1), f(x+1)\}. \tag{12.1}$$

したがって，解 x の近傍 $N(x)$ は $N(x) = \{x-1, x, x+1\}$ と定めるのが自然であろう．一変数離散凸関数に対する貪欲アプローチでは，条件 (12.1) が成り立てば終了し，現在の解を最小解として出力し，そうでなければ，解 $x-1$ または $x+1$ のうち，関数値の小さい方に移動する，という手順を繰り返す．

近傍は3個の点からなるので，各反復では f の関数値を定数回評価するとともに，その他の基本的な演算（四則演算，比較，代入など）を定数回行うことになる．また，最小解が見つかるまでの間，各反復において x の値が単調に増加，または単調に減少，のどちらかになることが証明できるので（命題 12.2 参照），初期解を x_0，出力される最小解を x_* とおくと，反復回数は $|x_0 - x_*|$ である．

12.1.2 多変数離散凸関数の場合

貪欲アプローチは，最小化する関数が多変数関数になっても，自然に拡張が可

能である.しかし,多変数関数の場合は近傍の選び方に自由度があり,近傍をどう設定するかによって,得られる解の良さと計算時間に大きな違いが出てくる.

多変数関数の場合の近傍としては,L_∞ 距離が 1 以下のベクトルの集合

$$N_\infty(x) = \{y \in \mathbb{Z}^n \mid \|y - x\|_\infty \leq 1\}$$

が (1つの候補として) 考えられる[*1].実際,ある種の離散凸関数[*2]においては,この近傍に関して局所的最小ならば大域的にも最小であることが示されている.一方で,この近傍に含まれるベクトルは指数個 (3^n 個) となるため,近傍内で関数値最小のベクトルを求めることが一般には難しくなる.

近傍の別の候補としては,L_1 距離が 1 以下のベクトルの集合

$$N_1(x) = \{y \in \mathbb{Z}^n \mid \|y - x\|_1 \leq 1\}$$

が考えられる[*3].この近傍は

$$N_1(x) = \{x\} \cup \{x + e_i \mid 1 \leq i \leq n\} \cup \{x - e_i \mid 1 \leq i \leq n\}$$

とも書けるので,そこに含まれるベクトルの数は $2n+1$ 個となり,近傍内で関数値最小のベクトルを求めることは容易である.一方で,近傍が小さいことから,局所的最小解が大域的最小解になるとは限らない.また,1回の反復で変更されるベクトルの成分はただ1つなので,アルゴリズムの反復回数が大きくなる可能性が高い.

このように,近傍の設定方法によってアルゴリズムの性能は大きく変わる.扱う離散凸関数のクラスに応じて適切な近傍設定を行う必要がある.

12.1.3 逐次追加型の貪欲アプローチ

本項では,$\mathbf{0} \in \mathrm{dom}\, f \subseteq \{x \in \mathbb{Z}^n \mid x \geq \mathbf{0}\}$ を満たす多変数離散凸関数 $f : \mathbb{Z}^n \to \mathbb{R} \cup \{+\infty\}$ に対し,ベクトルの成分和 $\sum_{i=1}^n x(i)$ が所与の非負整数 r に等しいという条件の下で,f を最小化する $x \in \mathrm{dom}\, f$ を求める問題を考える.第1章で扱った最小木問題や第6章の資源配分問題はこの形に定式化できることに注意する.最小木問題や資源配分問題の場合にもそうであったが,この種の問

[*1] $\|y - x\|_\infty = \max_{1 \leq i \leq n} |y(i) - x(i)|$ である.
[*2] 整凸関数という関数.詳細については文献[6,35,36]を参照されたい.
[*3] $\|y - x\|_1 = \sum_{i=1}^n |y(i) - x(i)|$ である.

題に対しては，ベクトル x の成分を 1 ずつ繰り返し増やすことにより最小解を求める手法がよく用いられる．

ステップ 0：初期解を $x := \mathbf{0}$ とする．
ステップ 1：$\sum_{i=1}^n x(i) = r$ ならば x を出力して終了．
ステップ 2：$f(x + e_{i_*})$ を最小にする i_* $(1 \leq i_* \leq n)$ を選び，$x := x + e_{i_*}$ とおき，ステップ 1 に戻る．

このアルゴリズムで得られた解 x は一種の局所最小解であるが，ある種の離散凸関数に対しては大域的最小解になることが知られている[*4]．

12.2 領域縮小アプローチ

領域縮小アプローチでは，最小化する関数の性質をうまく利用して，最小解が含まれる領域を徐々に狭めていき，最終的に最小解を求める（図 12.2 参照）．

12.2.1 一変数離散凸関数の場合

一変数離散凸関数 $f: \mathbb{Z} \to \mathbb{R} \cup \{+\infty\}$ の場合，現在の解が最小解でなければ，次の性質によって，最小解が含まれる領域を限定できる．

命題 12.2 $f: \mathbb{Z} \to \mathbb{R} \cup \{+\infty\}$ を離散凸関数，$x \in \mathrm{dom}\, f$ とする．
 (i) $f(x-1) < f(x)$ ならば，$x_* < x$ なる最小解 $x_* \in \mathrm{dom}\, f$ が存在する．
 (ii) $f(x+1) < f(x)$ ならば，$x_* > x$ なる最小解 $x_* \in \mathrm{dom}\, f$ が存在する．

この性質を用いて，次の手順により一変数離散凸関数の最小解を求めることが

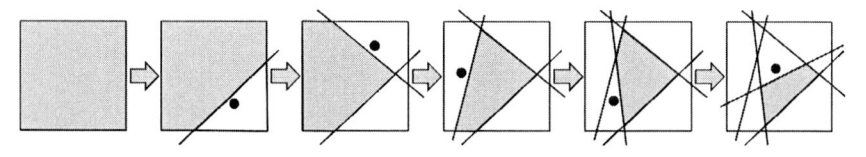

図 12.2 領域縮小アプローチのイメージ．網掛けの部分は，最小解が含まれる領域を表す．黒い点は現在の反復で選んだ解 x を表す．

[*4] 13.2 節では L 凸関数，14.2 節では M 凸関数について，貪欲アプローチによる最小化アルゴリズムを示す．また，14.2.3 項では $M^\natural$ 凸関数について逐次追加型の貪欲アプローチによる最小化アルゴリズムを示す．

できる．ここでは $\mathrm{dom}\, f$ が有界の場合を考える．

ステップ0：整数区間 $[a,b]_{\mathbb{Z}}$ を $[a,b]_{\mathbb{Z}} := \mathrm{dom}\, f$ と定める．
ステップ1：$a = b$ ならば a を出力して終了（a は最小解）．
ステップ2：$x \in [a,b]_{\mathbb{Z}}$ を（何らかの基準に従って）選ぶ．
ステップ3：$f(x-1) < f(x)$ ならば $b := x-1$ とおいてステップ2に戻る．
ステップ4：$f(x+1) < f(x)$ ならば $a := x+1$ とおいてステップ2に戻る．

命題12.2より，上記のアルゴリズムは必ず最小解を出力する．アルゴリズムの反復回数は，ステップ2での解 x の選び方に依存する．各反復で整数区間をできるだけ小さくするには，$x = (a+b)/2$（整数でないときにはその切り上げ，または切り捨て）を選べばよい．すると，各反復では整数区間の幅は約半分に減少する．この場合，上記のアルゴリズムは二分探索法と見ることもできる．

12.2.2 多変数離散凸関数の場合

多変数離散凸関数 $f : \mathbb{Z}^n \to \mathbb{R} \cup \{+\infty\}$ の場合は，領域縮小アプローチは次のように記述される．

ステップ0：整数ベクトルの集合 S を $S := \mathrm{dom}\, f$ により定める．
ステップ1：$x \in S$ を（何らかの基準に従って）選ぶ．
ステップ2：x が最小解ならば，x を出力して終了．
ステップ3：f のある最小解 x_* に対して $a^\top x_* \leq b < a^\top x$ を満たすベクトル a と実数 b を求め，$S := S \cap \{y \in \mathbb{Z}^n \mid a^\top y \leq b\}$ とおき，ステップ1に戻る．

このアルゴリズムは，各反復で S に含まれるベクトルの数が減少していくので，$\mathrm{dom}\, f$ が有界であれば有限回の反復で終了する．

領域縮小アプローチの実現のためには，まず最小解でない任意の解 x に対して，ステップ3の条件を満たすベクトル $a \in \mathbb{R}^n$ と実数 $b \in \mathbb{R}$ をいかに求めるかが大切である（x_* は未知であることに注意）．一般の（連続変数に関する）凸関数の場合，解 x における「劣微分」という局所的な情報を使って，このような a と b を得ることが可能である．離散凸関数の場合にも「劣微分」に対応する情報をいかに得るかが鍵となる．

また，反復回数を少なくするためには，一変数関数の場合と同様に，ステップ1でのxの選び方が重要である．直観的には，現在の反復でのSにおいて，なるべく「真ん中」の点を選んで，ステップ3の不等式でSを小さくすると，Sの大きさが半分になるので好ましい．したがって，Sの「真ん中」をいかに定義するか，また，その「真ん中」の点をいかに求めるか，が重要なポイントとなってくる[*5]．

12.3 スケーリングアプローチ

与えられた関数 $f : \mathbb{Z}^n \to \mathbb{R} \cup \{+\infty\}$ に対し，整数格子点上の点を飛び飛びに取って，f を大雑把に表現することを考える．具体的には，正整数 α に対し，

$$f_\alpha(x) = f(\alpha x) \quad (x \in \mathbb{Z}^n)$$

により定義される関数 $f_\alpha : \mathbb{Z}^n \to \mathbb{R} \cup \{+\infty\}$ を考える．この関数 f_α は，整数格子点上の点を α 刻みで取って f を大まかに表現したものであるが，このような操作を f のスケーリングと呼ぶ（図12.3参照）．

スケーリングした関数 f_α と f は形が似ているので，それらの最小解はお互いに近くに位置する可能性が高い．一方，f_α は f より形が単純化されていると同時に，解の選択肢が少なくなっているため，f よりも容易に最小化できると期待できる．これより，まず f_α の最小解を求め，その解を初期解として f の最小解を計算すると効率が良さそうなことがわかる．さらに，f_α の最小解を求める際には同じ考え方を再帰的に利用することができる．このようにスケーリングを用いた最小化手法をスケーリングアプローチと呼ぶ．

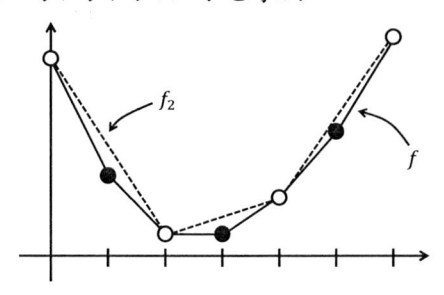

図 **12.3** スケーリングのイメージ．黒丸・白丸と実線で表される関数が f，白丸と破線で表される関数が f_2（$\alpha = 2$ に対する f_α）である．

[*5] 14.3節ではM凸関数について領域縮小アプローチによる最小化アルゴリズムを示す．

12.3.1 一変数離散凸関数の場合

一変数離散凸関数 f の場合，スケーリングアプローチを使って効率的に最小解を求めることができる．

関数 f に対し，整数点を 1 つおきにサンプリングすることによって得られる関数 f_2 を考えると，f_2 も一変数離散凸関数である．関数 f_2 は，関数 f と形が似ているので，f_2 の最小解と f の最小解の距離は近いと期待できる．実際，次の性質が成り立つ．

命題 12.3 関数 f_2 の最小解を $\hat{x} \in \mathrm{dom}\, f_2$ とすると，$2\hat{x} - 1 \leq x_* \leq 2\hat{x} + 1$ を満たす f の最小解 $x_* \in \mathrm{dom}\, f$ が存在する．

同様の性質は f_4 と f_2，f_8 と f_4 などの間にも成り立つ．そこで，f を直接最小化する代わりに，まず f_2 の最小解を（再帰的に）求め，その解を初期解として f の最小解を計算する方が効率が良いと期待できる．この方針に基づくアルゴリズムを具体的に記述すると，以下のようになる．記述を簡単にするため，f の定義域は $[-2^L, 2^L]_{\mathbb{Z}}$（L は非負整数）であると仮定する．

ステップ 0：$\alpha := 2^L$，$x' := 0$ とおく．
ステップ 1：$x' - 1 \leq x \leq x' + 1$ の範囲で $f_\alpha(x)$ を最小化する x を $\hat{x}$ とおく．
ステップ 2：$\alpha = 1$ ならば，$\hat{x}$ を出力して終了．
ステップ 3：$\alpha := \alpha/2$，$x' := 2\hat{x}$ とおいてステップ 1 に戻る．

このアルゴリズムでは，$\alpha = 2^L, 2^{L-1}, \ldots, 2^2, 2, 1$ の順で関数 f_α の最小解を繰り返し計算する．最終的に得られた $\hat{x}$ は，元の関数 $f = f_1$ の最小解である．

12.3.2 多変数離散凸関数の場合

関数 f がなんらかの離散凸性をもつ多変数関数の場合にも，スケーリングアプローチは自然な形で拡張可能である．しかし，スケーリングにより得られた関数 f_α は，f と同じ離散凸性をもっているとは限らないため，f_α の最小化を再帰的に行うことは難しいかもしれない．そのような場合には，何か工夫をして最小化を行う必要がある．

また，スケーリングした関数 f_α の最小解と，元の関数 f の最小解がどの程度

近いのかをきちんと解析して，命題 12.3 に相当する性質を見出す必要がある[*6]．

12.4　連続緩和アプローチ

最小化したい離散凸関数 f が，ある凸関数 $\tilde{f} : \mathbb{R}^n \to \mathbb{R} \cup \{+\infty\}$ によって $f(x) = \tilde{f}(x)$ $(\forall x \in \mathbb{Z}^n)$ という形で与えられている場合を考える（図 12.4 参照）．このような状況は応用例でもしばしば存在する．

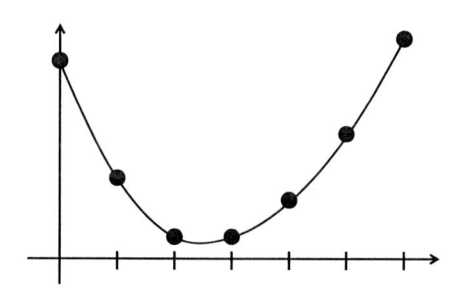

図 12.4　連続緩和アプローチのイメージ．実線は凸関数 $\tilde{f}$ を，黒丸は離散凸関数 f を，それぞれ表す．

関数 f を整数変数 x に関して直接最小化する代わりに，変数の条件を実数にゆるめて $\tilde{f}$ の最小化を行い，その実数最小解を利用して元の関数 f の最小解を求める手法を連続緩和アプローチと呼ぶ．

関数 $\tilde{f}$ は連続変数に関する凸関数なので，非線形最適化手法を利用することにより（離散凸関数に比べて）最小化しやすい．一方，$\tilde{f}$ と f は似た形の関数であるため，2 つの関数の最小解は近いと期待できる．したがって，f を直接最小化するより，$\tilde{f}$ の最小解を利用した方がより効率的であると期待できる．

12.4.1　一変数離散凸関数の場合

一変数離散凸関数 f が，ある一変数凸関数 $\tilde{f} : \mathbb{R} \to \mathbb{R} \cup \{+\infty\}$ によって $f(x) = \tilde{f}(x)$ $(\forall x \in \mathbb{Z})$ という形で与えられている場合を考える．$\tilde{f}$ は凸関数なので，その最小解 $\tilde{x}$ は微分が 0 の点（もしくは劣微分が 0 を含む点）により与えら

[*6] 13.3 節では $L^{\natural}$ 凸関数，14.4 節では M 凸関数について，スケーリングアプローチによる最小化アルゴリズムを示す．

れる．また，次の性質より，f の最小解は $\tilde{x}$ の切り上げ $\lceil \tilde{x} \rceil$ または切り下げ $\lfloor \tilde{x} \rfloor$ により与えられることがわかる．

命題 12.4 関数 $\tilde{f}$ の最小解を $\tilde{x} \in \mathrm{dom}\, \tilde{f}$ とすると，$\tilde{x} - 1 < x_* < \tilde{x} + 1$ を満たす f の最小解 $x_* \in \mathrm{dom}\, f$ が存在する．

したがって，一変数離散凸関数の最小化は，連続緩和アプローチを用いると容易に解けることがわかる．

12.4.2 多変数離散凸関数の場合

連続緩和アプローチは，自然な形で多変数関数にも拡張可能である．しかし，連続変数に関する凸関数 $\tilde{f}$ の最小化は，一変数の場合に比べると格段に難しくなる．また，凸関数 $\tilde{f}$ の最小解と元の関数 f の最小解がどの程度近いのかをきちんと解析して命題 12.4 に相当する性質を見出す必要がある[*7]．

12.5 章末ノート

離散凸関数の最小化のための様々なアプローチを説明したが，それぞれのアプローチはいろいろな文献で別々に示されている．たとえば M 凸関数や L 凸関数に対しては文献[36, 39]，また資源配分問題に対しては文献[15, 21] で示されている．これらのアプローチすべてを統一的な形で説明したのは本書が初めてである．

[*7] 13.4 節では $L^{\natural}$ 凸関数，14.5 節では M 凸関数について，連続緩和アプローチによる最小化アルゴリズムを示す．

13

L凸関数最小化

本章では，整数格子点上で定義されるL凸関数とL♮凸関数の最小化問題に対するアルゴリズムを説明する．これらのアルゴリズムは，第12章で説明した手法を適用して得られる．

13.1 扱う問題

まず，L♮凸関数 $g : \mathbb{Z}^n \to \mathbb{R} \cup \{+\infty\}$ が並進劣モジュラ性 (9.16) により定義されることを思い出そう．また，関数 $g : \mathbb{Z}^n \to \mathbb{R} \cup \{+\infty\}$ がL凸関数であることは，g がL♮凸関数であって，かつ

$$g(p + \mathbf{1}) = g(p) + r \tag{13.1}$$

が成り立つような（pによらない）実数rが存在すること（方向$\mathbf{1}$の線形性 (9.18)）であった（9.2節参照）．L凸関数の最小化問題はL♮凸関数の最小化問題の特殊ケースなので，本章では主にL♮凸関数を扱う．

注意 13.1 9.2.2項で述べたように，第2章で扱った最短路問題や5.6節の最小凸費用テンション問題は，L♮凸関数最小化問題の特殊ケースと見ることができる．さらに，第2章や5.6節で説明した最短路問題や最小凸費用テンション問題のアルゴリズムは，以下に説明する一般的なアルゴリズムから導出することができる（注意 13.4, 注意 13.5 参照）．■

13.2 貪欲アルゴリズム

L♮凸関数 $g : \mathbb{Z}^n \to \mathbb{R} \cup \{+\infty\}$ の最小化問題に対し，12.1節の貪欲アプローチ

を適用する．$L^\natural$凸関数の最小解は以下のように特徴づけられる（定理10.4）[*1]：

整数格子点 $p \in \mathrm{dom}\,g$ は g の最小解である
$\iff$ 任意の $X \subseteq N$ に対して $g(p) \leq \min\{g(p+e_X), g(p-e_X)\}$.

したがって，$L^\natural$凸関数最小化に対する貪欲アプローチにおいては，ベクトル p の近傍 $N(p)$ を

$$N(p) = \{p + e_X \mid X \subseteq N\} \cup \{p - e_X \mid X \subseteq N\}$$

とおくのが自然である．この近傍には指数個のベクトルが含まれるが，局所最小解の計算は

$$\rho_p^+(X) = g(p + e_X) - g(p), \quad \rho_p^-(X) = g(p - e_X) - g(p) \quad (X \subseteq N)$$

により定義される劣モジュラ集合関数 ρ_p^+, ρ_p^- の最小化に帰着できるので，(n に関する) 多項式時間で実行可能である[*2]．アルゴリズムは次のようになる．ただし，$\mathrm{dom}\,g$ は有界と仮定する．

[$L^\natural$凸関数最小化の貪欲アルゴリズム]
ステップ0：初期解 $p_0 \in \mathrm{dom}\,g$ を選び，$p := p_0$ とおく．
ステップ1：任意の $X \subseteq N$ および $\varepsilon \in \{+1, -1\}$ に対して $g(p) \leq g(p + \varepsilon e_X)$
　　　　　 ならば p を出力して終了．
ステップ2：$g(p + \varepsilon_* e_{X_*})$ を最小にする $X_* \subseteq N$ および $\varepsilon_* \in \{+1, -1\}$ を選び，
　　　　　 $p := p + \varepsilon_* e_{X_*}$ とおき，ステップ1に戻る．

定理10.4より，このアルゴリズムは $L^\natural$凸関数 g の最小解を出力する．関数値は単調に減少するので，有限回の反復で終了するが，さらに反復回数を（関数値ではなくて）定義域の大きさで評価することができる．

定義域の大きさを表す量として，

$$\Phi_g = \max\{\|p - q\|_\infty \mid p, q \in \mathrm{dom}\,g\}$$

[*1] e_X は X の特性ベクトルである．また，$N = \{1, 2, \ldots, n\}$ である．
[*2] 劣モジュラ関数最小化問題の多項式時間アルゴリズムについては文献[11, 18, 36, 47]を参照されたい．

を定義する*3).ベクトル p の関数 $\eta : \mathrm{dom}\, g \to \mathbb{Z}$ を

$$\eta(p) = \min\{\|p_* - p\|_\infty^+ + \|p_* - p\|_\infty^- \mid p_* \in \arg\min g\}$$

により定める.ここで,

$$\|p_* - p\|_\infty^+ = \max_{i \in N} \max(0, p_*(i) - p(i)),$$
$$\|p_* - p\|_\infty^- = \max_{i \in N} \max(0, -p_*(i) + p(i))$$

とする.関数 $\eta(p)$ は,g の最小解 p_* とベクトル p とのある種の距離を表す.定義より,任意の $p \in \mathrm{dom}\, g$ に対して $\eta(p) \leq 2\Phi_g$ が成り立つ.また,定義より $\eta(p) = 0$ ならば p は g の最小解である.貪欲アルゴリズムの各反復において $\eta(p)$ の値の減少量は高々 1 であるので,その反復回数は $\eta(p)$ 以上である.実は,アルゴリズムの反復回数は $\eta(p)$ に等しい.

命題 13.2 貪欲アルゴリズムの各反復において $\eta(p)$ の値はちょうど 1 減少する.したがって,この反復回数は $\eta(p_0)$ に等しく,これは $2\Phi_g$ 以下である.

注意 13.3 L凸関数 $g : \mathbb{Z}^n \to \mathbb{R} \cup \{+\infty\}$ の最小化を考える.まず,関数 g が最小解をもつならば,L凸関数の性質 (13.1) の実数 r は必ず 0 に等しい.また性質 (13.1) により,関数 g が最小解をもつときには,任意のベクトル p_0 に対して,$p_* \geq p_0$ かつある $i \in N$ に対して $p_*(i) = p_0(i)$ を満たす最小解 p_* が存在する.さらに性質 (13.1) により,貪欲アルゴリズムを適用するとき,ステップ 2 において常に $\varepsilon_* = +1$ を選ぶことができる.よって,

$$\Psi_g = \max\{\|p - q\|_\infty \mid p, q \in \mathrm{dom}\, g,\ \text{ある}\ i \in N\ \text{に対して}\ p(i) = q(i)\}$$

で定義される値 Ψ_g が有限ならば,貪欲アルゴリズムは高々 Ψ_g 回の反復で終了する.

注意 13.4 最短路問題に対するダイクストラのアルゴリズム (2.3.2 項参照) は,最短路問題を例 9.18 のように L♮凹関数最大化として再定式化した後に貪欲アルゴリズム(の L♮凹関数版)を適用したものと一致することを示すことができる[44].

---

*3) $\|p - q\|_\infty = \max_{i \in N} |p(i) - q(i)|$ である.

注意 13.5 最小凸費用テンション問題に対するハッシンのアルゴリズム（の拡張版）（5.4.4項および5.6.2項参照）は，最小凸費用テンション問題を $L^{\natural}$ 凸関数最小化とみなして貪欲アルゴリズムを適用したものと一致する． ∎

13.3 スケーリングアルゴリズム

$L^{\natural}$ 凸関数 $g : \mathbb{Z}^n \to \mathbb{R} \cup \{+\infty\}$ の最小化問題に対し，12.3節のスケーリングアプローチを適用する．記述を簡単にするために，以下では一般性を失うことなく $\mathbf{0} \in \mathrm{dom}\, g$ を仮定する[*4]．

正整数 α に対し，$L^{\natural}$ 凸関数 g をスケーリングして得られる関数

$$g_\alpha(p) = g(\alpha p) \quad (p \in \mathbb{Z}^n) \tag{13.2}$$

を考える．

定理 13.6 $L^{\natural}$ 凸関数 g および正整数 α に対し，式 (13.2) により定義される関数 g_α は $L^{\natural}$ 凸関数である．

（証明）関数 g が $L^{\natural}$ 凸関数であることの必要十分条件は，$\tilde{g}(p_0, p) = g(p - p_0 \mathbf{1})$（ただし $p_0 \in \mathbb{Z}, p \in \mathbb{Z}^n$）で定義される関数 $\tilde{g} : \mathbb{Z}^{n+1} \to \mathbb{R} \cup \{+\infty\}$ が劣モジュラ性をもつことである（定理9.14）．また，劣モジュラ関数をスケーリングして得られる関数も劣モジュラ関数である．したがって，関数 g_α は $L^{\natural}$ 凸関数である． ∎

次に，関数 g_α の最小解の近くに元の関数 g の最小解が存在することを示す．

定理 13.7 $L^{\natural}$ 凸関数 g および正整数 α に対し，関数 g_α を式 (13.2) により定める．関数 g_α の任意の最小解 p_α に対し，g のある最小解 p_* が存在して，$\|p_* - \alpha p_\alpha\|_\infty \leq n(\alpha - 1)$ が成り立つ．

とくに，定理13.7において $\alpha = 2$ とすると，関数 g_2 の任意の最小解 p_2 に対し，$\|p_* - 2p_2\|_\infty \leq n$ を満たす g の最小解 p_* が存在することがわかり，同様の性質は g_4 と g_2，g_8 と g_4 などの間にも成り立つ．関数 g_α は $L^{\natural}$ 凸関数である（定理13.6）から，g_α の最小解は13.2節の貪欲アルゴリズムにより計算できること

[*4] $\mathbf{0} \notin \mathrm{dom}\, g$ の場合には，$p_0 \in \mathrm{dom}\, g$ を用いて定義される関数 $g'(p) = g(p + p_0)$ $(p \in \mathbb{Z}^n)$ を考えればよい．このとき，g' は $\mathbf{0} \in \mathrm{dom}\, g'$ を満たす $L^{\natural}$ 凸関数となる．

に注意する．

[$L^\natural$凸関数最小化スケーリングアルゴリズム]
ステップ0：$k := \lceil \log_2(\Phi_g/n) \rceil$，$\alpha := 2^k$，$p' := \mathbf{0}$とおく．
ステップ1：$g_\alpha(p)$を$p' - n\mathbf{1} \leq p \leq p' + n\mathbf{1}$の範囲で最小化する$p$を，$p'$を初期解とする貪欲アルゴリズムにより求め，$\hat{p}$とおく．
ステップ2：$\alpha = 1$ならば，$\hat{p}$を出力して終了．
ステップ3：$\alpha := \alpha/2$，$p' := 2\hat{p}$とおいてステップ1に戻る．

ステップ1の貪欲アルゴリズムの中での反復回数は，前節の結果より$2n$以下である．よって，スケーリングアルゴリズムの計算時間は（Φ_gではなく）$\log \Phi_g$とnに関する多項式で抑えられる[*5]．

13.4 連続緩和アルゴリズム

$L^\natural$凸関数最小化問題に対して，12.4節の連続緩和アプローチを適用する．最小化したい$L^\natural$凸関数$g : \mathbb{Z}^n \to \mathbb{R} \cup \{+\infty\}$が，ある連続版$L^\natural$凸関数$\tilde{g} : \mathbb{R}^n \to \mathbb{R} \cup \{+\infty\}$によって$g(p) = \tilde{g}(p)$ ($\forall p \in \mathbb{Z}^n$) という形で与えられていて，かつ$\mathrm{dom}\, \tilde{g}$が$\mathrm{dom}\, g$の凸包に一致しているとする[*6]．このとき，連続版の関数$\tilde{g}$の最小解の近くに，関数gの最小解が存在する．

定理 13.8 任意の$q_* \in \arg\min \tilde{g}$に対し，$\|p_* - q_*\|_\infty \leq n$を満たす$p_* \in \arg\min g$が存在する．

連続版$L^\natural$凸関数$\tilde{g}$の最小解q_*を求めて，その各成分を切り上げた整数ベクトルをp_0とすると，定理13.8のp_*に対して$\|p_0 - p_*\|_\infty \leq n$が成り立つ[*7]．さらに，$p_0 \in \mathrm{dom}\, g$となる（ことを示せる）ので，$p_0$を初期解とする貪欲アルゴリズムによって$g$の最小解を効率的に求めることができる．

[*5] 計算時間は$\mathrm{O}(n \log(\Phi_g/n) \mathrm{T}_{\mathrm{sfm}}(n))$である[22]．ここで$\mathrm{T}_{\mathrm{sfm}}(n)$は，$2^N$上で定義された劣モジュラ集合関数の最小解を求めるアルゴリズムの計算時間を表す．
[*6] 任意の$L^\natural$凸関数gに対し，このような連続版$L^\natural$凸関数$\tilde{g}$は必ず存在する（11.2節参照）．
[*7] $\|p_0 - p_*\|_\infty \leq \|p_* - q_*\|_\infty + \|p_0 - q_*\|_\infty < n + 1$で，$\|p_0 - p_*\|_\infty$は整数である．

[L♮凸関数最小化の連続緩和アルゴリズム]

ステップ0：実数ベクトル $q_* \in \arg\min \tilde{g}$ を求める．

ステップ1：q_* の各成分を切り上げた整数ベクトルを p_0 とする．

ステップ2：$g(p)$ を $p_0 - n\mathbf{1} \leq p \leq p_0 + n\mathbf{1}$ の範囲で最小化する $p = p_*$ を，p_0 を初期解とする貪欲アルゴリズムにより求める．

すでに述べたように $\|p_0 - p_*\|_\infty \leq n$ を満たす g の最小解 p_* が存在するので，ステップ3で得られるベクトル p_* は g の最小解である．また，13.2節の結果より，ステップ3で使われる貪欲アルゴリズムの中での反復回数は $2n$ 以下である．このようにステップ2とステップ3を効率的に（n に関する多項式時間で）実行できる．したがって，連続緩和解 $q_* \in \arg\min \tilde{g}$ が効率的に計算できるならば，連続緩和アルゴリズムが（他のアルゴリズムに比べて）有利となる．たとえば，$\tilde{g}$ が2次関数のときは，このような場合である．

13.5 章末ノート

本章で説明したアルゴリズムについてより深く学べるように文献情報を示す．L♮凸関数最小化問題に対する貪欲アルゴリズム（13.2節）は文献[37]において与えられ，その反復回数の解析（命題13.2）は文献[22]の結果を改良したものとなっている．13.3節のスケーリングアルゴリズムは文献[20]，13.4節の連続緩和アルゴリズムは文献[29]による．なお，L凸関数最小化問題のソフトウェアが利用可能であり，詳しい情報は文献[54]に書かれている．

14

M凸関数最小化

本章では，整数格子点上で定義されるM凸関数とM$^\natural$凸関数の最小化問題に対するアルゴリズムを説明する．これらのアルゴリズムは，第12章で説明した手法を適用して得られるが，L凸関数最小化と比べると，様々な工夫が必要となる．

14.1　扱う問題

14.1.1　M凸関数とM$^\natural$凸関数の制約なし最小化

まず，M凸関数 $f : \mathbb{Z}^n \to \mathbb{R} \cup \{+\infty\}$ が交換公理

> 任意の x, y と任意の $i \in \mathrm{supp}^+(x-y)$ に対して，ある $j \in \mathrm{supp}^-(x-y)$ が存在して $f(x) + f(y) \geq f(x - e_i + e_j) + f(y + e_i - e_j)$

によって定義されることを思い出そう．また，関数 $f : \mathbb{Z}^n \to \mathbb{R} \cup \{+\infty\}$ が M$^\natural$ 凸関数であることは，

$$\tilde{f}(x_0, x) = \begin{cases} f(x) & (x_0 = -x(N) \text{ のとき}), \\ +\infty & (\text{それ以外}) \end{cases} \tag{14.1}$$

と定義される関数 $\tilde{f} : \mathbb{Z} \times \mathbb{Z}^n \to \mathbb{R} \cup \{+\infty\}$ が M凸関数であることと等価であった（9.1節参照）．

本章では，主にM凸関数を扱い，必要に応じて M$^\natural$ 凸関数に対するアルゴリズムも説明する．以下では，M凸関数の最小化問題を (Mmin)，M$^\natural$ 凸関数の最小化問題を (M$^\natural$min) と書く．

14.1.2　M$^\natural$凸関数の成分和制約付き最小化

本章では，成分和一定という制約条件の下で M$^\natural$ 凸関数 f を最小化する問題

$(\mathrm{M}^{\natural}\min(r))$　　最小化 $f(x)$　　　制約条件 $\sum_{i=1}^{n} x(i) = r,\ x \in \mathrm{dom}\,f$

も扱う．ただし，定義域 $\mathrm{dom}\,f$ は条件

$$\mathbf{0} \in \mathrm{dom}\,f \subseteq \mathbb{Z}_+^n \tag{14.2}$$

を満たすとし[*1)]，

$$\bar{r} = \max\left\{\sum_{i=1}^{n} x(i) \,\bigg|\, x \in \mathrm{dom}\,f\right\} \tag{14.3}$$

とおく．パラメータ r が $0 \leq r \leq \bar{r}$ の範囲にあるとき，問題 $(\mathrm{M}^{\natural}\min(r))$ の許容解集合は非空かつ有界である．

問題 $(\mathrm{M}^{\natural}\min(r))$ は，問題 $(\mathrm{M}\min)$ および問題 $(\mathrm{M}^{\natural}\min)$ の形に書き直すことができる．関数 $f_1 : \mathbb{Z}^n \to \mathbb{R} \cup \{+\infty\}$ を

$$f_1(x) = \begin{cases} f(x) & (x(N) = r \text{ のとき}), \\ +\infty & (\text{それ以外}) \end{cases} \tag{14.4}$$

と定義すると，f_1 は M 凸関数であり，f_1 に対する問題 $(\mathrm{M}\min)$ の最適解集合は問題 $(\mathrm{M}^{\natural}\min(r))$ の最適解集合と一致する．また，十分大きな実数 Γ を用いて関数

$$f_2(x) = f(x) + \Gamma|x(N) - r| \quad (x \in \mathbb{Z}^n) \tag{14.5}$$

と定義すると，$f_2 : \mathbb{Z}^n \to \mathbb{R} \cup \{+\infty\}$ は $\mathrm{dom}\,f_2 = \mathrm{dom}\,f$ を満たす $\mathrm{M}^{\natural}$ 凸関数であり，f_2 に対する問題 $(\mathrm{M}^{\natural}\min)$ の最適解集合は問題 $(\mathrm{M}^{\natural}\min(r))$ の最適解集合と一致する．ここで，$\Gamma > 2\max\{|f(x)| \mid x \in \mathrm{dom}\,f\}$ ならば，f_2 の最小解 x_* は必ず $x_*(N) = r$ を満たすことに注意する．

したがって，問題 $(\mathrm{M}^{\natural}\min(r))$ を解くには，式 (14.4)，(14.5) の関数 f_1，f_2 に M 凸関数，$\mathrm{M}^{\natural}$ 凸関数の最小化アルゴリズムを適用すればよいことになる．さらに，問題 $(\mathrm{M}^{\natural}\min(r))$ の特殊性を利用することで，直観的にわかりやすく，かつ効率的なアルゴリズムが得られることも多い．

14.1.3　離散最適化問題との関係

第 1 章で扱った最小木問題は $r = |V| - 1$ に対する問題 $(\mathrm{M}^{\natural}\min(r))$ の特殊ケー

[*1)]　すなわち，$\mathrm{dom}\,f$ は整ポリマトロイドである（6.4 節参照）．なお，$\mathbb{Z}_+$ は非負整数の全体を表す．

スと見ることができる（例 9.6）．また 6.1 節の単純な資源配分問題 (SRA) および 6.3 節の一般資源配分問題 (GRA) も，問題 ($\mathrm{M}^{\natural}\min(r)$) の特殊ケースである（例 9.11）．第 1 章や第 6 章で説明した最小木問題や資源配分問題のアルゴリズムは，以下に説明する一般的なアルゴリズムから導出することができる（詳しくは，注意 14.7, 14.11, 14.12, 14.16 および 14.5.3 項を参照）．

14.2　貪欲アルゴリズム

14.2.1　M 凸関数の制約なし最小化

M 凸関数の制約なし最小化問題 (Mmin) に対し，12.1 節の貪欲アプローチを適用する．$\mathrm{M}^{\natural}$ 凸関数に対する定理 10.3 を M 凸関数に特殊化すると次のようになる．

定理 14.1　$x \in \mathrm{dom}\, f$ が M 凸関数 f の最小解であることの必要十分条件は，任意の $i, j \in N$ に対して $f(x) \leq f(x + e_i - e_j)$ が成り立つことである．

したがって，M 凸関数最小化においては，ベクトル x の近傍 $N(x)$ を

$$N(x) = \{x + e_i - e_j \mid i, j \in N\}$$

とおくのが自然である．この近傍に含まれる (x 以外の) ベクトルの個数は $n(n-1)$ なので，近傍内での最小化は容易である．アルゴリズムは次のようになる．ただし，$\mathrm{dom}\, f$ は有界と仮定する．

[M 凸関数最小化の貪欲アルゴリズム]
ステップ 0：初期解 $x \in \mathrm{dom}\, f$ を選ぶ．
ステップ 1：任意の $i, j \in N$ に対して $f(x) \leq f(x + e_i - e_j)$ ならば x を出力して終了．
ステップ 2：$f(x + e_{i_*} - e_{j_*})$ を最小にする $i_*, j_* \in N$ を選び，$x := x + e_{i_*} - e_{j_*}$ とおき，ステップ 1 に戻る．

定理 14.1 より，このアルゴリズムは M 凸関数 f の最小解を出力する．関数値は単調に減少するので，有限回の反復で終了するが，さらに反復回数を（関数値ではなくて）定義域の大きさで評価することができる．その証明には「最小解を

含むベクトル集合から (最小解でない) x をカットできる」という M 凸関数特有の性質が有用である．まず，この性質を示そう．

定理 14.2 (M 凸関数最小解カット定理 (その 1)) $f: \mathbb{Z}^n \to \mathbb{R} \cup \{+\infty\}$ を M 凸関数とし，$x \in \text{dom}\, f$ は f の最小解でないとする．$i_*, j_* \in N$ が

$$f(x + e_{i_*} - e_{j_*}) = \min\{f(x + e_i - e_j) \mid i, j \in N\} \tag{14.6}$$

を満たすとき[*2)]，$x_*(i_*) \geq x(i_*) + 1$ および $x_*(j_*) \leq x(j_*) - 1$ を満たす f の最小解 x_* が存在する．

(証明) まず，$x_*(i_*) \geq x(i_*) + 1$ を満たす最小解 x_* が存在することを背理法により証明する．ベクトル x_* は，f の最小解の中で $x_*(i_*)$ の値が最大であるとする．ここで $x_*(i_*) \leq x(i_*)$ が成り立つと仮定し，矛盾を導く．

まず，$y = x + e_{i_*} - e_{j_*}$ とおく．$i_* \in \text{supp}^+(y - x_*)$ であるから，M 凸関数の交換公理より，ある $h \in \text{supp}^-(y - x_*)$ が存在して

$$f(y) + f(x_*) \geq f(y - e_{i_*} + e_h) + f(x_* + e_{i_*} - e_h) \tag{14.7}$$

が成り立つ．ここで，$y - e_{i_*} + e_h = x + e_h - e_{j_*}$ が成り立つので，i_* と j_* の選び方より $f(y - e_{i_*} + e_h) \geq f(y)$ が得られる．すると，不等式 (14.7) と合わせて，$f(x_* + e_{i_*} - e_h) \leq f(x_*)$ が得られる．これは，$x_* + e_{i_*} - e_h$ が f の最小解であることを示すが，$(x_* + e_{i_*} - e_h)(i_*) = x_*(i_*) + 1$ だから，x_* の選び方に矛盾する．したがって，$x_*(i_*) \geq x(i_*) + 1$ を満たす最小解 x_* が存在する．

次に，$x_*(i_*) \geq x(i_*) + 1$ と $x_*(j_*) \leq x(j_*) - 1$ を同時に満たす最小解 x_* が存在することを証明する．そのために，関数 $f': \mathbb{Z}^n \to \mathbb{R} \cup \{+\infty\}$ を

$$f'(y) = \begin{cases} f(y) & (y(i_*) \geq x(i_*) + 1 \text{ のとき}), \\ +\infty & (\text{それ以外}) \end{cases}$$

と定義する．このとき，f' は M 凸関数である．また，f' の任意の最小解 y_* は f の最小解でもあり，$y_*(i_*) \geq x(i_*) + 1$ を満たす．したがって，f' の最小解 y_* で $y_*(j_*) \leq x(j_*) - 1$ を満たすものが存在することを示せばよいが，これは不等式 $x_*(i_*) \geq x(i_*) + 1$ の証明と同様に示すことができる． ∎

定義域の大きさを表す量として，

[*2)] x は最小解ではないので，定理 14.1 より $i_* \neq j_*$ が成り立つ．

$$\Phi_f = \max\{\|x-y\|_\infty \mid x,y \in \mathrm{dom}\,f\} \tag{14.8}$$

を定義する.

命題 14.3 f の最小解 x_* が一意に定まるとき,貪欲アルゴリズムの反復回数は初期解 x_0 と出力された最適解 x_* の L_1 距離の半分に等しい.とくに,貪欲アルゴリズムの反復回数は $n\Phi_f/2$ 以下である.

(証明) 定理14.2より,$\|x_* - x\|_1$ の値は各反復ごとに2減少する.$\|x_* - x\|_1$ の初期値は $\|x_* - x_0\|_1$ なので,反復回数は $\|x_* - x_0\|_1/2 \leq n\Phi_f/2$ である. ∎

注意 14.4 f の最小解が複数存在する場合にも,貪欲アルゴリズムを少し修正することで,反復回数を $n\Phi_f/2$ 以下に抑えることができる.1つの方法は,元の関数 f の代わりに

$$f_\varepsilon(x) = f(x) + \sum_{i=1}^{n} \varepsilon^i (x(i) - x_0(i))^2$$

(ε は十分に小さい正の実数) を最小化するというものである.関数 f_ε もまたM凸関数であるが,その最小解 x_* は唯一に定まり,かつ x_* は f の最小解である.したがって,上記のアルゴリズムを f_ε に適用すると,最小解が $\|x_* - x_0\|_1/2 \,(\leq n\Phi_f/2)$ 回以下の反復で得られる.なお,貪欲アルゴリズムの実行時には,f_ε の関数値を具体的に計算する必要はなく,ε を陽に扱う必要はない. ∎

上記の貪欲アルゴリズムでは,各反復において $n(n-1)$ 個のベクトルを調べている.実は,各反復で n 個のベクトルを調べるだけでも,$n\Phi_f$ 以下の反復回数で最小解が得られる.これを示すためには,定理14.2より強い形の最小解カット定理が必要である.

定理 14.5 (M凸関数最小解カット定理 (その2)) $f : \mathbb{Z}^n \to \mathbb{R} \cup \{+\infty\}$ をM凸関数とし,$x \in \mathrm{dom}\,f$ は f の最小解でないとする.任意に選んだ $j \in N$ に対し,$i_* \in N$ が

$$f(x + e_{i_*} - e_j) = \min\{f(x + e_i - e_j) \mid i \in N\} \tag{14.9}$$

を満たすとき,次の条件を満たす f の最小解 x_* が存在する.

$$x_*(i_*) \geq \begin{cases} x(i_*) + 1 & (i_* \neq j \text{ のとき}), \\ x(i_*) & (i_* = j \text{ のとき}). \end{cases}$$

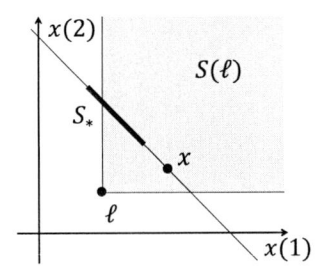

図 14.1 修正版貪欲アルゴリズムの説明（f が 2 変数関数の場合）

（証明）定理 14.2 と同様にして証明できる． ∎

関数 f の最小解集合 $\arg\min f$ を S_* とおく．以下に示すアルゴリズムでは，ある最小解の下界を与える整数ベクトル ℓ を用いる．つまり，

$$S(\ell) = \{y \in \mathrm{dom}\, f \mid y \geq \ell\} \tag{14.10}$$

とおいたとき，

$$S_* \cap S(\ell) \neq \emptyset \tag{14.11}$$

が常に成り立つようにする（図 14.1 参照）．アルゴリズムの各反復では，条件 (14.11) を満たしつつ，強い形の最小解カット定理を使って最小解の下界 ℓ を改良する．なお，各反復の x は常に領域 $S(\ell)$ に含まれる．定義域 $\mathrm{dom}\, f$ に対し，ある整数 r_f が存在して $x(N) = r_f$ （$\forall x \in \mathrm{dom}\, f$）が成り立つことから，領域 $S(\ell)$ は常に有界である．

[M 凸関数最小化の修正版貪欲アルゴリズム]

ステップ 0：初期解 $x \in \mathrm{dom}\, f$ を選ぶ．$\ell(i) := \min\{y(i) \mid y \in \mathrm{dom}\, f\}$ $(i \in N)$ とおく．

ステップ 1：$x = \ell$ ならば x を出力して終了．

ステップ 2：$x(j) > \ell(j)$ を満たす $j \in N$ を任意に選ぶ．

ステップ 3：$f(x + e_{i_*} - e_j)$ を最小にする $i_* \in N$ を選ぶ．

ステップ 4：$i_* \neq j$ ならば $\ell(i_*) := x(i_*) + 1$，$i_* = j$ ならば $\ell(i_*) := x(i_*)$ とおき，$x := x + e_{i_*} - e_j$ として，ステップ 1 に戻る．

各反復において，f を領域 $S(\ell)$ 上に制限した関数は M 凸関数であるので，定理 14.5 が適用可能である．このことから，各反復において領域 $S(\ell)$ が f の最小

解を含むことが帰納的に示される．とくに，アルゴリズム終了時には $x = \ell$ となるが，$S(\ell) = \{x\}$ が成り立つので，条件 (14.11) より出力 x は最小解となる．

命題 14.6 修正版貪欲アルゴリズムの反復回数は $n\Phi_f$ 以下である．
(証明) 反復回数を解析するために，値 $r_f - \ell(N)$ について考える．$x \in \text{dom} f$ を任意に選ぶと，$x(N) = r_f$ が成り立つ．アルゴリズム開始時には，$\ell(i) = \min\{y(i) \mid y \in \text{dom} f\}$ $(i \in N)$ なので，

$$r_f - \ell(N) = \sum_{i=1}^{n}(x(i) - \ell(i)) \leq n\Phi_f$$

が成り立つ．また，各反復のステップ 4 において，$\ell(N)$ の値は 1 以上増加し，$\ell(N)$ の値が r_f に等しくなったらアルゴリズムは終了する．したがって，反復回数は $n\Phi_f$ 以下である． ∎

注意 14.7 $g(x) = f(-x)$ $(x \in \mathbb{Z}^n)$ で定義される M 凸関数 g に修正版貪欲アルゴリズムを適用することにより，次の（f に関する）最小化アルゴリズムを得る．上の貪欲アルゴリズムでは減らす方向 j を任意に選ぶのに対し，下のアルゴリズムでは増やす方向 i を任意に選ぶことに注意されたい．

ステップ 0： 初期解 $x \in \text{dom} f$ を選ぶ．$u(i) := \max\{y(i) \mid y \in \text{dom} f\}$ $(i \in N)$ とおく．
ステップ 1： $x = u$ ならば x を出力して終了．
ステップ 2： $x(i) < u(i)$ を満たす $i \in N$ を任意に選ぶ．
ステップ 3： $f(x + e_i - e_{j_*})$ を最小にする $j_* \in N$ を選ぶ．
ステップ 4： $j_* \neq i$ ならば $u(j_*) := x(j_*) - 1$，$j_* = i$ ならば $u(j_*) := x(j_*)$ とおき，$x := x + e_i - e_{j_*}$ として，ステップ 1 に戻る．

最小木問題に対するカラバのアルゴリズム（1.4.3 項参照）は，最小木問題を M 凸関数最小化とみなして上記のアルゴリズムを適用したものと一致する．カラバのアルゴリズムでは，ベクトル u を陽にもつ代わりに，枝集合 T から一度削除した枝 e_k を二度と T に含めないようにしている． ∎

14.2.2 M♮ 凸関数の制約なし最小化

本項では，M♮ 凸関数最小化問題 (M♮min) に対する貪欲アルゴリズムを説明す

る．$M^\natural$ 凸関数と M 凸関数の関係 (14.1) に基づき，前項のアルゴリズムを書き換えることにより，次のアルゴリズムが得られる．

[$M^\natural$ 凸関数最小化の貪欲アルゴリズム]
ステップ 0： 初期解 $x \in \mathrm{dom}\, f$ を選ぶ．
ステップ 1： 任意の $i, j \in N \cup \{0\}$ に対して $f(x) \leq f(x + e_i - e_j)$ ならば x を出力して終了．
ステップ 2： $f(x + e_{i_*} - e_{j_*})$ を最小にする $i_*, j_* \in N \cup \{0\}$ を選び，$x := x + e_{i_*} - e_{j_*}$ とおき[*3]，ステップ 1 に戻る．

[$M^\natural$ 凸関数最小化の修正版貪欲アルゴリズム]
ステップ 0： 初期解 $x \in \mathrm{dom}\, f$ を選ぶ．$\ell(i) := \min\{y(i) \mid y \in \mathrm{dom}\, f\}$ $(i \in N)$, $u_0 := \max\{y(N) \mid y \in \mathrm{dom}\, f\}$ とおく．
ステップ 1： $x = \ell$ かつ $x(N) = u_0$ ならば x を出力して終了．
ステップ 2： $x \neq \ell$ ならば $x(j) > \ell(j)$ を満たす $j \in N$ を任意に選ぶ．そうでないときは $j = 0$ とする．
ステップ 3： $f(x + e_{i_*} - e_j)$ を最小にする $i_* \in N \cup \{0\}$ を選ぶ．
ステップ 4： $i_* \in N \setminus \{j\}$ ならば $\ell(i_*) := x(i_*) + 1$,
　　　　　　 $i_* = j \in N$ ならば $\ell(i_*) := x(i_*)$,
　　　　　　 $i_* = 0,\ j \in N$ ならば $u_0 := x(N) - 1$,
　　　　　　 $i_* = j = 0$ ならば $u_0 := x(N)$ とおく．
ステップ 5： $x := x + e_{i_*} - e_j$ として，ステップ 1 に戻る．

14.2.3　$M^\natural$ 凸関数の成分和制約付き最小化

本項では，$M^\natural$ 凸関数の成分和制約付き最小化問題 ($M^\natural\min(r)$) に対するアルゴリズムを説明する．

14.1.2 項で述べたように，($M^\natural\min(r)$) は式 (14.5) で定義される $M^\natural$ 凸関数 f_2 の制約なし最小化問題として再定式化される．式 (14.2) および $\mathrm{dom}\, f_2 = \mathrm{dom}\, f$ が成り立つので，関数 f_2 の最小化に対して，原点 $\mathbf{0}$ を初期解として $M^\natural$ 凸関数の貪欲アルゴリズム（14.2.2 項）を適用することができる．また，f_2 の定義に

[*3] $e_0 = (0, 0, \ldots, 0)$ である．

より,各反復のステップでは必ず $i_* \in N$, $j = 0$ が成り立つ.これより,問題 $(\mathrm{M}^{\natural}\min(r))$ を解く次のアルゴリズムが得られる.

[$\mathrm{M}^{\natural}$ 凸関数成分和制約付き最小化の逐次追加型貪欲アルゴリズム]
ステップ 0: 初期解を $x := \mathbf{0}$ とする.
ステップ 1: $\sum_{i=1}^{n} x(i) = r$ ならば x を出力して終了.
ステップ 2: $f(x + e_{i_*})$ を最小にする $i_* \in N$ を選び,$x := x + e_{i_*}$ とおき,ステップ 1 に戻る.

これは,12.1.3 項で説明した逐次追加型の貪欲アプローチそのものである.アルゴリズムの妥当性は,次に示す $(\mathrm{M}^{\natural}\min(r))$ に対する最小解カット定理により導かれる($\bar{r}$ の定義は式 (14.3)).

命題 14.8 整数 r および $x \in \mathrm{dom}\, f$ は $0 \leq x(N) < r \leq \bar{r}$ を満たすとする.このとき,$f(x + e_{i_*})$ を最小にする $i_* \in N$ に対し,問題 $(\mathrm{M}^{\natural}\min(r))$ の最適解 x_* で $x_*(i_*) \geq x(i_*) + 1$ を満たすものが存在する.
(証明) 定理 14.2 と同様である. ■

命題 14.9 逐次追加型貪欲アルゴリズムは問題 $(\mathrm{M}^{\natural}\min(r))$ の最適解を出力する.
(証明) 初期解の選び方および命題 14.8 より,アルゴリズムの各反復の x に対し,問題 $(\mathrm{M}^{\natural}\min(r))$ の最適解 x_* で $x_* \geq x$ を満たすものが存在することがわかる.条件 $\sum_{i=1}^{n} x(i) = r$ が成り立つときには,問題 $(\mathrm{M}^{\natural}\min(r))$ の許容解 y で $y \geq x$ を満たすものは x 自身のみであるので,これは最適解である.したがって,アルゴリズムの出力は問題 $(\mathrm{M}^{\natural}\min(r))$ の最適解である. ■

なお,逐次追加型貪欲アルゴリズムの妥当性は問題 $(\mathrm{M}^{\natural}\min(r))$ の最適解に関する次の性質を使っても証明できる.この性質は,問題 $(\mathrm{M}^{\natural}\min(r))$ の最適解と $(\mathrm{M}^{\natural}\min(r+1))$ の最適解が隣接していることを述べている.

命題 14.10 整数 r は $0 \leq r \leq \bar{r}$ を満たすとし,ベクトル x_* は問題 $(\mathrm{M}^{\natural}\min(r))$ の任意の最適解とする.

 (i) $r < \bar{r}$ のとき,ある $i \in N$ に対し $x_* + e_i$ は $(\mathrm{M}^{\natural}\min(r+1))$ の最適解である.

 (ii) $r > 0$ のとき,ある $i \in N$ に対し $x_* - e_i$ は $(\mathrm{M}^{\natural}\min(r-1))$ の最適解で

ある.

(証明) (i) のみ証明する. ベクトル $\hat{x}$ を $(\mathrm{M}^{\natural}\min(r+1))$ の最適解の中で距離 $\|\hat{x} - x_*\|_1$ が最小のものとする. $\hat{x}(N) > x_*(N)$ より, ある $i \in \mathrm{supp}^+(\hat{x} - x_*)$ が存在するが, $\mathrm{M}^{\natural}$ 凸関数の交換公理より, ある $j \in \mathrm{supp}^-(\hat{x} - x_*) \cup \{0\}$ が存在して

$$f(\hat{x}) + f(x_*) \geq f(\hat{x} - e_i + e_j) + f(x_* + e_i - e_j) \tag{14.12}$$

が成り立つ. $j \neq 0$ と仮定すると, ベクトル $\hat{x} - e_i + e_j$ の成分和は $r+1$ であり, $x_* + e_i - e_j$ の成分和は r であるので,

$$f(\hat{x} - e_i + e_j) \geq f(\hat{x}), \quad f(x_* + e_i - e_j) \geq f(x_*)$$

が成り立つ. この式と式 (14.12) より $f(\hat{x} - e_i + e_j) = f(\hat{x})$ が得られるが, これは $\hat{x} - e_i + e_j$ が $(\mathrm{M}^{\natural}\min(r+1))$ の最適解であることを意味する. しかし, $\|(\hat{x} - e_i + e_j) - x_*\|_1 = \|\hat{x} - x_*\|_1 - 2$ となるので, $\hat{x}$ の選び方に矛盾する. したがって, $j = 0$ である. すると, ベクトル $\hat{x} - e_i$ の成分和は r であり, $x_* + e_i$ の成分和は $r+1$ であるので, 式 (14.12) より $f(x_* + e_i) = f(\hat{x})$ が成り立つ. つまり, $x_* + e_i$ は $(\mathrm{M}^{\natural}\min(r+1))$ の最適解である. ■

注意 14.11 最小木問題に対するクラスカルのアルゴリズム (1.4.2 項) は, 14.1.3 項で述べたように最小木問題を $\mathrm{M}^{\natural}$ 凸関数の成分和制約付き最小化として再定式化した後に上記のアルゴリズムを適用したものと一致する. ■

注意 14.12 単純な資源配分問題 (SRA) に対する貪欲アルゴリズム (6.2.1 項) は, 14.1.3 項で述べたように (SRA) を $\mathrm{M}^{\natural}$ 凸関数の成分和制約付き最小化として再定式化した後に上記のアルゴリズムを適用したものと一致する. 同様に, 一般資源配分問題 (GRA) に対する貪欲アルゴリズム (6.3.2 項) は, 14.1.3 項で述べたように (GRA) を $\mathrm{M}^{\natural}$ 凸関数の成分和制約付き最小化として再定式化した後に上記のアルゴリズムを適用したものと一致する. ■

14.3 領域縮小アルゴリズム

14.3.1 M凸関数の制約なし最小化

M凸関数の制約なし最小化問題 (Mmin) に対して 12.2 節の領域縮小アプロー

14.3 領域縮小アルゴリズム

チを適用する．最小解を含む領域を段々と狭めていく際に，M凸関数の最小解カット定理（定理14.2）が利用できる．本節でも，$\mathrm{dom}\, f$ は有界と仮定する．

[M凸関数最小化の領域縮小アルゴリズム]
ステップ0：整数ベクトルの集合 S を $S := \mathrm{dom}\, f$ により定める．
ステップ1：$x \in S$ を（なんらかの基準に従って）選ぶ．
ステップ2：任意の $i, j \in N$ に対して $f(x) \leq f(x + e_i - e_j)$ ならば x を出力して終了．
ステップ3：$x + e_{i_*} - e_{j_*} \in S$ の条件の下で $f(x + e_{i_*} - e_{j_*})$ を最小にする $i_*, j_* \in N$ を選ぶ．
ステップ4：$S := S \cap \{y \mid y(i_*) \geq x(i_*) + 1,\ y(j_*) \leq x(j_*) - 1\}$ とおいてステップ1に戻る．

なお，各反復において集合 S はM凸集合であり，関数 f を S 上に制限したものはM凸関数であることに注意する．

このアルゴリズムは有限回の反復の後，最小解を出力して終了する．12.2節で述べたように，反復回数を少なくするためには，領域 S の「真ん中」付近のベクトルを x として選ぶことが望ましいが，それを文字どおり実現することは難しい．そこで，$a_S(i), b_S(i), d_S(i)\ (i \in N)$ を

$$a_S(i) = \min\{x(i) \mid x \in S\}, \quad b_S(i) = \max\{x(i) \mid x \in S\}, \\ d_S(i) = \left\lfloor \frac{b_S(i) - a_S(i)}{n} \right\rfloor \quad (14.13)$$

と定義し，集合

$$\tilde{S} = \{x \in S \mid a_S(i) + d_S(i) \leq x(i) \leq b_S(i) - d_S(i)\ (i \in N)\} \quad (14.14)$$

に含まれるベクトルを用いることにする．集合 $\tilde{S}$ は，元の集合 S を少しだけ「削って」得られる集合である．

命題 14.13 $S \subseteq \mathbb{Z}^n$ が有界なM凸集合のとき，式 (14.14) で定義される集合 $\tilde{S} \subseteq \mathbb{Z}^n$ は非空である（実はM凸集合である）．さらに，$\tilde{S}$ に含まれるベクトルは多項式時間で求められる[*4]．

[*4] S の点があらかじめ与えられ，かつ所与の $x \in \mathbb{Z}^n$ に対して x が S に含まれるか否かの判定が単位時間で計算可能と仮定する．

ステップ1で $\tilde{S}$ の中からベクトル x を選ぶことにしたときのアルゴリズムの反復回数を解析する.第 k 反復の開始時の S を S_k とおき,値 $a_k(i) = a_{S_k}(i)$, $b_k(i) = b_{S_k}(i)$ $(i \in N)$ を式 (14.13) により定め,$S = S_k$ に対する $\tilde{S} = \tilde{S}_k$ の中から x を選ぶ.すると,x の選び方により,第 k 反復のステップ3で選ばれた i_*, j_* に対して

$$b_{k+1}(i_*) - a_{k+1}(i_*) \leq (1 - 1/n)(b_k(i_*) - a_k(i_*)), \tag{14.15}$$

$$b_{k+1}(j_*) - a_{k+1}(j_*) \leq (1 - 1/n)(b_k(j_*) - a_k(j_*)) \tag{14.16}$$

が成り立つ.すべての $h \in N$ に対して $b_k(h) - a_k(h) < 1$ となったときには $S = \{x\}$ となり,アルゴリズムは終了する.

以上のことから,アルゴリズムの反復回数は $n^2 \log \Phi_f$ の定数倍で抑えられることがわかる.

14.3.2 $M^\natural$ 凸関数の制約なし最小化

$M^\natural$ 凸関数と M 凸関数の関係 (14.1) に基づき,前項のアルゴリズムを書き換えてから若干の簡略化を行うことにより,$M^\natural$ 凸関数最小化問題 ($M^\natural$min) に対する領域縮小アルゴリズムが得られる.下記のアルゴリズムにおいて,領域 $S \subseteq \mathbb{Z}^n$ は $M^\natural$ 凸集合であり,$\tilde{S}$ は式 (14.14) で定義される集合である.

[$M^\natural$ 凸関数最小化の領域縮小アルゴリズム]
ステップ0: 整数ベクトルの集合 S を $S := \text{dom} f$ により定める.
ステップ1: $x \in \tilde{S}$ を選ぶ.
ステップ2: 任意の $i, j \in N \cup \{0\}$ に対して $f(x) \leq f(x + e_i - e_j)$ ならば x を出力して終了.
ステップ3: $x + e_{i_*} - e_{j_*} \in S$ の条件の下で $f(x + e_{i_*} - e_{j_*})$ を最小にする $i_*, j_* \in N \cup \{0\}$ を選ぶ[*5].
ステップ4: 集合 S を以下のように更新して,ステップ1に戻る.
$i_*, j_* \in N$ のとき:
$$S := S \cap \{y \mid y(i_*) \geq x(i_*) + 1, \ y(j_*) \leq x(j_*) - 1\},$$
$i_* \in N, j_* = 0$ のとき: $S := S \cap \{y \mid y(i_*) \geq x(i_*) + 1\}$,

---

[*5] x は最小解ではないので,$i_* = j_*$ という場合は起こらないことに注意する.

$i_* = 0, j_* \in N$ のとき：$S := S \cap \{y \mid y(j_*) \leq x(j_*) - 1\}$.

M♮凸関数最小化に対する領域縮小アルゴリズムもまた，$n^2 \log \Phi_f$ の定数倍以下の反復回数で終了することがいえる．なぜなら，各反復では i_* または j_* の少なくとも一方は N に含まれ，またそのときには式 (14.15) または式 (14.16) が成り立つからである．

14.4　スケーリングアルゴリズム

14.4.1　M凸関数の制約なし最小化

M凸関数最小化問題 (Mmin) に対して 12.3 節のスケーリングアプローチの適用を検討する．記述を簡単にするために，以下では一般性を失うことなく $\mathbf{0} \in \mathrm{dom}\, f$ を仮定する[*6]．

正整数 α に対し，M凸関数 f をスケーリングして得られる関数

$$f_\alpha(x) = f(\alpha x) \quad (x \in \mathbb{Z}^n) \tag{14.17}$$

を考えると，関数 f_α の最小解の近くに元の関数 f の最小解が存在する．

定理 14.14　M凸関数 f および正整数 α に対し，関数 f_α を式 (14.17) により定める．関数 f_α の任意の最小解 x_α に対し，f のある最小解 x_* が存在して，

$$\|x_* - \alpha x_\alpha\|_\infty \leq (n-1)(\alpha-1)$$

が成り立つ．

とくに，定理 14.14 において $\alpha = 2$ とすると，関数 f_2 の任意の最小解 x_2 に対し，$\|x_* - 2x_2\|_\infty \leq n-1$ を満たす f の最小解 x_* が存在することがわかり，同様の性質は f_4 と f_2，f_8 と f_4 などの間にも成り立つ．

[M凸関数最小化のスケーリングアルゴリズム]
ステップ 0：$k := \lceil \log_2(\Phi_f/n) \rceil$，$\alpha := 2^k$，$x' := \mathbf{0}$ とおく[*7]．

[*6]　$\mathbf{0} \notin \mathrm{dom}\, f$ の場合には，$x_0 \in \mathrm{dom}\, f$ を用いて定義される関数 $f'(x) = f(x+x_0)$ $(x \in \mathbb{Z}^n)$ を考えればよい．このとき，f' は $\mathbf{0} \in \mathrm{dom}\, f'$ を満たす M凸関数となる．

[*7]　Φ_f の定義は式 (14.8) を参照．

ステップ1： $f_\alpha(x)$ を $x' - (n-1)\mathbf{1} \leq x \leq x' + (n-1)\mathbf{1}$ の範囲で最小化する x を求め，$\hat{x}$ とおく．

ステップ2： $\alpha = 1$ ならば，$\hat{x}$ を出力して終了．

ステップ3： $\alpha := \alpha/2$, $x' := 2\hat{x}$ とおいてステップ1に戻る．

ここで，関数 f_α は M 凸関数とは限らないことに注意する（注意 14.15 参照）．したがって，f_α の最小解を効率的に求めることは一般に難しい．一方，特殊な M 凸関数 f に対しては，スケーリングして得られた関数 f_α が M 凸関数になる[*8)]ので，14.2.1項の貪欲アルゴリズムをステップ1において利用することにより，f_α の最小解を効率的に求めることができる．

以下，関数 f_α が M 凸関数とは限らない場合を考える．このとき，関数 f をスケーリングするのではなく，修正版貪欲アルゴリズム（14.2.1項）におけるステップサイズのスケーリングを行う．アルゴリズムの開始時にはステップサイズを大きくして最小解を含む領域を大まかに狭めるが，徐々にステップサイズを小さくして最小解の正確な位置を特定する．これにより，貪欲アルゴリズムの高速化が可能となる．

以下に記述するスケーリングアルゴリズムは，手続き MCONVGREEDY を繰り返し利用する．詳しくは後で説明するが，この手続きは，14.2.1項の修正版貪欲アルゴリズムの各反復におけるステップサイズを正整数 α に置き換えたものである．アルゴリズムの終了時には，$\alpha = 1$ となっているので，最小解が得られる．

[M 凸関数最小化の改良版スケーリングアルゴリズム]

ステップ0： 初期解 $x \in \mathrm{dom}\, f$ を選ぶ．$\ell(i) := \min\{y(i) \mid y \in \mathrm{dom}\, f\}$ $(i \in N)$ とおく．$k := \lceil \log_n(\Phi_f/n) \rceil$ として $\alpha := n^k$ とおく．

ステップ1： 手続き MCONVGREEDY(α, ℓ, x) を実行し，$\mathbf{0} \leq \tilde{x} - \tilde{\ell} \leq (\alpha - 1)\mathbf{1}$ を満たすベクトル $\tilde{x} \in \mathrm{dom}\, f$ と $\tilde{\ell} \in \mathbb{Z}^n$ を求める．

ステップ2： $\alpha = 1$ ならば $\tilde{x}$ を出力して終了．

ステップ3： $\alpha := \alpha/n$, $x := \tilde{x}$, $\ell := \tilde{\ell}$ とおき[*9)]，ステップ1に戻る．

関数 f の最小解集合 $\arg\min f$ を S_* とおく．ステップ1における手続き

[*8)] たとえば，例 9.11 の M 凸関数 f_S において r が α の倍数のときが該当する．

[*9)] $\alpha := \alpha/2$ ではなく $\alpha := \alpha/n$ としているのは，反復回数をできるだけ小さくするためである．

14.4 スケーリングアルゴリズム

MconvGreedy(α, ℓ, x) は，スケーリングパラメータ α，最小解の下界 ℓ，およびベクトル $x \in S(\ell)$ が与えられたとき[*10]，最小解の下界を $\tilde{\ell}$ に改良する．すなわち，$S_* \cap S(\ell) \neq \emptyset$ を前提として，

$$\ell \leq \tilde{\ell}, \quad S_* \cap S(\tilde{\ell}) \neq \emptyset$$

を満たす $\tilde{\ell}$ を出力する．同時に，$\mathbf{0} \leq \tilde{x} - \tilde{\ell} \leq (\alpha - 1)\mathbf{1}$ を満たす $\tilde{x} \in \mathrm{dom}\, f$ も出力する．

各反復においては，$\tilde{x}$ からの移動方向 $+e_{i_*} - e_j$ を定めたら，その方向に α ステップだけ移動する．ただし，$\tilde{x} + \alpha(e_{i_*} - e_j) \notin \mathrm{dom}\, f$ の場合には，$\mathrm{dom}\, f$ の中で最大のステップサイズを選ぶ．$\tilde{x}$ の更新と同時に，最小解カット定理（定理 14.5）を使って下界 $\tilde{\ell}$ を更新する．

[手続き MconvGreedy(α, ℓ, x)]
ステップ 0： $\tilde{\ell} := \ell$, $\tilde{x} := x$ とおく．
ステップ 1： $\tilde{x} - \tilde{\ell} \leq (\alpha - 1)\mathbf{1}$ ならば $(\tilde{\ell}, \tilde{x})$ を出力し終了．
ステップ 2： $\tilde{x}(j) - \tilde{\ell}(j) \geq \alpha$ を満たす $j \in N$ を任意に選ぶ．
ステップ 3： $f(\tilde{x} + e_{i_*} - e_j)$ を最小にする $i_* \in N$ を選ぶ．
ステップ 4： $i_* \neq j$ ならば，$\tilde{\ell}(i_*) := x(i_*) + 1$,
$\qquad \alpha' := \max\{\beta \in \mathbb{Z}_+ \mid \tilde{x} + \beta(e_{i_*} - e_j) \in \mathrm{dom}\, f,\ \beta \leq \alpha\}$,
$\qquad \tilde{x} := \tilde{x} + \alpha'(e_{i_*} - e_j)$ とおき，ステップ 3 に戻る．
ステップ 5： $i_* = j$ ならば，$\tilde{\ell}(i_*) := \tilde{x}(i_*)$ とおき，ステップ 1 に戻る．

注意 14.15 f が M 凸関数でも，f_α は M 凸関数とならない例を挙げる．

$$S = \{c_1(1, 0, -1, 0) + c_2(1, 0, 0, -1) + c_3(0, 1, -1, 0) + c_4(0, 1, 0, -1) \mid c_i \in \{0, 1\}\}$$

とおくと，S は M 凸集合であるが，

$$S_2 = \{x \in \mathbb{Z}^4 \mid 2x \in S\} = \{(0, 0, 0, 0), (1, 1, -1, -1)\}$$

は M 凸集合でない．このことは以下のように言い換えられる．集合 S の標示関数 $f = \delta_S$ は M 凸関数であるが，$\alpha = 2$ に対する f_α は M 凸関数でない． ■

[*10] $S(\ell) = \{y \in \mathrm{dom}\, f \mid y \geq \ell\}$ である（14.2.1 項の式 (14.10) 参照）．

14.4.2 $M^\natural$ 凸関数の成分和制約付き最小化

本項では，$M^\natural$ 凸関数の成分和制約付き最小化問題 ($M^\natural\min(r)$) に対するスケーリングアルゴリズムを説明する．14.2.3 項の逐次追加型貪欲アルゴリズムに対して（前節と同様の）ステップサイズのスケーリングを行うものであり，その大枠は以下のように記述できる．

[$M^\natural$ 凸関数の成分和制約付き最小化のスケーリングアルゴリズム]
ステップ0：$\ell := \mathbf{0}$ とおく．$k := \lceil \log_2(r/2n) \rceil$ として $\alpha := 2^k$ とおく．
ステップ1：手続き SCALEDGREEDY(α, ℓ) を実行し，$\tilde{\ell} \in \operatorname{dom} f$ を求める．
ステップ2：$\alpha = 1$ ならば $\tilde{\ell}$ を出力して終了．
ステップ3：$\alpha := \alpha/2$, $\ell := \tilde{\ell}$ とおき，ステップ1に戻る．

ステップ1の手続き SCALEDGREEDY(α, ℓ) は，最適解の下界 ℓ とスケーリングパラメータ α が与えられたときに，最適解の下界を $\tilde{\ell}$ に改良する．すなわち，問題 ($M^\natural\min(r)$) の最適解集合を S_* とおくとき，$S_* \cap S(\ell) \neq \emptyset$ を前提として[*11]

$$\ell \leq \tilde{\ell}, \quad S_* \cap S(\tilde{\ell}) \neq \emptyset$$

を満たす $\tilde{\ell}$ を出力する．さらに，$\tilde{\ell}$ は

$$0 \leq r - \tilde{\ell}(N) \leq n(\alpha - 1)$$

を満たすようになっているので，$\alpha = 1$ の場合には $\tilde{\ell}$ が問題 ($M^\natural\min(r)$) の最適解となる．手続きの詳細は以下のとおりである．なお，ステップ3の更新式によって $S_* \cap S(\tilde{\ell}) \neq \emptyset$ が満たされることは，命題 14.8 によって保証される．

[手続き SCALEDGREEDY(α, ℓ)]
ステップ0：$\tilde{\ell} := \ell$, $x := \ell$ とおく．
ステップ1：$x(N) = r$ ならば，$\tilde{\ell}$ を出力して終了．
ステップ2：$f(x + e_i)$ を最小にする $i = i_* \in N$ を選ぶ．
ステップ3：$\tilde{\ell}(i_*) := x(i_*) + 1$,
 $\alpha' := \max\{\beta \in \mathbb{Z}_+ \mid x + \beta e_{i_*} \in \operatorname{dom} f, \beta \leq \min(\alpha, r - x(N))\}$,
 $x := x + \alpha' e_{i_*}$ とおき，ステップ1に戻る．

[*11] $S(\ell) = \{y \in \operatorname{dom} f \mid y \geq \ell\}$ である（14.2.1 項の式 (14.10) 参照）．

注意 14.16 6.3 節の一般資源配分問題 (GRA) に対してスケーリングアルゴリズムが提案されているが[14, 27]，これは 14.1.3 項で述べたように (GRA) を $\mathrm{M}^{\natural}$ 凸関数の成分和制約付き最小化として再定式化した後に上記のアルゴリズムを適用したものと一致する．

また，上記の手続き SCALEDGREEDY(α, ℓ) は，6.1 節の単純な資源配分問題 (SRA) に対して以下のように簡略化されるが，これは (SRA) に対する既存のスケーリングアルゴリズム[14]と一致する:

[手続き SCALEDGREEDYSRA(α, ℓ)]
ステップ 0 : $\tilde{\ell} := \ell$, $x := \ell$ とおく．
ステップ 1 : $\tilde{x}(N) \geq r$ ならば $\tilde{\ell}$ を出力して終了．
ステップ 2 : $d_{i_*}(\tilde{x}(i_*))$ を最小にする $i_* \in N$ を選ぶ[*12]．
ステップ 3 : $\tilde{\ell}(i_*) := \tilde{x}(i_*) + 1$, $\tilde{x} := \tilde{x} + \alpha e_{i_*}$ とおき，ステップ 1 に戻る． ■

14.5 連続緩和アルゴリズム

14.5.1 M 凸関数の制約なし最小化

M 凸関数最小化問題 (Mmin) に対して，12.4 節の連続緩和アプローチを適用する．最小化したい M 凸関数 $f : \mathbb{Z}^n \to \mathbb{R} \cup \{+\infty\}$ が，ある連続版 M 凸関数 $\tilde{f} : \mathbb{R}^n \to \mathbb{R} \cup \{+\infty\}$ によって $f(x) = \tilde{f}(x)$ $(\forall x \in \mathbb{Z}^n)$ という形で与えられていて，かつ $\operatorname{dom} \tilde{f}$ が $\operatorname{dom} f$ の凸包に一致しているとする[*13]．このとき，連続版関数 $\tilde{f}$ の最小解の近くに，関数 f の最小解が存在する．

定理 14.17 任意の $y_* \in \arg\min \tilde{f}$ に対し，$\|x_* - y_*\|_\infty \leq n - 1$ を満たす $x_* \in \arg\min f$ が存在する．

連続版 M 凸関数 $\tilde{f}$ の最小解 y_* を求めて $\operatorname{dom} f$ に含まれる整数ベクトル x_0 に丸めると，f の最小解の近くにあることが定理 14.17 より保証される．したがって，x_0 を初期解とする貪欲アルゴリズムによって f の最小解を効率的に求めることができる．ここで，$\operatorname{dom} \tilde{f}$ に含まれるベクトルを $\operatorname{dom} f$ の点に丸めるのはそれ

[*12] $d_i(t) = f_i(t+1) - f_i(t)$ である．
[*13] 任意の M 凸関数 f に対し，このような連続版 M 凸関数 $\tilde{f}$ は必ず存在する（11.1 節参照）．

ほど簡単ではないが，多項式時間で実行できる．

命題 14.18 $\mathrm{dom}\,\tilde{f}$ が $\mathrm{dom}\,f$ の凸包に一致しているとき，任意の $y \in \mathrm{dom}\,\tilde{f}$ に対して，$\|x - y\|_\infty < 1$ を満たす $x \in \mathrm{dom}\,f$ が存在する．また，そのような x は多項式時間で求められる．

[M 凸関数最小化の連続緩和アルゴリズム]
ステップ 1：実数ベクトル $y_* \in \arg\min \tilde{f}$ を求める．
ステップ 2：$\|x_0 - y_*\|_\infty < 1$ を満たす整数ベクトル $x_0 \in \mathrm{dom}\,f$ を求める．
ステップ 3：x_0 を初期点として，貪欲アルゴリズムで $x_* \in \arg\min f$ を求める．

ステップ 3 で使われる貪欲アルゴリズムの中での反復回数を解析する．定理 14.3 より，反復回数は $\|x_* - x_0\|_1/2$ に等しい．f の最小解 x_* が一意に定まるときは，定理 14.17 により $\|x_* - y_*\|_1 \le n\|x_* - y_*\|_\infty \le n(n-1)$ が成り立つ．また，命題 14.18 により，$\|x_0 - y_*\|_1 \le n\|x_0 - y_*\|_\infty < n$ が成り立つ．したがって，
$$\frac{1}{2}\|x_* - x_0\|_1 \le \frac{1}{2}(\|x_* - y_*\|_1 + \|x_0 - y_*\|_1) < \frac{n^2}{2}$$
を得る．つまり，反復回数は $n^2/2$ 以下である．

以上の事実より，ステップ 2 とステップ 3 を効率的に（多項式時間で）実行できることがわかる．したがって，連続緩和アルゴリズムは，連続緩和解 $y_* \in \arg\min \tilde{f}$ が効率的に求められる場合に（他のアルゴリズムに比べて）有利となる．たとえば，$\tilde{f}$ が 2 次関数のときは，このような場合である．

14.5.2 $\mathrm{M}^\natural$ 凸関数の成分和制約付き最小化

本項では，$\mathrm{M}^\natural$ 凸関数の成分和制約付き最小化問題 ($\mathrm{M}^\natural\min(r)$) に対する連続緩和アルゴリズムを説明する．最小化したい $\mathrm{M}^\natural$ 凸関数 $f : \mathbb{Z}^n \to \mathbb{R} \cup \{+\infty\}$ が，ある連続版 $\mathrm{M}^\natural$ 凸関数 $\tilde{f} : \mathbb{R}^n \to \mathbb{R} \cup \{+\infty\}$ によって $f(x) = \tilde{f}(x)$ $(\forall x \in \mathbb{Z}^n)$ という形で与えられ，$\mathrm{dom}\,\tilde{f}$ が $\mathrm{dom}\,f$ の凸包に一致しているとする．問題 ($\mathrm{M}^\natural\min(r)$) の連続緩和として

$$\overline{(\mathrm{M}^\natural\min(r))} \quad \text{最小化}\ \tilde{f}(y) \quad \text{制約条件}\ \sum_{i=1}^{n} y(i) = r,\ y \in \mathrm{dom}\,\tilde{f}$$

を考え，この問題の最適解 y_* の近くにある整数ベクトルを初期点として，逐次追

加型貪欲アルゴリズム（14.2.3 項）を適用する．

[$M^\natural$ 凸関数の成分和制約付き最小化の連続緩和アルゴリズム]
ステップ 1：$(\overline{M^\natural \min(r)})$ の最適解 y_* を求める．
ステップ 2：y_* の各成分を切り捨てて得られる整数ベクトルを x_0 とする．
ステップ 3：x_0 を初期点として，逐次追加型貪欲アルゴリズムで $(M^\natural \min(r))$ の最適解を求める．

なお，上のステップ 2 では，丸めに関する次の性質が使われている．

命題 14.19 $0 \in \mathrm{dom}\, f \subseteq \mathbb{Z}_+^n$ が成り立つとき，任意の $y \in \mathrm{dom}\, \tilde{f}$ に対し，その各成分を切り捨てて得られる整数ベクトル x は $\mathrm{dom}\, f$ に含まれる．

前項と同様の解析により，ステップ 3 の逐次追加型貪欲アルゴリズムの中の反復回数は n^2 以下であることがわかる．

14.5.3 単純な資源配分問題への適用

14.1.3 項で述べたように，単純な資源配分問題 (SRA) は問題 $(M^\natural \min(r))$ の特殊ケースとみなせるので，14.5.2 項で説明した連続緩和アルゴリズムが適用可能である．このアルゴリズムは，問題 (SRA) の構造を利用すると，以下のように簡略化される．

問題 (SRA) における関数 f_i $(i \in N)$ が，連続変数に関する既知の凸関数 $\tilde{f}_i : \mathbb{R}_+ \to \mathbb{R}$ の定義域を制限したものとして与えられる場合を考える（$\mathbb{R}_+$ は非負実数の全体を表す）．典型例は，6.1 節の議席定数配分問題のように，関数 f_i が 2 次凸関数で与えられる場合である．

問題 (SRA) の変数 $x(i)$ $(i \in N)$ は整数であるが，これを実数の範囲まで広げた最適化問題を $(\overline{\mathrm{SRA}})$ とおく．すなわち，

$$(\overline{\mathrm{SRA}}) \quad \text{最小化} \quad \sum_{i=1}^n \tilde{f}_i(y(i))$$
$$\text{制約条件} \quad \sum_{i=1}^n y(i) = r, \quad y(i)\ (i=1,2,\ldots,n) \text{ は非負実数}$$

である．

凸関数 $\tilde{f}_i$ が微分可能なとき，導関数を $\tilde{f}_i'$ とおくと，$(\overline{\mathrm{SRA}})$ の許容解 $y \in \mathbb{R}_+^n$

が最適であることは,

$$\left.\begin{array}{l}\text{(i)}\ y(i) = 0 \text{ を満たす任意の } i \in N \text{ に対して } \tilde{f}_i'(y(i)) \geq \tilde{\lambda}, \\ \text{(ii)}\ y(j) > 0 \text{ を満たす任意の } j \in N \text{ に対して } \tilde{f}_j'(y(j)) = \tilde{\lambda} \end{array}\right\} \quad (14.18)$$

を満たす実数 $\tilde{\lambda}$ が存在することと等価であることが知られている[15]. この特徴づけを使うと, $(\overline{\text{SRA}})$ の最適解を効率的に求めることができる. なお, 凸関数 $\tilde{f}_i$ が微分不可能な場合にも, $(\overline{\text{SRA}})$ の最適解に対して同様の特徴づけを与えることができる.

$(\overline{\text{SRA}})$ の最適解を使って (SRA) の最適解を求める際には次の命題が有用である.

命題 14.20 $(\overline{\text{SRA}})$ の最適解 $y \in \mathbb{R}_+^n$ および条件 (14.18) を満たす実数 $\tilde{\lambda}$ に対し, 非負整数ベクトル $\hat{x}$ を次のように定め, $\hat{r} = \hat{x}(N)$ とする (図 14.2 参照)[*14]:

$$\hat{x}(i) = \begin{cases} y(i) & (y(i) \text{ が整数のとき}), \\ \lfloor y(i) \rfloor & (y(i) \text{ が非整数で } d_i(\lfloor y(i) \rfloor) \geq \tilde{\lambda} \text{ のとき}), \\ \lceil y(i) \rceil & (y(i) \text{ が非整数で } d_i(\lfloor y(i) \rfloor) < \tilde{\lambda} \text{ のとき}). \end{cases}$$

(i) $r \geq \hat{r}$ ならば, $x_* \geq \hat{x}$ を満たす (SRA) の最適解 x_* が存在する.

(ii) $r \leq \hat{r}$ ならば, $x_* \leq \hat{x}$ を満たす (SRA) の最適解 x_* が存在する.

(証明) 関数 $\tilde{f}_i$ の凸性より, 次のことが成り立つ:

- 任意の $i \in N$ に対して $d_i(\lceil y(i) \rceil) \geq \tilde{\lambda}$,
- $y(i) \geq 1$ を満たす任意の $i \in N$ に対して $d_i(\lfloor y(i) \rfloor - 1) \leq \tilde{\lambda}$.

このことから, ベクトル $\hat{x}$ に関する次の性質が導かれる:

- 任意の $i \in N$ に対して $d_i(\hat{x}(i)) \geq \tilde{\lambda}$,
- $\hat{x}(j) > 0$ を満たす任意の $j \in N$ に対して $d_j(\hat{x}(j) - 1) \leq \tilde{\lambda}$.

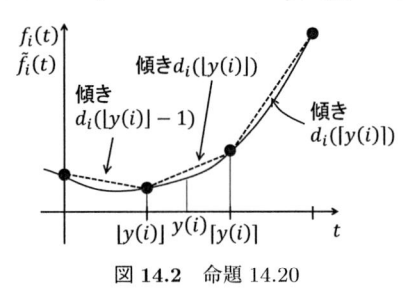

図 14.2 命題 14.20

[*14] $d_i(t) = f_i(t+1) - f_i(t)$ である.

この事実と定理 6.1（6.2 節）より，ベクトル $\hat{x}$ は問題 (SRA) において r を $\hat{r}$ に置き換えた問題の最適解である．このことと命題 14.10 より，本命題の主張が導かれる． ∎

命題 14.20 のベクトル $\hat{x}$ を使うと，(SRA) の最適解を容易に求めることができる．まず，$\sum_{i=1}^{n} \hat{x}(i) \leq r$ の場合には，初期解を $x := \hat{x}$ として貪欲アルゴリズムを適用すると，n 回以下の反復でアルゴリズムは終了し，その出力は (SRA) の最適解である．また，$\sum_{i=1}^{n} \hat{x}(i) > r$ の場合には，貪欲アルゴリズムとは逆にベクトルの各成分を徐々に減らしていくことで (SRA) の最適解が得られる．つまり，初期解を $x := \hat{x}$ とし，各反復では条件 $x(i) > 0$ の下で $d_i(x(i) - 1)$ が最大の $i = i_* \in N$ に対して $x := x - e_{i_*}$ とおくことを繰り返し，$\sum_{i=1}^{n} x(i) = r$ となったら終了すると，そのときの x は (SRA) の最適解となる．

なお，(SRA) と $(\overline{\text{SRA}})$ に対して定理 14.17 を適用すると，連続緩和問題 $(\overline{\text{SRA}})$ の任意の最適解 y に対し，$\|x_* - y\|_1 \leq (n-1)n$ を満たす (SRA) の最適解 x_* が存在することがわかるが，命題 14.20 を使うと，以下のように，$\|x_* - y\|_1$ に対するより良い上界が得られる．

定理 14.21 連続緩和問題 $(\overline{\text{SRA}})$ の任意の最適解 y に対し，$\|x_* - y\|_1 \leq 2n$ を満たす (SRA) の最適解 x_* が存在する．
（証明）命題 14.20 のベクトル $\hat{x}$ を考える．以下では $\sum_{i=1}^{n} \hat{x}(i) \leq r$ と仮定する（$\sum_{i=1}^{n} \hat{x}(i) > r$ の場合も同様である）．$\hat{x}$ の定義より各 i に対して $|\hat{x}(i) - y(i)| \leq 1$ であるから，

$$\sum_{i=1}^{n} \hat{x}(i) \geq \sum_{i=1}^{n} y(i) - n = r - n$$

が成り立つ．命題 14.20 (i) より $x_* \geq \hat{x}$ を満たす (SRA) の最適解 x_* が存在するが，これに対して

$$\|x_* - y\|_1 = \sum_{i=1}^{n} |x_*(i) - y(i)| \leq \sum_{i=1}^{n} (|x_*(i) - \hat{x}(i)| + |\hat{x}(i) - y(i)|)$$
$$\leq \sum_{i=1}^{n} (x_*(i) - \hat{x}(i) + 1) = \sum_{i=1}^{n} x_*(i) - \sum_{i=1}^{n} \hat{x}(i) + n$$
$$\leq r - (r - n) + n = 2n$$

が成り立つ． ∎

14.6 章末ノート

本章で説明したアルゴリズムについてより深く学べるように文献情報を示す．M凸関数最小化問題に対する貪欲アルゴリズム（14.2.1項）は文献[34,37,50]で示されており，その反復回数の解析（定理14.3, 14.6）は文献[26,37,51]に基づく．アルゴリズムの正当性の証明と反復回数の解析において有用な最小解カット定理（定理14.2, 14.5）は文献[50]において示された．$M^\natural$凸関数成分和制約付き最小化の逐次追加型貪欲アルゴリズムは文献[41]による．14.3節の領域縮小アルゴリズムは，M凸関数最小化問題に対する最初の多項式時間アルゴリズムとして文献[50]において提案され，その時間計算量は$O(n^4(\log \Phi_f)^2)$である[*15]．14.4節で説明した改良版スケーリングアルゴリズムは文献[51]で示され，その時間計算量は

$$O\left((n^3 + n^2 \log(\Phi_f/n)) \cdot \frac{\log(\Phi_f/n)}{\log n}\right)$$

である．このアルゴリズムで使われた，最小解カット定理とスケーリング技法を組み合わせるというアイディアは文献[52]による．文献[52]ではこのアイディアを用いて，時間計算量が$O(n^3 \log(\Phi_f/n))$のアルゴリズムを提案している．14.5節の連続緩和アルゴリズムは文献[28]において示された．なお，M凸関数最小化問題のソフトウェアが利用可能であり，詳しい情報は文献[54]に書かれている．

[*15] Φ_fの定義は式(14.8)を参照．

15

M凸関数の和の最小化

　本章では，整数格子点上で定義される M凸関数の和の（制約なし）最小化問題を考える．M凸関数の和は M凸とは限らないので，この問題は第 14 章で扱った M凸関数最小化問題の枠組には入らない，より一般的な問題である．

15.1 扱 う 問 題

　本章で扱う問題は，整数格子点上で定義される M凸関数 $f_1, f_2 : \mathbb{Z}^n \to \mathbb{R} \cup \{+\infty\}$ の和の（制約なし）最小化問題

(M2min)　最小化　$f_1(x) + f_2(x)$　　制約条件　$x \in \mathrm{dom}\, f_1 \cap \mathrm{dom}\, f_2$

である．以下では $\mathrm{dom}\, f_1 \cap \mathrm{dom}\, f_2$ に含まれるベクトル x を**許容解**と呼び，関数値の和 $f_1(x) + f_2(x)$ を**目的関数値**と呼ぶ．

　この問題は，M凸劣モジュラ流問題という問題と密接な関係がある．M凸劣モジュラ流問題とは，有向グラフ $G = (V, E)$，各枝 e の費用関数 $\varphi_e : \mathbb{Z} \to \mathbb{R} \cup \{+\infty\}$, M凸関数 $g : \mathbb{Z}^V \to \mathbb{R} \cup \{+\infty\}$ が与えられたとき，以下のように定義される問題である[*1]：

(MSF)　最小化　$\sum_{e \in E} \varphi_e(x(e)) + g(b)$　　制約条件　$x \in \mathbb{Z}^E, \quad \partial x = b.$

これは，フローの費用として枝に流れるフローの費用だけでなく，各頂点 u での需要供給量 $\partial x(u)$ の費用も考慮した，最小凸費用流問題の一般化である．実際，5.5 節の最小凸費用流問題は，関数 g を

$$g(b) = \begin{cases} 0 & (b(s) = f,\ b(t) = -f,\ b(u) = 0\ (\forall u \in V \setminus \{s, t\})), \\ +\infty & (\text{それ以外}) \end{cases}$$

[*1] ここでフローは整数値に限定されていることに注意する．記号 ∂x の定義は式 (4.4) 参照．

とおいたときのM凸劣モジュラ流問題(MSF)に一致する．

M凸関数の和の最小化問題(M2min)とM凸劣モジュラ流問題(MSF)は，相互に変換可能という意味で等価であることを示そう．まず，問題(M2min)の入力が与えられたとき，集合 $N = \{1, 2, \ldots, n\}$ とそのコピー $N' = \{1', 2', \ldots, n'\}$ を用いてグラフ $G = (V, E)$ を

$$V = N \cup N', \quad E = \{(i, i') \mid i = 1, 2, \ldots, n\}$$

と定める．各枝 $e \in E$ の費用 φ_e は常に0として，関数 $g : \mathbb{Z}^V \to \mathbb{R} \cup \{+\infty\}$ を

$$g(b, b') = f_1(b) + f_2(-b') \quad ((b, b') \in \mathbb{Z}^N \times \mathbb{Z}^{N'})$$

とおくと，これはM凸関数であり，M凸劣モジュラ流問題(MSF)が定義される．このM凸劣モジュラ流問題において，フロー $x \in \mathbb{Z}^E$ とベクトル $(b, b') \in \mathbb{Z}^N \times \mathbb{Z}^{N'}$ が $\partial x = (b, b')$ を満たすならば $b = x = -b'$ が成り立つので，このM凸劣モジュラ流問題は元の問題(M2min)と等価である．

逆に，(MSF)の入力が与えられたとき，$f_1 = g$ とおき，f_2 は各枝 e の費用関数 φ_e を用いて式(9.8)のように定める．すると，関数 f_2 はM凸関数であり（例9.13参照），(MSF)は関数 f_1 と f_2 の和の最小化問題として書き直すことができる．

15.2 許容解の求め方

問題(M2min)の最適解を求めるための準備として，まずは許容解の求め方を説明する．以下，$N = \{1, 2, \ldots, n\}$ とする．

15.2.1 M凸集合の共通部分の要素を求める問題

M凸関数 f_1, f_2 の実効定義域 $\text{dom } f_1$, $\text{dom } f_2$ はともにM凸集合なので，問題(M2min)の許容解を求める問題は，2つのM凸集合の共通部分に含まれるベクトルを求める問題として定式化される．

以下では，2つのM凸集合 $B_1, B_2 \subseteq \mathbb{Z}^n$ が与えられたとして，それらの共通部分 $B_1 \cap B_2$ が非空か否かを判定し，非空ならば共通部分に含まれるベクトルを求める問題を考える．ここで，2つの集合 B_1 と B_2 は，ある整数 r が定める超平面 $\{y \in \mathbb{Z}^n \mid \sum_{i=1}^n y(i) = r\}$ に含まれると仮定する．そのような整数 r が存在し

ない場合には，当然，B_1 と B_2 の共通部分は空である．

この問題を解くために，次の補助問題 (MInt) を考える[*2]：

(MInt)　最小化　$\|x_1 - x_2\|_1$　　制約条件　$x_1 \in B_1, x_2 \in B_2$.

問題 (MInt) の最適解 $x_1^* \in B_1$, $x_2^* \in B_2$ が $\|x_1^* - x_2^*\|_1 = 0$ を満たすならば，$x_1^* = x_2^*$ は $B_1 \cap B_2$ に含まれ，$\|x_1^* - x_2^*\|_1 > 0$ ならば $B_1 \cap B_2$ は空集合であることがわかる．以下ではこの問題 (MInt) を解くための有用な性質とアルゴリズムを述べる．

15.2.2　M 凸集合の性質

本項では，補助問題 (MInt) を解く際に有用な M 凸集合の性質を示す．M 凸集合 $B \subseteq \mathbb{Z}^n$ とベクトル $x \in B$ に対し，ベクトルの集合 $D_B(x)$ を

$$D_B(x) = \{e_i - e_j \mid x + e_i - e_j \in B\} \tag{15.1}$$

と定義する．これは，集合 B の中でベクトル x から移動可能な方向を集めたものである．この定義より，距離 $\|y-x\|_1$ がちょうど 2 のベクトル $y \in B$ については，$y - x = e_i - e_j$ を満たす $e_i - e_j \in D_B(x)$ が存在する．さらに距離 $\|y-x\|_1 > 2$ の場合には，$y - x$ を $D_B(x)$ に含まれるベクトルの和として表現可能である．

例として，図 15.1 のグラフ $G = (V, E)$ 上のフローを考える．各枝の容量を 1 として，

頂点 $i \in \{1,2,3,4\}$ における需要供給条件 $\partial x(i) = b(i)$,

頂点 $i \in \{5,6\}$ における流量保存条件 $\partial x(i) = 0$,

各枝 $e \in E$ の容量条件 $0 \leq x(e) \leq 1$

という 3 つの条件を満たす整数値フロー $x \in \mathbb{Z}^E$ が存在するようなベクトル $b \in \mathbb{Z}^4$

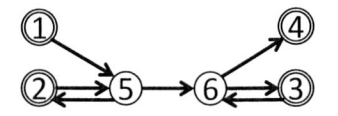

図 15.1　ネットワークフローから生じる M 凸集合の例

[*2] $\|x_1 - x_2\|_1 = \sum_{i=1}^n |x_1(i) - x_2(i)|$ は x_1 と x_2 の L$_1$ 距離であるが，$x_1(N) = x_2(N)$ としているので，$\|x_1 - x_2\|_1$ は常に偶数となる．

の全体の集合を B とすると，これは M 凸集合である[*3]．具体的には，

$$B = \{(0,0,0,0), (1,-1,0,0), (1,0,-1,0), (1,0,0,-1),$$
$$(0,1,-1,0), (0,1,0,-1), (0,0,1,-1), (1,-1,1,-1)\} \quad (15.2)$$

と与えられる．ここでベクトル $x, y \in B$ を $x = (0,0,0,0)$, $y = (1,-1,1,-1)$ としてみると，

$$D_B(x) = \{e_1 - e_2,\ e_1 - e_3,\ e_1 - e_4,\ e_2 - e_3,\ e_2 - e_4,\ e_3 - e_4\}$$

であり，$y - x = (e_1 - e_2) + (e_3 - e_4)$ のように $D_B(x)$ の要素の和として表せる．

上の性質を一般的な形で述べるには，2 部グラフを使うと便利である．M 凸集合 B に含まれるベクトル x と $y(N) = x(N)$ を満たすベクトル $y \in \mathbb{Z}^n$ に対し，x と y に関する**交換可能性グラフ** $G(x,y) = (V_1, V_2; E)$ とは，頂点集合が $V_1 = \mathrm{supp}^-(x-y)$, $V_2 = \mathrm{supp}^+(x-y)$ で，枝集合が

$$E = \{(i,j) \mid i \in V_1,\ j \in V_2,\ e_i - e_j \in D_B(x)\}$$

である 2 部グラフである．

命題 15.1 M 凸集合 $B \subseteq \mathbb{Z}^n$ および $\|x - y\|_\infty \leq 1$ を満たす 2 つのベクトル $x, y \in B$ に対し，交換可能性グラフ $G(x,y)$ は完全マッチングをもつ．
（証明）距離 $\|y - x\|_1$ に関する帰納法により証明する．$\|y - x\|_1 > 0$ と仮定してよい．すると $x \neq y$ なので，ベクトル y と x に対して M 凸集合の交換公理を適用することができ，ある $i \in \mathrm{supp}^+(y - x)$ と $j \in \mathrm{supp}^-(y - x)$ が存在して $y' = y - e_i + e_j \in B$ および $x + e_i - e_j \in B$ が成り立つ．すると，$\|y' - x\|_1 < \|y - x\|_1$ が成り立つので，帰納法の仮定により，x と y' に関する交換可能性グラフ $G(x,y')$ は完全マッチング M' をもつ．グラフ $G(x,y')$ は $G(x,y)$ から頂点 $i \in V_1$, $j \in V_2$ とそれらに接続する枝を除去したものであるから，枝集合 $M = M' \cup \{(i,j)\}$ はグラフ $G(x,y)$ の完全マッチングである． ∎

一方，ベクトル $y \in \mathbb{Z}^n$ に対し，交換可能性グラフ $G(x,y)$ が完全マッチングをもっていたとしても $y \in B$ が成り立つとは限らない．たとえば，式 (15.2) の M

[*3] 集合 B の M 凸性は例 9.13 と同様にして証明することができる．詳細については文献 35, 第 2 章 3 節，第 7 章 5 節）や文献 36, Sec. 2.2.2, Sec. 9.6）を参照されたい．

凸集合 $B \subseteq \mathbb{Z}^4$ に対して $x = (0,0,0,0) \in B$, $y = (1,1,-1,-1)$ とおくと, x, y に関する交換可能性グラフ $G(x, y)$ は

$$V_1 = \{1, 2\}, \quad V_2 = \{3, 4\}, \quad E = \{(1,3), (1,4), (2,3), (2,4)\}$$

となり, 2 つの完全マッチング $\{(1,3), (2,4)\}$, $\{(1,4), (2,3)\}$ をもつが, y は B に含まれない. しかし, 「完全マッチングがただ 1 つならば $y \in B$ である」という重要な性質がある.

定理 15.2 M 凸集合 B に含まれるベクトル x および $y(N) = x(N)$ を満たす $y \in \mathbb{Z}^n$ に対し, 条件 $\|x - y\|_\infty \leq 1$ が成り立つとする. このとき, 交換可能性グラフ $G(x, y)$ に完全マッチングがただ 1 つ存在するならば, $y \in B$ である[*4].

先ほどの例において y を $y = (1, -1, 1, -1)$ に変えてみると, x, y に関する交換可能性グラフ $G(x, y)$ は

$$V_1 = \{1, 3\}, \quad V_2 = \{2, 4\}, \quad E = \{(1,2), (1,4), (3,4)\}$$

となる. 完全マッチングは $\{(1,2), (3,4)\}$ のみであるので, 定理 15.2 より $y \subset B$ であることがわかる.

実は, 条件 $\|x - y\|_\infty \leq 1$ を満たさない一般のベクトル $x, y \in B$ に対しても命題 15.1 を一般化した次の命題が成り立つ.

命題 15.3 M 凸集合 $B \subseteq \mathbb{Z}^n$ および 2 つのベクトル $x, y \in B$ に対し, $V_1 = \mathrm{supp}^-(x - y)$, $V_2 = \mathrm{supp}^+(x - y)$ とおき,

$$c_x(i, j) = \max\{\alpha \mid x + \alpha(e_i - e_j) \in B\} \quad (i \in V_1, \ j \in V_2)$$

とおく. このとき, 以下の等式・不等式系は整数解 $\lambda \in \mathbb{Z}^{V_1 \times V_2}$ をもつ:

$$\sum_{j \in V_2} \lambda(i, j) = y(i) - x(i) \quad (i \in V_1),$$
$$\sum_{i \in V_1} \lambda(i, j) = x(j) - y(j) \quad (j \in V_2),$$
$$0 \leq \lambda(i, j) \leq c_x(i, j) \quad (i \in V_1, \ j \in V_2).$$

[*4] この定理の証明はやや難しいので, 本書では省略する. 興味のある読者は文献[11, Lemma 4.5], [17, 補題 6.33], [33, Lemma 2.3.18] を参照されたい.

15.2.3 補助問題の性質

本項では,補助問題 (MInt) の最適性条件の補助グラフによる表現を示す. 2つのベクトル $x_1 \in B_1$ と $x_2 \in B_2$ に関する補助グラフ $G_{x_1,x_2} = (V, E_{x_1,x_2})$ とは,頂点集合が $V = N \cup \{s,t\}$ で,枝集合が次式により与えられる有向グラフである:

$$E_{x_1,x_2} = E_{x_1}^1 \cup E_{x_2}^2 \cup E_{x_1,x_2}^+ \cup E_{x_1,x_2}^-,$$
$$E_{x_1}^1 = \{(i,j) \mid i,j \in N,\ e_j - e_i \in D_{B_1}(x_1)\},$$
$$E_{x_2}^2 = \{(i,j) \mid i,j \in N,\ e_i - e_j \in D_{B_2}(x_2)\},$$
$$E_{x_1,x_2}^+ = \{(s,i) \mid i \in \mathrm{supp}^+(x_1 - x_2)\},$$
$$E_{x_1,x_2}^- = \{(j,t) \mid j \in \mathrm{supp}^-(x_1 - x_2)\}.$$

命題 15.4 ベクトル $x_1 \in B_1$ と $x_2 \in B_2$ が補助問題 (MInt) の最適解であるための必要十分条件は,補助グラフ G_{x_1,x_2} 上に頂点 s から t への有向路が存在しないことである.

(証明) 証明の概略のみ述べる. ベクトル x_1 と x_2 が最適解でないならば,命題15.1 (および命題 15.3) を使うことにより,補助グラフ上に s から t への有向路が存在することを示せる. 一方,補助グラフの s から t への有向路が存在する場合には,以下の議論により,両者の間の距離 $\|x_1 - x_2\|_1$ を減らすことが可能なので,x_1 と x_2 は最適解でない. ∎

補助グラフ G_{x_1,x_2} 上に頂点 s から t への有向路が存在する場合に,$\|x_1 - x_2\|_1$ の値を減らす方法を説明する. 第3章で扱った2部グラフの最大マッチング問題や第4章の最大流問題と似た手法を用いるが,これまでと異なり,有向路の選び方に工夫が必要である.

補助グラフ G_{x_1,x_2} 上の s から t への有向路 P において,(最初と最後の枝を除いて) $E_{x_1}^1$ の枝と $E_{x_2}^2$ の枝が交互に現れるとき,P を**交互路**と呼ぶ. 補助グラフ G_{x_1,x_2} 上の s から t への有向路で枝数最小のものは交互路となる.

命題 15.5 補助グラフ G_{x_1,x_2} 上の s から t への枝数最小の有向路 P は交互路である.

(証明) 以下では,補助グラフ G_{x_1,x_2} 上の s から t への有向路 P が交互路でないとき,s から t への有向路 P' で,その枝数が P の枝数より小さいものが存在

15.2 許容解の求め方

することを示す．これより，命題の主張が導かれる．

有向路 P が交互路でないと仮定すると，P に連続して現れる枝 $(i,j),(j,h)$ が存在して，$(i,j),(j,h) \in E^1_{x_1}$ または $(i,j),(j,h) \in E^2_{x_2}$ が成り立つ．ここでは一般性を失うことなく前者が成り立つとする．すると，

$$x' = x - e_i + e_j \in B_1, \quad x'' = x - e_j + e_h \in B_1$$

であるが，M 凸集合 B_1 に対する交換公理と $i \in \mathrm{supp}^+(x'' - x')$ および $\mathrm{supp}^-(x'' - x') = \{j\}$ という事実を使うと，$x'' - e_i + e_j = x - e_i + e_h \in B_1$ が得られる．したがって $(i,h) \in E^1_{x_1}$ が導かれる．2 つの枝 $(i,j),(j,h)$ を除去してその代わりに (i,h) を加えると新たな有向路 P' が得られ，その枝数は 1 つ減少している． ■

補助グラフ G_{x_1,x_2} 上の s から t への交互路 P を用いて，新たなベクトル $\tilde{x}_1, \tilde{x}_2 \in \mathbb{Z}^n$ を次の式により定める:

$$\tilde{x}_1(i) = \begin{cases} x_1(i) - 1 & ((i,j) \in P \cap E^1_{x_1}), \\ x_1(i) + 1 & ((j,i) \in P \cap E^1_{x_1}), \\ x_1(i) & (それ以外), \end{cases} \tag{15.3}$$

$$\tilde{x}_2(i) = \begin{cases} x_2(i) + 1 & ((i,j) \in P \cap E^2_{x_2}), \\ x_2(i) - 1 & ((j,i) \in P \cap E^2_{x_2}), \\ x_2(i) & (それ以外). \end{cases} \tag{15.4}$$

このようにして得られたベクトルに対し，$\|\tilde{x}_1 - \tilde{x}_2\|_1 = \|x_1 - x_2\|_1 - 2$ が成り立つが，一般には $\tilde{x}_1 \in B_1$ および $\tilde{x}_2 \in B_2$ が成り立つとは限らない[*5]．ここで，交互路 P として枝数最小のものを選ぶと，これが成り立つ．

命題 15.6 補助グラフ G_{x_1,x_2} 上の s から t への枝数最小の有向路 P からベクトル $\tilde{x}_1, \tilde{x}_2 \in \mathbb{Z}^n$ を式 (15.3) および式 (15.4) により定めると，$\tilde{x}_1 \in B_1$，$\tilde{x}_2 \in B_2$，および $\|\tilde{x}_1 - \tilde{x}_2\|_1 = \|x_1 - x_2\|_1 - 2$ が成り立つ．

(証明) $\tilde{x}_1 \in B_1$ について証明の概略のみ示す．命題 15.5 により，枝数最小の s から t への有向路 P は交互路である．ベクトル x_1 と $\tilde{x}_1$ の B_1 に関する交換可能性グラフ $G(x_1, \tilde{x}_1)$ には，枝集合 $P \cap E^1_{x_1}$ に対応する完全マッチングが存在し，

[*5] ここが最大マッチング問題や最大流問題と異なっている大切なポイントである．

また,有向路 P が枝数最小であるという事実を使うと,完全マッチングがこれ以外に存在しないことが示せる.すると定理 15.2 より $\tilde{x}_1 \in B_1$ が成り立つ. ∎

15.2.4　アルゴリズム

命題 15.4 と命題 15.6 に基づき,次の手順で補助問題 (MInt) の最適解が求められる.なお,ある初期ベクトル $x_1^\circ \in B_1$,$x_2^\circ \in B_2$ が事前に与えられているとする.

ステップ 0：初期ベクトルを $x_1 := x_1^\circ$,$x_2 := x_2^\circ$ とする.
ステップ 1：補助グラフ G_{x_1,x_2} に s から t への有向路 P が存在しなければ,現在のベクトル x_1, x_2 を出力して終了する.
ステップ 2：補助グラフ G_{x_1,x_2} 上の s から t への枝数最小の有向路 P を求め,式 (15.3) および式 (15.4) により $\tilde{x}_1$ および $\tilde{x}_2$ を計算する.$x_1 := \tilde{x}_1$,$x_2 := \tilde{x}_2$ とおいて,ステップ 1 に戻る.

命題 15.6 により,各反復の x_1 と x_2 は $x_1 \in B_1$ および $x_2 \in B_2$ を満たし,かつ補助問題 (MInt) の目的関数値 $\|x_1 - x_2\|_1$ は 2 ずつ減少する.したがって,このアルゴリズムは有限回の反復の後に終了する.命題 15.4 により,アルゴリズムの出力は (MInt) の最適解である.

15.3　最適解の求め方

本節では,M 凸関数の和の最小化問題 (M2min) の解法を説明する.以下では,(M2min) は許容解をもつ,すなわち $\mathrm{dom}\, f_1 \cap \mathrm{dom}\, f_2 \neq \emptyset$ が成り立つと仮定する.

15.3.1　M 凸関数の性質

まず,問題 (M2min) を解く際に有用な M 凸関数の性質を示す.M 凸関数 $f : \mathbb{Z}^n \to \mathbb{R} \cup \{+\infty\}$ が与えられたとき,その実効定義域 $\mathrm{dom}\, f$ は M 凸集合なので,ベクトル $x \in \mathrm{dom}\, f$ に対して式 (15.1) で定義される集合 $D_{\mathrm{dom}\, f}(x)$ を考えることができる.この集合の各要素 $e_i - e_j$ に対応する (i,j) に対してその重み $w_x(i,j)$ を

15.3 最適解の求め方

$$w_x(i,j) = f(x + e_i - e_j) - f(x) \tag{15.5}$$

により定義する．これは，集合 $\mathrm{dom}\, f$ の中でベクトル x から局所的に移動したときの関数値の変化量を表したものである．この定義より，距離 $\|y-x\|_1$ がちょうど 2 のベクトル $y \in \mathrm{dom}\, f$ については，

$$y - x = e_i - e_j, \quad f(y) - f(x) = w_x(i,j)$$

を満たす $e_i - e_j \in D_{\mathrm{dom}\, f}(x)$ が存在する．さらに距離 $\|y-x\|_1 > 2$ の場合は，関数値の差 $f(y) - f(x)$ を重み $w_x(i,j)$ の和により下から評価することができる．

この性質を述べるには，15.2.2 項で導入した交換可能性グラフの各枝に重みを付加したものを使うと便利である．ベクトル $x \in \mathrm{dom}\, f$ と $y \in \mathbb{Z}^n$ に対し，x と y に関する交換可能性グラフ $G(x,y) = (V_1, V_2; E)$ とは，15.2.2 項で定義した交換可能性グラフにおいて $B = \mathrm{dom}\, f$ とおいたものと同一であり，各枝 $(i,j) \in E$ の重みは式 (15.5) により与えられる．ベクトル $x, y \in \mathrm{dom}\, f$ が条件 $\|x-y\|_\infty \leq 1$ を満たすとき，命題 15.1 により交換可能性グラフ $G(x,y)$ は完全マッチングをもつが，$G(x,y)$ 上の完全マッチングの最小重みを $\hat{w}(x,y)$ とおく．

命題 15.7 M 凸関数 $f: \mathbb{Z}^n \to \mathbb{R} \cup \{+\infty\}$ および条件 $\|x-y\|_\infty \leq 1$ を満たす 2 つのベクトル $x, y \in \mathrm{dom}\, f$ に対し，次の不等式が成り立つ：

$$f(y) - f(x) \geq \hat{w}(x,y). \tag{15.6}$$

（証明）命題 15.1 の証明と同様にして，距離 $\|y-x\|_1$ に関する帰納法により証明する．$\|y-x\|_1 > 0$ と仮定してよい．すると $x \neq y$ なので，ベクトル y と x に対して M 凸関数の交換公理を適用することができ，ある $i \in \mathrm{supp}^+(y-x)$ と $j \in \mathrm{supp}^-(y-x)$ が存在して $y' = y - e_i + e_j \in \mathrm{dom}\, f$, $x + e_i - e_j \in \mathrm{dom}\, f$, および

$$f(y) + f(x) \geq f(y') + f(x + e_i - e_j)$$

が成り立つ．この不等式は，

$$f(y) - f(x) \geq f(y') - f(x) + w_x(i,j) \tag{15.7}$$

と書き換えることができる．ここで，$\|y'-x\|_1 < \|y-x\|_1$ が成り立つので，帰納法の仮定により，x と y' に対して

$$f(y') - f(x) \geq \hat{w}(x,y') \tag{15.8}$$

が成り立つ．交換可能性グラフ $G(x, y')$ 上の最小重み完全マッチングを M' とすると，その重み $w(M')$ は $\hat{w}(x, y')$ に等しい．グラフ $G(x, y')$ は $G(x, y)$ から頂点 $i \in V_1, j \in V_2$ とそれらに接続する枝を除去したものであるから，枝集合 $M = M' \cup \{(i, j)\}$ はグラフ $G(x, y)$ の完全マッチングである．その重み $w(M)$ は最小重み $\hat{w}(x, y)$ 以上なので，

$$\hat{w}(x, y') + w_x(i, j) = w(M) \geq \hat{w}(x, y) \tag{15.9}$$

が成り立つ．式 (15.7), (15.8), および (15.9) より，$f(y) - f(x) \geq \hat{w}(x, y)$ が導かれる． ∎

一般には，不等式 (15.6) は狭義の不等号で成り立つこともある（例 15.9 参照）が，「最小重み完全マッチングがただ 1 つならば $f(y) - f(x) = \hat{w}(x, y)$ である」という重要な性質がある．

定理 15.8 M凸関数 $f: \mathbb{Z}^n \to \mathbb{R} \cup \{+\infty\}$ および条件 $\|x-y\|_\infty \leq 1$ を満たす 2 つのベクトル $x \in \mathrm{dom}\, f$ と $y \in \mathbb{Z}^n$ に対し，交換可能性グラフ $G(x, y)$ に最小重み完全マッチングがただ 1 つ存在するならば，$y \in \mathrm{dom}\, f$ かつ等式 $f(y) - f(x) = \hat{w}(x, y)$ が成り立つ[*6)]．

例 15.9 不等式 (15.6) の例を示そう．図 15.2 のグラフ $G = (V, E)$ 上の最小費用流問題から生じる M凸関数を考える．各枝の容量を 1，費用を 1 として，

$$\text{頂点 } i \in \{1, 2, 3, 4\} \text{ における需要供給条件 } \partial x(i) = b(i), \tag{15.10}$$

$$\text{頂点 } i \in \{5, 6, 7\} \text{ における流量保存条件 } \partial x(i) = 0, \tag{15.11}$$

$$\text{各枝 } e \in E \text{ の容量条件 } 0 \leq x(e) \leq 1 \tag{15.12}$$

という 3 つの条件を満たす整数値フロー $x \in \mathbb{Z}^E$ が存在するような需要供給ベクトル $b \in \mathbb{Z}^4$ の全体の集合を B とすると，これは M凸集合であり，

$B = \{(0, 0, 0, 0), (1, -1, 0, 0), (1, 0, -1, 0), (1, 0, 0, -1), (0, 1, -1, 0),$
$\quad (0, 1, 0, -1), (0, -1, 1, 0), (0, 0, 1, -1), (1, -1, 1, -1), (1, 1, -1, -1)\}$

となる．

[*6)] この定理の証明はやや難しいので，本書では省略する．興味のある読者は文献[33, Lemma 5.2.35], [35, 命題 7.17], [36, Prop. 9.23] を参照されたい．

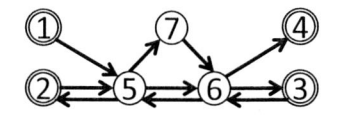

図 15.2 最小費用流問題から生じる M 凸関数の例

次に，ベクトル $b \in B$ に対し，b に関する需要供給条件 (15.10) と他の 2 条件 (15.11), (15.12) を満たす整数値フローの最小費用を $f(b)$ とおいて，関数 $f : \mathbb{Z}^4 \to \mathbb{R} \cup \{+\infty\}$ を定義する．この関数 f は B を実効定義域とする M 凸関数であり[*7]，$f(b)$ の値は以下のようになる：

b	$(0,0,0,0)$	$(1,-1,0,0)$	$(1,0,-1,0)$	$(1,0,0,-1)$	$(0,1,-1,0)$
$f(b)$	0	2	3	3	3
b	$(0,1,0,-1)$	$(0,-1,1,0)$	$(0,0,1,-1)$	$(1,-1,1,-1)$	$(1,1,-1,-1)$
$f(b)$	3	3	2	4	7

ここでベクトル $x, y \in \mathrm{dom}\, f$ を $x = (0,0,0,0)$, $y = (1,1,-1,-1)$ とすると，$e_1 - e_3, e_2 - e_4 \in D_{\mathrm{dom}\, f}(x)$ を用いて $y - x = (e_1 - e_3) + (e_2 - e_4)$ のように表され，さらに以下のように狭義の不等式が成り立つ：

$$f(y) - f(x) = 7 > 3 + 3 = w_x(1,3) + w_x(2,4) = \hat{w}(x,y).$$

一方，$y = (1,-1,1,-1)$ とすると，x, y に関する交換可能性グラフ $G(x,y)$ の最小重み完全マッチングは $\{(1,2),(3,4)\}$ のみであり，定理 15.8 のように

$$f(y) - f(x) = 4 = 2 + 2 = w_x(1,2) + w_x(3,4) = \hat{w}(x,y)$$

が成り立つ． ∎

実は，条件 $\|x - y\|_\infty \leq 1$ を満たさない一般のベクトル $x, y \in \mathrm{dom}\, f$ に対しても命題 15.7 を一般化した次の命題が成り立つ．

命題 15.10 M 凸関数 $f : \mathbb{Z}^n \to \mathbb{R} \cup \{+\infty\}$ および 2 つのベクトル $x, y \in \mathrm{dom}\, f$ に対し，$V_1 = \mathrm{supp}^-(x - y)$, $V_2 = \mathrm{supp}^+(x - y)$ とおき，各 $i \in V_1, j \in V_2$ に対して

$$c_x(i,j) = \max\{\alpha \mid x + \alpha(e_i - e_j) \in \mathrm{dom}\, f\},$$
$$k_x(i,j) = f(x + e_i - e_j) - f(x)$$

[*7] 関数 f の M 凸性は例 9.13 と同様にして証明することができる．詳細については文献 35, 第 2 章 3 節, 第 7 章 5 節) や文献 36, Sec. 2.2.2, Sec. 9.6) を参照されたい．

とおく. さらに, 次の最適化問題の最適値を $\hat{w}(x,y)$ とおく:

$$\text{最小化} \quad \sum_{i \in V_1, \, j \in V_2} k_x(i,j) \lambda(i,j)$$

$$\text{制約条件} \quad \sum_{j \in V_2} \lambda(i,j) = y(i) - x(i) \quad (i \in V_1),$$

$$\sum_{i \in V_1} \lambda(i,j) = x(j) - y(j) \quad (j \in V_2),$$

$$0 \leq \lambda(i,j) \leq c_x(i,j), \; \lambda(i,j) \in \mathbb{Z} \quad (i \in V_1, \, j \in V_2).$$

このとき, 不等式 $f(y) - f(x) \geq \hat{w}(x,y)$ が成り立つ.

15.3.2 最適性条件

本項では, M凸関数の和の最小化問題 (M2min) に対する最適性条件を補助グラフにより表現したものを示す. 許容解 $x \in \mathrm{dom}\, f_1 \cap \mathrm{dom}\, f_2$ に関する補助グラフ $G_x = (V, E_x)$ とは, 頂点集合は $V = N$ で, 枝集合は

$$E_x^1 = \{(i,j) \mid i,j \in V, \; x - e_i + e_j \in \mathrm{dom}\, f_1\},$$
$$E_x^2 = \{(i,j) \mid i,j \in V, \; x + e_i - e_j \in \mathrm{dom}\, f_2\}$$

を用いて $E_x = E_x^1 \cup E_x^2$ により与えられる有向グラフである. 各枝には次のような重みが与えられている:

$$w_x(i,j) = \begin{cases} f_1(x - e_i + e_j) - f_1(x) & ((i,j) \in E_x^1), \\ f_2(x + e_i - e_j) - f_2(x) & ((i,j) \in E_x^2). \end{cases}$$

補助グラフの有向閉路 $C \subseteq E_x$ は, 枝重みの和 $w_x(C) = \sum_{(i,j) \in C} w_x(i,j)$ が負であるとき, 負閉路と呼ばれる. 第3章で扱った2部グラフのマッチング問題や第5章の最小費用流問題と同様に, 補助グラフの負閉路やポテンシャル (補助グラフの頂点に付随する変数のベクトル) を用いて, ベクトル x の最適性を特徴づけることができる.

定理 15.11 M凸関数 $f_1, f_2 : \mathbb{Z}^n \to \mathbb{R} \cup \{+\infty\}$ とベクトル $x_* \in \mathrm{dom}\, f_1 \cap \mathrm{dom}\, f_2$ に対して, 次の3条件 (OPT), (NNC), (POT) は等価である:

(OPT) x_* は $f_1 + f_2$ の最小解である.

(NNC) 補助グラフ G_{x_*} 上に負閉路が存在しない.

(POT) ある $p_* \in \mathbb{R}^n$ が存在して, 補助グラフ G_{x_*} の各枝 $(i,j) \in E_{x_*}$ に対して $p_*(i) - p_*(j) \leq w_{x_*}(i,j)$ が成り立つ.

（証明） 以下では，定理 10.10 を利用した証明を与える．まず，条件 (NNC) と (POT) が等価なことは，定理 5.5 の証明と同様に示すことができる．次に，条件 (POT) と (OPT) が等価であることを示す．枝重み $w_{x_*}(i,j)$ の定義より，条件 (POT) に現れる不等式は次のように書き直せる：

$$f_1(x_* - e_i + e_j) - f_1(x_*) - p_*(i) + p_*(j) \geq 0 \quad (\forall i, j \in N), \quad (15.13)$$

$$f_2(x_* + e_i - e_j) - f_2(x_*) - p_*(i) + p_*(j) \geq 0 \quad (\forall i, j \in N). \quad (15.14)$$

定理 14.1 より，式 (15.13) はベクトル $x = x_*$ が関数 $f_1(x) + p_*^\top x$ の最小解であることを意味しており，式 (15.14) はベクトル $x = x_*$ が関数 $f_2(x) - p_*^\top x$ の最小解であることを意味する．よって定理 10.10 より，条件 (POT) は (OPT) と等価である． ■

定理 15.11 では，あるベクトルが M 凸関数の和の最小解であるための必要十分条件を示したが，最小解ではないベクトルから，より小さい関数値をもつベクトルを構成する方法については何も示唆していないことに注意する．以下では，補助グラフの負閉路を利用して，より小さい関数値をもつベクトルを構成する方法を説明する．第 3 章の 2 部グラフの最大重みマッチング問題や第 5 章の最小費用流問題と似た手法を用いるが，これまでと異なり，負閉路の選び方に工夫が必要である．

補助グラフ G_x の有向閉路 C において E_x^1 の枝と E_x^2 の枝が交互に現れるとき，C を交互閉路と呼ぶ．補助グラフ G_x 上の負閉路で枝数最小のものは交互閉路となる．

命題 15.12 補助グラフ G_x 上に負閉路が存在するとき，枝数最小の負閉路は交互閉路である．

（証明） 以下では，補助グラフ G_x 上の有向閉路 C が交互閉路でないとき，交互閉路 C' で，枝数が C より小さく，かつ $w_x(C') \leq w_x(C)$ を満たすものが存在することを証明する．これより，命題の主張が導かれる．

有向閉路 C が交互閉路でないと仮定すると，C に連続して現れるある枝 $(i,j), (j,h)$ に対し，$(i,j), (j,h) \in E_x^1$ または $(i,j), (j,h) \in E_x^2$ が成り立つ．一般性を失うことなく前者が成り立つとする．このとき，

$$x' = x - e_i + e_j \in \text{dom}\, f_1, \quad x'' = x - e_j + e_h \in \text{dom}\, f_1$$

であるが,$i \in \mathrm{supp}^+(x''-x')$ および $\mathrm{supp}^-(x''-x') = \{j\}$ という事実を使うと,M 凸関数の交換公理より次の不等式が得られる:
$$f_1(x') + f_1(x'') \geq f_1(x - e_i + e_h) + f_1(x).$$

これより $x - e_i + e_h \in \mathrm{dom}\, f_1$ なので,$(i,h) \in E_x^1$ が成り立ち,さらにこの不等式から
$$w_x(i,j) + w_x(j,h) = (f_1(x') - f_1(x)) + (f_1(x'') - f_1(x))$$
$$\geq f_1(x - e_i + e_h) - f_1(x) = w_x(i,h)$$

が導かれる.つまり,2 つの枝 $(i,j), (j,h) \in E_x^1$ を除去してその代わりに枝 (i,h) を加えると新たな有向閉路が得られ,その重みは元の閉路の重み以下であることがわかる.また,有向閉路の枝数が 1 つ減少していることに注意する.有向閉路が交互閉路になるまでこの操作を繰り返せば,有限回の反復の後に所望の交互閉路 C' が得られる. ■

補助グラフ G_x 上の交互閉路 C を用いて,新たなベクトル $\tilde{x} \in \mathbb{Z}^n$ を次の式により定める:
$$\tilde{x}(i) = \begin{cases} x(i) - 1 & ((i,j) \in C \cap E_x^1), \\ x(i) + 1 & ((i,j) \in C \cap E_x^2), \\ x(i) & (それ以外). \end{cases} \tag{15.15}$$

一般に,このベクトル $\tilde{x}$ は許容解になるとは限らず,また許容解であったとしても,その関数値 $f_1(\tilde{x}) + f_2(\tilde{x})$ がどの程度減少するのか保証するのは難しい.しかし,交互閉路 C として枝数最小の負閉路を選ぶと,これが実現できる.

定理 15.13 補助グラフ G_x 上の枝数最小の負閉路 C に対し,式 (15.15) により定められるベクトル $\tilde{x}$ は $\tilde{x} \in \mathrm{dom}\, f_1 \cap \mathrm{dom}\, f_2$ および
$$f_1(\tilde{x}) + f_2(\tilde{x}) \leq f_1(x) + f_2(x) + w_x(C) < f_1(x) + f_2(x) \tag{15.16}$$
を満たす.

(証明) 以下では,次の性質に対する証明の概略を示す:
$$\tilde{x} \in \mathrm{dom}\, f_1, \quad f_1(\tilde{x}) \leq f_1(x) + w_x(C \cap E_x^1), \tag{15.17}$$
$$\tilde{x} \in \mathrm{dom}\, f_2, \quad f_2(\tilde{x}) \leq f_2(x) + w_x(C \cap E_x^2). \tag{15.18}$$

式 (15.17), (15.18) および有向閉路 C の重みが負であることより, 不等式 (15.16) が得られる.

式 (15.18) は式 (15.17) と同様に示せるので, 以下では式 (15.17) のみ考える. 命題 15.12 により, 枝数最小の有向閉路は交互閉路である. M 凸関数 f_1 および 2 つのベクトル x と $\tilde{x}$ の f_1 に関する交換可能性グラフ $G(x_1, \tilde{x}_1)$ には枝集合 $C \cap E_x^1$ に対応する完全マッチングが存在し, その重みは $w_x(C \cap E_x^1)$ である[*8]. さらに, 有向閉路 C が枝数最小であるという事実を使うと, $G(x_1, \tilde{x}_1)$ に最小重み完全マッチングがただ 1 つ存在することが示せる. すると定理 15.8 より, $\tilde{x} \in \text{dom} f_1$ であり, かつ値 $f_1(\tilde{x}) - f_1(x)$ は $G(x_1, \tilde{x}_1)$ の完全マッチングの最小重みに等しいので, 不等式 (15.17) が成り立つ. ∎

15.3.3 アルゴリズム

本項では, 問題 (M2min) の最適解を求める 2 つのアルゴリズムを説明する.

a. 負閉路消去アルゴリズム

定理 15.11 および定理 15.13 に基づき, M 凸関数の和の最小化問題 (M2min) の最適解が求められる. 以下のアルゴリズムは, 現在の許容解に関する補助グラフ上で枝数最小の負閉路を見つけて, それを用いて許容解を更新して負閉路を消去することを繰り返すもので, **負閉路消去アルゴリズム**と呼ばれる.

ステップ 0：初期許容解 $x := x^\circ$ を求める.

ステップ 1：補助グラフ G_x に負閉路が存在しなければ, 現在の許容解を出力し, 終了する.

ステップ 2：補助グラフ G_x の枝数最小の負閉路 C を求め, 以下のように許容解 x を更新する：
$$x(i) := \begin{cases} x(i) - 1 & ((i,j) \in C \cap E_x^1), \\ x(i) + 1 & ((i,j) \in C \cap E_x^2), \\ x(i) & (\text{それ以外}). \end{cases}$$
ステップ 1 に戻る.

定理 15.13 により, 各反復の x は許容解であり, かつ問題 (M2min) の目的関

[*8] この完全マッチングは最小重みであることを示すことができる.

数値 $f_1(x) + f_2(x)$ は真に減少する．許容解が有限個であることより，このアルゴリズムは有限回の反復後に終了し，その出力は，定理 15.11 により，アルゴリズムの出力は (M2min) の最適解である．

b. 逐次最短路アルゴリズム

15.2.4 項では，2 つの M 凸集合の共通部分の要素を求めるアルゴリズムとして，補助グラフ上の枝数最小の有向路を利用したアルゴリズムを説明した．本項では，この手法を M 凸関数の和の最小化に適用する．2 つのベクトル $x_1 \in \mathrm{dom}\, f_1$ と $x_2 \in \mathrm{dom}\, f_2$ が与えられたとき，x_1 と x_2 に関する補助グラフ $G_{x_1, x_2} = (V, E_{x_1, x_2})$ を，15.2.3 項と同様に定義する．ただし，各枝に次のような重みを与える：

$$w_x(i,j) = \begin{cases} f_1(x - e_i + e_j) - f_1(x) & ((i,j) \in E_{x_1}^1), \\ f_2(x + e_i - e_j) - f_2(x) & ((i,j) \in E_{x_2}^2), \\ 0 & (それ以外). \end{cases}$$

以下のアルゴリズムは，現在のベクトル $x_1 \in \mathrm{dom}\, f_1$ と $x_2 \in \mathrm{dom}\, f_2$ に関する補助グラフ上で頂点 s から t への枝数最小の最短路を見つけて，それを用いてベクトルの対を更新することを繰り返すもので，**逐次最短路アルゴリズム**と呼ばれる．

ステップ 0：M 凸関数 f_1, f_2 の最小解 $x_1^\circ \in \arg\min f_1$, $x_2^\circ \in \arg\min f_2$ を求め，$x_1 := x_1^\circ$, $x_2 := x_2^\circ$ とする．

ステップ 1：$x_1 = x_2$ ならば，現在のベクトル x_1 を出力して終了する．

ステップ 2：補助グラフ G_{x_1, x_2} 上の s から t への枝数最小の最短路 P を求め，式 (15.3) および式 (15.4) により $\tilde{x}_1$ および $\tilde{x}_2$ を計算する．

$x_1 := \tilde{x}_1$, $x_2 := \tilde{x}_2$ とおいて，ステップ 1 に戻る．

定理 15.8 を使うことにより，各反復の x_1 と x_2 が $x_1 \in \mathrm{dom}\, f_1$ および $x_2 \in \mathrm{dom}\, f_2$ を満たすことを示せる[*9]．また，x_1 と x_2 の L_1 距離 $\|x_1 - x_2\|_1$ は 2 ずつ減少するので，このアルゴリズムは有限回の反復の後に終了する．さらに，各反復での x_1 と x_2 が

$$f_1(x_1) + f_2(x_2) = \min\{f_1(y_1) + f_2(y_2) \mid y_1 \in \mathrm{dom}\, f_1,\ y_2 \in \mathrm{dom}\, f_2, \\ \|y_1 - y_2\|_1 = \|x_1 - x_2\|_1\}$$

[*9] 証明は命題 15.6 や定理 15.13 と同様である．

を満たすことを証明できる[*10]．アルゴリズムの終了時には $x_1 = x_2$ となるので，この性質よりアルゴリズムの出力 x_1 が (M2min) の最適解であることがわかる．

注意 15.14 問題 (M2min) のアルゴリズムの計算時間を算定する際には，ベクトルの次元 n に加えて，次のパラメータを用いることが多い：

$$L_i = \max\{\|x - y\|_1 \mid x, y \in \mathrm{dom}\, f_i\} \quad (i = 1, 2),$$
$$K_i = \max\{|f_i(x)| \mid x \in \mathrm{dom}\, f_i\} \quad (i = 1, 2).$$

ここで，L_i は M 凸関数 f_i の実効定義域の大きさを表し，K_i は関数値の絶対値の最大値である．計算時間が n, $\log L_i$, および $\log K_i$ の多項式で抑えられるとき，そのアルゴリズムは多項式時間アルゴリズムであるという．この意味で，本項で説明した負閉路消去アルゴリズムや逐次最短路アルゴリズムは多項式時間アルゴリズムではないが，逐次最短路アルゴリズムにある種のスケーリング技法を組み合わせた多項式時間アルゴリズムが提案されている[19]．また，共役スケーリングという技法を用いた多項式時間アルゴリズムが知られている[20]． ■

15.4 章末ノート

2つの M 凸集合の共通部分を求める問題 (MInt) は，組合せ最適化の分野においてポリマトロイド交わり問題として知られる重要な問題と同じものになる．この問題は，独立流問題や劣モジュラ流問題において許容解を求める問題とも等価である．これらの問題は，マトロイド交わり問題や独立マッチング問題と呼ばれる問題の一般化となっている．

一方，M 凸関数の和の最小化問題 (M2min) は M 凸劣モジュラ流問題 (MSF) と等価であることを述べたが，これらの目的関数は非線形である．これらの問題の目的関数を線形関数に限定した特殊ケースが重み付きポリマトロイド交わり問題や最小費用独立流問題，最小費用劣モジュラ流問題である．（ポリ）マトロイド交わり問題や独立流問題，独立マッチング問題については文献[11,17]を参照されたい．

[*10] 詳細については，文献[33], Theorem 5.2.62) を参照されたい．

文　献

1) R. K. Ahuja, T. L. Magnanti, and J. B. Orlin: *Network Flows—Theory, Algorithms and Applications*, Prentice-Hall, Englewood Cliffs (1993).
2) A. Bouchet and W. H. Cunningham: Delta-matroids, jump systems, and bisubmodular polyhedra, *SIAM Journal on Discrete Mathematics*, **8**, 17–32 (1995).
3) A. W. M. Dress and W. Wenzel: Valuated matroid: A new look at the greedy algorithm, *Applied Mathematics Letters*, **3**, 33–35 (1990).
4) A. W. M. Dress and W. Wenzel: Valuated matroids, *Advances in Mathematics*, **93**, 214–250 (1992).
5) J. Edmonds: Submodular functions, matroids and certain polyhedra, in: R. Guy, H. Hanani, N. Sauer and J. Schönheim, eds., *Combinatorial Structures and Their Applications*, Gordon and Breach, New York, 69–87 (1970).
6) P. Favati and F. Tardella: Convexity in nonlinear integer programming, *Ricerca Operativa*, **53**, 3–44 (1990).
7) L. R. Ford, Jr., and D. R. Fulkerson: *Flows in Networks*, Princeton University Press, Princeton (1962).
8) A. Frank: An algorithm for submodular functions on graphs, *Annals of Discrete Mathematics*, **16**, 97–120 (1982).
9) S. Fujishige: Theory of submodular programs: A Fenchel-type min-max theorem and subgradients of submodular functions, *Mathematical Programming*, **29**, 142–155 (1984).
10) 藤重　悟：グラフ・ネットワーク・組合せ論，共立出版 (2002).
11) S. Fujishige: *Submodular Functions and Optimization*, 2nd ed., Annals of Discrete Mathematics, **58**, Elsevier (2005).
12) S. Fujishige and K. Murota: Notes on L-/M-convex functions and the separation theorems, *Mathematical Programming*, **88**, 129–146 (2000).
13) 福島雅夫：非線形最適化の基礎，朝倉書店 (2001).
14) D. S. Hochbaum: Lower and upper bounds for the allocation problem and other nonlinear optimization problems, *Mathematics of Operations Research*, **19**, 390–409 (1994).
15) T. Ibaraki and N. Katoh: *Resource Allocation Problems: Algorithmic Approaches*, MIT Press, Cambridge, MA (1988).
16) M. Iri: *Network Flow, Transportation and Scheduling—Theory and Algorithms*, Academic Press, New York (1969).
17) 伊理正夫，藤重　悟，大山達雄：グラフ・ネットワーク・マトロイド，産業図書 (1986).
18) S. Iwata, L. Fleischer, and S. Fujishige: A combinatorial, strongly polynomial-time algorithm for minimizing submodular functions, *Journal of the ACM*, **48**, 761–777 (2001).

19) S. Iwata, S. Moriguchi, and K. Murota: A capacity scaling algorithm for M-convex submodular flow, *Mathematical Programming*, **103**, 181–202 (2005).
20) S. Iwata and M. Shigeno: Conjugate scaling algorithm for Fenchel-type duality in discrete convex optimization, *SIAM Journal on Optimization*, **13**, 204–211 (2002).
21) N. Katoh and T. Ibaraki: Resource allocation problems, in: D.-Z. Du and P. M. Pardalos, eds., *Handbook of Combinatorial Optimization*, Kluwer, Dordrecht, **2**, 159–260 (1998).
22) V. Kolmogorov and A. Shioura: New algorithms for convex cost tension problem with application to computer vision, *Discrete Optimization*, **6**, 378–393 (2009).
23) B. Korte and J. Vygen: *Combinatorial Optimization: Theory and Algorithms*, 4th ed., Springer, Berlin (2008).
24) L. Lovász: Submodular functions and convexity, in: A. Bachem, M. Grötschel and B. Korte, eds., *Mathematical Programming—The State of the Art*, Springer, Berlin, 235–257 (1983).
25) L. Lovász and M. Plummer: *Matching Theory*, North-Holland, Amsterdam (1986).
26) S. Moriguchi, K. Murota, and A. Shioura: Scaling algorithms for M-convex function minimization, *IEICE Transactions on Fundamentals of Electronics, Communications and Computer Sciences*, **E85-A**, 922–929 (2002).
27) S. Moriguchi and A. Shioura: On Hochbaum's proximity-scaling algorithm for the general resource allocation problem, *Mathematics of Operations Research*, **29**, 394–397 (2004).
28) S. Moriguchi, A. Shioura, and N. Tsuchimura: M-convex function minimization by continuous relaxation approach: Proximity theorem and algorithm, *SIAM Journal on Optimization*, **21**, 633–668 (2011).
29) S. Moriguchi and N. Tsuchimura: Discrete L-convex function minimization based on continuous relaxation, *Pacific Journal of Optimization*, **5**, 227–236 (2009).
30) K. Murota: Convexity and Steinitz's exchange property, *Advances in Mathematics*, **124**, 272–311 (1996).
31) K. Murota: Valuated matroid intersection, I: optimality criteria, II: algorithms, *SIAM Journal on Discrete Mathematics*, **9**, 545–561, 562–576 (1996).
32) K. Murota: Discrete convex analysis, *Mathematical Programming*, **83**, 313–371 (1998).
33) K. Murota: *Matrices and Matroids for Systems Analysis*, Springer, Berlin (2000).
34) K. Murota: Algorithms in discrete convex analysis, *IEICE Transactions on Systems and Information*, **E83-D**, 344–352 (2000).
35) 室田一雄：離散凸解析，共立出版 (2001).
36) K. Murota: *Discrete Convex Analysis*, Society for Industrial and Applied Mathematics, Philadelphia (2003).
37) K. Murota: On steepest descent algorithms for discrete convex functions, *SIAM Journal on Optimization*, **14**, 699–707 (2003).
38) K. Murota: M-convex functions on jump systems: A general framework for min-square graph factor problem, *SIAM Journal on Discrete Mathematics*, **20**, 213–226 (2006).
39) 室田一雄: 離散凸解析の考えかた，共立出版 (2007).

40) K. Murota: Recent developments in discrete convex analysis, in: W. Cook, L. Lovász and J. Vygen, eds., *Research Trends in Combinatorial Optimization*, Springer, Berlin, Chapter 11, 219–260 (2009).
41) K. Murota and A. Shioura: M-convex function on generalized polymatroid, *Mathematics of Operations Research*, **24**, 95–105 (1999).
42) K. Murota and A. Shioura: Extension of M-convexity and L-convexity to polyhedral convex functions, *Advances in Applied Mathematics*, **25**, 352–427 (2000).
43) K. Murota and A. Shioura: Conjugacy relationship between M-convex and L-convex functions in continuous variables, *Mathematical Programming*, **101**, 415–433 (2004).
44) K. Murota and A. Shioura: Dijkstra's algorithm and L-concave function maximization, *Mathematical Programming*, Series A, **145**, 163–177 (2014).
45) R. T. Rockafellar: *Convex Analysis*, Princeton University Press, Princeton (1970).
46) R. T. Rockafellar: *Network Flows and Monotropic Optimization*, John Wiley and Sons, New York (1984).
47) A. Schrijver: A combinatorial algorithm minimizing submodular functions in strongly polynomial time, *Journal of Combinatorial Theory (B)*, **80**, 346–355 (2000).
48) A. Schrijver: *Combinatorial Optimization—Polyhedra and Efficiency*, Springer, Berlin (2003).
49) 繁野麻衣子：ネットワーク最適化とアルゴリズム，朝倉書店 (2010).
50) A. Shioura: Minimization of an M-convex function, *Discrete Applied Mathematics*, **84**, 215–220 (1998).
51) A. Shioura: Fast scaling algorithms for M-convex function minimization with application to the resource allocation problem, *Discrete Applied Mathematics*, **134**, 303–316 (2003).
52) A. Tamura: Coordinatewise domain scaling algorithm for M-convex function minimization, *Mathematical Programming*, **102**, 339–354 (2005).
53) 田村明久: 離散凸解析とゲーム理論，朝倉書店 (2009).
54) 土村展之，森口聡子，室田一雄: 離散凸最適化ソルバとデモンストレーションソフトウェア，応用数理学会論文誌, **23**, 233–252 (2013).
55) D. J. A. Welsh: *Matroid Theory*, Academic Press, London (1976).
56) H. Whitney: On the abstract properties of linear dependence, *American Journal of Mathematics*, **57**, 509–533 (1935).

索　引

L 凹関数 (L-concave function)　124
L 凸関数 (L-convex function)　123, 141
L 凸集合 (L-convex set)　124
L 分離定理 (L-separation theorem)　135
L♮ 凹関数 (L♮-concave function)　122
L♮ 凸関数 (L♮-convex function)　122, 141
L♮ 凸集合 (L♮-convex set)　124
M 凹関数 (M-concave function)　113
M 凸関数 (M-convex function)　113, 139
M 凸集合 (M-convex set)　113
M 凸交わり定理 (M-convex intersection theorem)　137
M 凸劣モジュラ流問題 (M-convex submodular flow problem)　183
M 分離定理 (M-separation theorem)　135
M♮ 凹関数 (M♮-concave function)　112
M♮ 凸関数 (M♮-convex function)　112, 139
M♮ 凸集合 (M♮-convex set)　113
s-t カット (s-t cut)　52
　　最小——　53

あ 行

アルゴリズム (algorithm)
　　カット消去——　79
　　カラバの——　14
　　クラスカルの——　13
　　増加路——　59
　　ダイクストラの——　27
　　逐次最短路——　73, 198
　　貪欲——　14
　　ハッシンの——　80
　　花——　43
　　フォード・ファルカーソンの——　59
　　負閉路消去——　71, 197
　　ベルマン・フォードの——　29

一般化ポリマトロイド (generalized polymatroid)　114
一般化マトロイド (generalized matroid)　114
一般資源配分問題 (general resource allocation problem)　92
一般上界制約 (generalized upper-bound constraint)　91
入れ子制約 (nested constraint)　91
上に凸 (convex upward)　78, 98
枝 (edge, arc, branch)　3
　　——集合　4
　　有向——　18
枝集合 (edge set)　4
エピグラフ (epigraph)　102, 142
凹関数 (concave function)　98
　　L——　124
　　L♮——　122
　　M——　113
　　M♮——　112
　　一変数——　78
　　離散——　87
凹共役関数 (concave conjugate function)　103

か 行

カット (cut)
　　最小 s-t——　53
　　無向グラフ　6
　　有向グラフ　52
カット消去アルゴリズム (cut canceling algorithm)　79
カットセット (cutset)

基本—— 8
無向グラフ 6
カット容量 (cut capacity) 53
カラバのアルゴリズム (Kalaba's algorithm) 14
関数 (function)
　L凹—— 124
　L凸—— 123, 141
　L♮凹—— 122
　L♮凸—— 122, 141
　M凹—— 113
　M凸—— 113, 139
　M♮凹—— 112
　M♮凸—— 112, 139
　凹—— 98
　凹共役—— 103
　共役—— 101, 102
　整凸—— 148
　凸—— 98
　凸共役—— 101, 102
　標示—— 99
　劣モジュラ—— 92
完全マッチング (perfect matching) 33
簡約費用 (reduced cost) 70

議員定数配分問題 (apportionment problem) 87
木制約 (tree constraint) 91
基族 (base family) 16
基多面体 (base polyhedron) 95, 114
　整—— 95
奇閉路 (odd cycle) 41
基本カットセット (fundamental cutset) 8
基本閉路 (fundamental circuit, fundamental cycle) 7
供給点 (supply vertex) 48
共役関数 (conjugate function) 101, 102
　凹—— 103
　凸—— 101, 102
　離散—— 132
共役性定理 (conjugacy theorem)
　離散関数 132
　連続関数 142
極小解 (local minimum) 99

局所探索アプローチ (local search approach) 146
局所探索法 (local search method) 15
許容解 (admissible solution, feasible solution) 183
許容フロー (admissible flow, feasible flow)
　最小凸費用流問題 81
　最小費用流問題 64
　最大流問題 49
許容ポテンシャル (admissible potential, feasible potential) 83
距離ラベル (distance label) 25

クラスカルのアルゴリズム (Kruskal's algorithm) 13
グラフ (graph) 3
　2部—— 33
　補助—— 39, 188, 194
　無向—— 4
　有向—— 18

ケーニッヒの定理 (Kőnig's theorem) 42
限界効用逓減 (diminishing marginal utility) 87

交換可能性グラフ (exchangeability graph)
　M凸関数 191
　M凸集合 186
交換公理 (exchange axiom)
　M凸関数 113
　M♮凸関数 112
　マトロイド 16
交互閉路 (alternating cycle) 36
　M凸関数の和の最小化 195
交互路 (alternating path) 35
　M凸集合の共通部分 188

さ 行

最急降下アプローチ (steepest descent approach) 146
最小 s-t カット (minimum s-t cut) 53
最小解 (minimizer) 99
最小化集合 (set of minimizers) 111
最小木 (minimum spanning tree) 5

――問題　5
最小頂点被覆 (minimum vertex cover)　41
最小凸費用テンション問題 (minimum convex-cost tension problem)　83
最小凸費用流問題 (minimum convex-cost flow problem)　81
最小費用循環流問題 (minimum cost circulation problem)　65
最小費用フロー (minimum cost flow)　64
最小費用流問題 (minimum cost flow problem)　64
最小費用流問題の双対問題 (dual problem of minimum cost flow problem)　76
最大重み完全マッチング (maximum weight perfect matching)　34
　――問題　34
最大重み k マッチング (maximum weight k-matching)　34
　――問題　34
最大重みマッチング (maximum weight matching)　33
　――問題　34
最大最小定理 (min-max theorem)
　最大マッチング問題　43
　最大流問題　57
　最短路問題　24
最大フロー (maximum flow)　49
最大フロー最小カット定理 (maximum-flow minimum-cut theorem)　57
最大（サイズ）マッチング (maximum (cardinality) matching)　33
　――問題　33
最大マッチング最小被覆定理 (maximum-matching minimum-cover theorem)　42
最大流問題 (maximum flow problem)　49
最短路 (shortest path)　18
最短路問題 (shortest path problem)　18
　単一始点全終点――　19
最適性の証拠 (certificate of optimality)
　最大マッチング問題　43
　最大流問題　57
　最短路問題　24
　凸関数の和の最小化　104

残余ネットワーク (residual network)
　最小凸費用流問題　82
　最小費用流問題　67
　最大流問題　54

資源配分問題 (resource allocation problem)
　一般――　92
　一般上界制約　91
　入れ子制約　91
　木制約　91
　上界制約　91
　単純な――　86
　劣モジュラ制約　92
自己閉路 (self-loop)　4
実効定義域 (effective domain)　98
　整数格子点上の関数　111
始点 (source)　19
弱双対性 (weak duality)　103
ジャンプシステム (jump system)　117
集合 (set)
　L 凸――　124
　L♮ 凸――　124
　M 凸――　113
　M♮ 凸――　113
　最小化――　111
　凸――　98
終点 (sink)　19
需要供給制約 (supply-demand constraint)　60, 64
需要点 (demand vertex)　48
上界制約 (upper-bound constraint)　91

スケーリング (scaling)　151
スケーリングアプローチ (scaling approach)　151

整基多面体 (integral base polyhedron)　95
整凸関数 (integrally convex function)　148
整ポリマトロイド (integral polymatroid)　95
制約 (constraint)
　一般上界――　91
　入れ子――　91
　木――　91

上界—— 91
容量—— 48
流量保存—— 49, 64
劣モジュラ—— 92
接続 (incident) 33
節点 (node) 3
全域木 (spanning tree) 5
　有向—— 22
線形性 (linearity)
　方向 $\mathbf{1}$ の—— 123, 141

増加路 (augmenting path) 36, 55
増加路アルゴリズム (augmenting path algorithm) 59
層族 (laminar family) 91
双対定理 (duality theorem)
　最大マッチング問題 43
　最大流問題 57
　最短路問題 24
　フェンシェル—— 103
　離散フェンシェル—— 136
双対問題 (dual problem)
　最小費用流問題 76
総流量 (total amount of flow) 49

た 行

ダイクストラのアルゴリズム (Dijkstra's algorithm) 27
対称差 (symmetric difference) 35
タット・ベルジュの公式 (Tutte–Berge formula) 43
単一始点全終点最短路問題 (single-source all-sink shortest path problem) 19
単位ベクトル (unit vector) 88
単純な資源配分問題 (simple resource allocation problem) 86
単純閉路 (simple cycle) 5
単純路 (simple path) 5
単純有向路 (simple directed path) 20
単調減少 (monotone decreasing) 87
単調増加 (monotone increasing) 88, 92
単調非減少 (monotone nondecreasing) 88
単調非増加 (monotone nonincreasing) 87
端点 (end-vertex) 33

逐次最短路アルゴリズム (successive shortest path algorithm)
　M 凸関数の和の最小化 198
　最小費用流問題 73
中点凹性 (midpoint concavity)
　離散—— 125
中点凸性 (midpoint convexity) 122
　離散—— 122
頂点 (vertex) 3
　——集合 4
頂点集合 (vertex set) 4
頂点被覆 (vertex cover) 41
　最小—— 41

点 (vertex) 3
テンション (tension) 83

特性ベクトル (characteristic vector) 50, 114
凸解析 (convex analysis) 98
　離散—— 111
凸拡張 (convex extension)
　一変数関数 107
　多変数関数 131
凸拡張可能 (convex extensible)
　一変数関数 107
　多変数関数 131
凸関数 (convex function) 98
　L—— 123, 141
　L$^\natural$—— 122, 141
　M—— 113, 139
　M$^\natural$—— 112, 139
　上に—— 98
　整—— 148
　分離—— 129
　閉真—— 142
　離散—— 81, 106
凸共役関数 (convex conjugate function) 101, 102
凸集合 (convex set) 98
　L—— 124
　L$^\natural$—— 124
　M—— 113
　M$^\natural$—— 113

凸閉包 (convex closure)　140
凸包 (convex hull)　140
貪欲アプローチ (greedy approach)　146
貪欲アルゴリズム (greedy algorithm)　14

な 行

2 部グラフ (bipartite graph)　33

ネットワーク (network)　49
ネットワークフロー問題 (network flow problem)　49

は 行

ハッシンのアルゴリズム (Hassin's algorithm)　80
花アルゴリズム (blossom algorithm)　43
ハンガリー法 (Hungarian method)　44

標示関数 (indicator function)　99

フェンシェル双対定理 (Fenchel duality theorem)　103
　離散——　136
フォード・ファルカーソンのアルゴリズム (Ford–Fulkerson algorithm)　59
部分路 (subpath)　20
負閉路 (negative cycle)　21
　M 凸関数の和の最小化　194
　最小費用流問題　68
負閉路消去アルゴリズム (negative-cycle canceling algorithm)
　M 凸関数の和の最小化　197
　最小費用流問題　71
フロー (flow)　48
　許容——　49, 64, 81
　最小費用——　64
　最大——　49
　閉路——　50
　路——　50
分離定理 (separation theorem)　102
　L——　135
　M——　135
　離散——　108, 134
分離凸関数 (separable convex function)　129
閉真凸関数 (closed proper convex function)　142
並進劣モジュラ (translation-submodular)　123, 141
閉路 (cycle)　4, 6
　奇——　41
　基本——　7
　交互——　36
　単純——　5
　負——　21
　有向——　21
閉路フロー (cycle flow)　50
ベルマン・フォードのアルゴリズム (Bellman–Ford algorithm)　29
辺 (edge)　3

方向 **1** の線形性 (linearity in the direction of **1**)　123, 141
補助グラフ (auxiliary graph)　194
　M 凸集合の共通部分　188
　マッチング　39
ポテンシャル (potential)
　許容——　83
　最小費用流問題　69
　最短路問題　23
ポリマトロイド (polymatroid)　94
　一般化——　114
　整——　95

ま 行

マッチング (matching)　33
　完全——　33
　最大（サイズ）——　33
マッチング問題 (matching problem)
　最大（サイズ）——　33
　最大重み——　34
マトロイド (matroid)　16, 114
　一般化——　114

路 (path)　4
　交互——　35
　増加——　36, 55

単純—— 5
単純有向—— 20
部分—— 20
有向—— 19
路フロー (path flow) 50

無向グラフ (undirected graph) 4

や 行

有向枝 (directed edge) 18
有向グラフ (directed graph) 18
有向全域木 (spanning arborescence) 22
有向閉路 (directed cycle) 21
有向路 (directed path) 19
 単純—— 20

容量 (capacity)
 カット—— 53
容量制約 (capacity constraint) 48

ら 行

離散凹関数 (discrete concave function) 87
離散共役関数 (discrete conjugate function) 132
離散中点凹性 (discrete midpoint concavity) 125
離散中点凸性 (discrete midpoint convexity) 122
離散凸解析 (discrete convex analysis) 111
離散凸関数 (discrete convex function)
 一変数関数 81, 106
離散フェンシェル双対定理 (discrete Fenchel duality theorem) 136
離散分離定理 (discrete separation theorem) 134

一変数関数 108
L 凸関数 135
M 凸関数 135
離散ルジャンドル変換 (discrete Legendre transform)
 一変数関数 108
 多変数関数 132
流量 (amount of flow) 48
流量保存制約 (flow conservation constraint) 49, 64
領域縮小アプローチ (domain reduction approach) 149

ルジャンドル・フェンシェル変換 (Legendre–Fenchel transform) 101
ルジャンドル変換 (Legendre transform) 101, 102
 離散—— 108, 132

劣モジュラ (submodular)
 ——関数 92, 123
 ——不等式 92
 並進—— 123, 141
劣モジュラ関数 (submodular function) 92
劣モジュラ制約 (submodular constraint) 92
劣モジュラ不等式 (submodular inequality) 92
連結 (connected) 4
連続緩和アプローチ (continuous relaxation approach) 153

わ 行

割当問題 (assignment problem) 34

著者略歴

室田　一雄 (むろた　かずお)

- 1955 年　東京都に生まれる
- 1980 年　東京大学大学院工学系研究科修士課程修了
- 1994 年　京都大学数理解析研究所教授
- 2002 年　東京大学大学院情報理工学系研究科教授
- 現　在　統計数理研究所特任教授
　　　　　工学博士，博士（理学）

塩浦　昭義 (しおうら　あきよし)

- 1970 年　新潟県に生まれる
- 1997 年　東京工業大学大学院情報理工学研究科博士後期課程中退
- 1997 年　上智大学理工学部助手
- 2001 年　東北大学大学院情報科学研究科准教授
- 現　在　東京工業大学工学院経営工学系教授
　　　　　博士（理学）

数理工学ライブラリー 2
離散凸解析と最適化アルゴリズム　　　定価はカバーに表示

2013 年 6 月 15 日　初版第 1 刷
2024 年 7 月 25 日　第 6 刷

著　者　室　田　一　雄
　　　　塩　浦　昭　義
発行者　朝　倉　誠　造
発行所　株式会社　朝　倉　書　店
　　　　東京都新宿区新小川町 6-29
　　　　郵便番号　162-8707
　　　　電　話　03(3260)0141
　　　　ＦＡＸ　03(3260)0180
　　　　https://www.asakura.co.jp

〈検印省略〉

© 2013〈無断複写・転載を禁ず〉　印刷・製本　デジタルパブリッシングサービス

ISBN 978-4-254-11682-3　C 3341　Printed in Japan

JCOPY　〈出版者著作権管理機構　委託出版物〉

本書の無断複写は著作権法上での例外を除き禁じられています．複写される場合は，そのつど事前に，出版者著作権管理機構（電話 03-5244-5088, FAX 03-5244-5089, e-mail: info@jcopy.or.jp）の許諾を得てください．

好評の事典・辞典・ハンドブック

数学オリンピック事典 　　野口　廣 監修
　　B5判 864頁

コンピュータ代数ハンドブック 　　山本　慎ほか 訳
　　A5判 1040頁

和算の事典 　　山司勝則ほか 編
　　A5判 544頁

朝倉 数学ハンドブック［基礎編］ 　　飯高　茂ほか 編
　　A5判 816頁

数学定数事典 　　一松　信 監訳
　　A5判 608頁

素数全書 　　和田秀男 監訳
　　A5判 640頁

数論＜未解決問題＞の事典 　　金光　滋 訳
　　A5判 448頁

数理統計学ハンドブック 　　豊田秀樹 監訳
　　A5判 784頁

統計データ科学事典 　　杉山高一ほか 編
　　B5判 788頁

統計分布ハンドブック（増補版） 　　蓑谷千凰彦 著
　　A5判 864頁

複雑系の事典 　　複雑系の事典編集委員会 編
　　A5判 448頁

医学統計学ハンドブック 　　宮原英夫ほか 編
　　A5判 720頁

応用数理計画ハンドブック 　　久保幹雄ほか 編
　　A5判 1376頁

医学統計学の事典 　　丹後俊郎ほか 編
　　A5判 472頁

現代物理数学ハンドブック 　　新井朝雄 著
　　A5判 736頁

図説ウェーブレット変換ハンドブック 　　新　誠一ほか 監訳
　　A5判 408頁

生産管理の事典 　　圓川隆夫ほか 編
　　B5判 752頁

サプライ・チェイン最適化ハンドブック 　　久保幹雄 著
　　B5判 520頁

計量経済学ハンドブック 　　蓑谷千凰彦ほか 編
　　A5判 1048頁

金融工学事典 　　木島正明ほか 編
　　A5判 1028頁

応用計量経済学ハンドブック 　　蓑谷千凰彦ほか 編
　　A5判 672頁

価格・概要等は小社ホームページをご覧ください．